高等职业教育“十二五”规划教材

自动控制系统项目教程

王　莉　谭庆吉　主　编
梅景耀　副主编
田思庆　主　审

中国铁道出版社
CHINA RAILWAY PUBLISHING HOUSE

内 容 简 介

本书是根据国家示范性高职院校的课程建设要求而编写的。引入了行动导向教学案例，例题更加实用，强调可计算思维。全书共分为4个项目：单闭环直流调速系统的基本工作原理、单闭环直流调速系统的数学模型、单闭环直流调速系统的时域分析、单闭环直流调速系统的工程调试。

本书适合作为高职院校电气自动化、机电一体化、电力系统电动化和应用电子技术等专业的教材，也可作为从事相关行业人员的培训用书和参考书。

图书在版编目(CIP)数据

自动控制系统项目教程 / 王莉，谭庆吉主编. —
北京：中国铁道出版社，2015.12
高等职业教育"十二五"规划教材
ISBN 978-7-113-20736-6

Ⅰ.①自… Ⅱ.①王… ②谭… Ⅲ.①自动控制系统
-高等职业教育-教材 Ⅳ.①TP273

中国版本图书馆CIP数据核字(2015)第162885号

书　　名：自动控制系统项目教程
作　　者：王　莉　谭庆吉　主编

策　　划：潘星泉　　　**读者热线：**(010)63550836
责任编辑：潘星泉　鲍　闻
封面设计：刘　颖
封面制作：白　雪
责任校对：汤淑梅
责任印制：李　佳

出版发行：中国铁道出版社(100054，北京市西城区右安门西街8号)
网　　址：http://www.51eds.com
印　　刷：三河市宏盛印务有限公司
版　　次：2015年12月第1版　2015年12月第1次印刷
开　　本：787 mm×1 092 mm　1/16　**印张：**12.75　**字数：**300千
书　　号：ISBN 978-7-113-20736-6
定　　价：28.00元

前　　言

“自动控制系统”是一门理论知识综合应用极强的专业基础课程，其所具有的科学方法论的特点是一般专业基础课程或专业课程所不具备的。因此，有效利用本课程具有的学科特点，结合职业教育的职业性、实践性和开放性是本书构建学习领域的知识内容与教学目标的基础。

职业能力的高低并不在于学生学到了哪些知识，而在于学生能够将学过的知识综合应用于职业的行为过程。由于职业教育中的问题千变万化，不可能在有限的课程中一一枚举，因此，“授之以鱼，不如授之以渔”的思维教学理念在以就业为导向、职业能力培养为核心的课程设计理念中就显得尤为重要。为此，本书面向职业领域的工作情境，将知识细化为旧有知识，可以由旧知识推出的新知识和全新知识，通过模拟分析思维与分析方法的形成过程抽象出本书的知识链条，并引导学生随着工作情境的展开，逐步形成自己的知识综合应用的思维链条与方法链条。

本书针对实际控制系统进行分析、调试与维修过程中不同阶段所应具有的知识和能力，选择和优化了原有课程内容，全书分为4个教学项目，将经典控制理论逐级展开，展开过程模拟了对实际问题进行分析的思维形成过程。在内容安排上强调理论以够用为度，注重对学生的技能培养和可持续发展能力培养，注意新技术应用，注重MATLAB软件在自动控制的分析与设计方面的广泛应用。在教学的组织与安排上注重理论与实践的紧密结合，建议采用“项目驱动，教、学、做一体化”的教学模式，将项目内容任务化。为了培养学生具有相应的职业岗位能力并结合课程知识、能力与素质目标要求，精心设计，将单闭环直流调速系统分析、调试过程分解为不同的项目，尽可能体现趣味性、实用性和可操作性。

本书各项目都设有项目目标、项目内容、知识点、相关知识、拓展知识、技术支持和任务实施等环节；每个项目学习结束后设有知识梳理与总结，并配有相应的思考与练习题，以便学生复习、巩固之所学。

本书由黑龙江职业学院王莉和黑龙江农垦科技职业学院谭庆吉任主编，敦化市职业教育中心梅景耀任副主编。王莉负责全书的统稿工作。具体编写分工如下：王莉编写项目1和项目4，谭庆吉编写项目2和项目3，梅景耀编写附录A和附录B。全书由佳木斯大学田思庆教授主审。田教授对书稿的编写思路及内容提出许多宝贵意见和建议，在此表示衷心感谢。在本书编写过程中，编者参考了国内外院校的优秀教材（详见本书后的“参考文献”），在此向相关作者表示衷心的感谢。

由于编者水平和时间有限，书中难免有欠妥、不足之处，敬请读者批评指正。

编　者

2015年6月

目　录

项目1　单闭环直流调速系统的基本工作原理

项目目标

学习将一个自动控制系统的原理示意图按其功能行为变换成系统组成框图，并根据该组成框图分析系统的工作原理。

项目内容

- 将单闭环直流调速系统的原理框图转换为系统组成框图，并分析该自动控制系统的工作原理。
- 将系统组成框图中的放大器与实际运算放大电路（调节器）的进行比较，并给出比例放大器的接线图。

知识点

- 开环闭环控制方案。
- 反馈类型。
- 组成框图。
- 信号与环节。

1.1　相关知识

在现代科学技术的众多领域中，自动控制技术起着越来越重要的作用，目前，自动控制技术已广泛应用于工业、农业、国防和科学技术等领域。可以这样说，一个国家在自动控制方面水平的高低是衡量它的生产技术和科学技术先进与否的一项重要标志。

自动控制通常被称为“控制工程”，属于高新技术学科，是一门理论性和工程实践性较强的技术学科，学科的理论为“自动控制理论”。随着自动控制技术的广泛应用，不仅使生产过程实现了自动化，极大地提高了劳动生产率和产品质量，改善了劳动条件，并且在人类征服自然、探索新能源、发展空间技术和改善人民物质生活方面都起着极为重要的作用。尽管从历史的发展上看，还是初步的，但从发展的现状与前途上看，却是极活跃、极富生命力的。控制理论不仅是一门重要的学科，而且也是科学方法论之一。因此本课程是一门非常重要的技术基础课，主要讲述自动控制的基本理论和分析、设计控制系统的基本方法。根据自动控制理论发展的不同阶段可分为经典控制理论和现代控制理论。而随着控制理论在内容上的不断扩展和更新，经典控制理论和现代控制理论越来越趋于融合。

本项目从工程实例出发，介绍自动控制的基本概念、基本方式和自动控制系统的分类，重点是自动控制系统的基本组成原理，核心是反馈控制。同时简单介绍了控制理论的发展历史。

1.1.1 自动控制系统

所谓自动控制，就是指在没有人直接操作的情况下，通过控制器使一个装置或过程（统称为控制对象）自动按照给定的规律运行，使被控物理量或保持恒定或按一定的规律变化，其本质在于无人干预。系统是指按照某些规律结合在一起的物体（零部件）的组合，它们互相作用、互相依存，并能完成一定的任务。为实现某一控制目标所需要的所有物理部件的有机组合体称为自动控制系统。例如，机械行业的热处理炉温度控制系统、数控车床按照预定程序自动切削工件的控制系统、火电厂锅炉蒸汽温度和压力的自动控制系统等。

反馈是控制理论中一个极其重要的概念，它是控制论的基础。一个系统的输出信号直接地或经过中间变换后全部或部分地返回输入系统的过程，就称为反馈。根据反馈信号对输入信号的加强和减弱，反馈分为正反馈和负反馈。正反馈是由输出端返回来的物理量加强输入量的作用，系统不会稳定，可能产生自激振荡。负反馈由输出端返回来的物理量减弱输入量的作用，负反馈可以改善系统的动态特性，控制和减少干扰信号的影响。只有负反馈系统才具有自动调节能力。自动控制理论主要的研究对象一般都是闭环负反馈控制系统。

自动控制系统的种类较多，被控制的物理量各种各样，如温度、压力、液位、电压、转速、位移和力等。组成控制系统的元部件虽然有较大的差异，但是组成系统的结构却基本相同。下面，通过两个自动控制系统的实例，来讲述自动控制系统的工作过程。

锅炉是电厂和一些企业常见生产蒸汽的设备。为了保证锅炉正常运行，需要维持锅炉汽包液位为正常恒定值。锅炉液位过低，易烧干锅而发生严重事故；锅炉液位过高，则易使蒸汽带水并有溢出危险。因此，必须通过调节器严格控制锅炉液位的高低，以保证锅炉正常地运行。图1-1为锅炉汽包液位控制系统示意图。

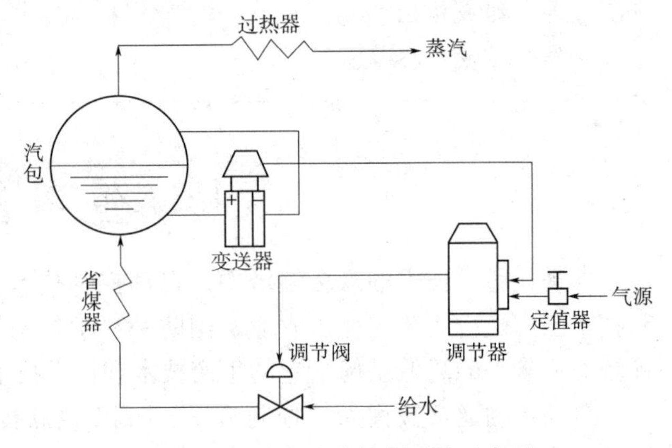

图1-1 锅炉汽包液位控制系统示意图

当蒸汽的蒸发量与锅炉进水量相等时，液位保持为正常给定值。当锅炉的给水量不变，而蒸汽负荷突然增加或减少时，液位就会下降或上升；或者，当蒸汽负荷不变，而给水管道水压发生变化时，引起锅炉汽包液位发生变化。不论出现哪种情况，只要实际液位高度与正常给定液位之间出现偏差，调节器就应立即进行控制，去开大或关小给水阀门，以使锅炉汽包液位保持在给定值上。

图1-2是锅炉汽包液位控制系统框图。图中，锅炉为被控对象，其输出量为被控参数汽包液位；作用于锅炉上的扰动量是指给水压力或蒸汽负荷的变化；差压变送器用来测量锅炉液位，并转换为一定的信号输至调节器；调节器根据测量的实际液位与给定液位进行比较，得出偏差值，根据偏差值，按一定的控制规律发出相应的输出信号去推动调节阀动作，以保证锅炉汽包液位控制在恒定给定值上。

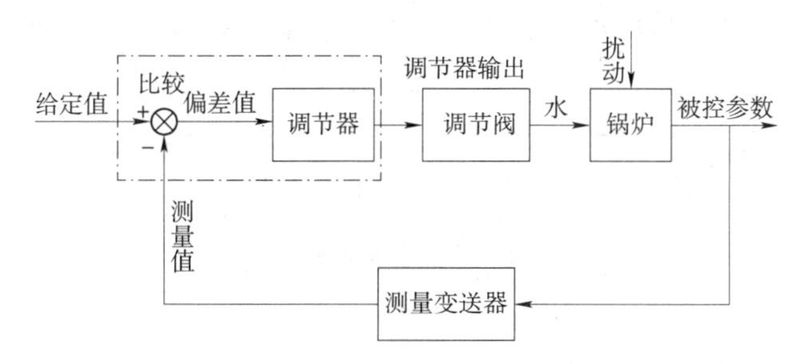

图1-2　锅炉气泡液位控制系统框图

另一个电炉温度控制系统的例子如图1-3所示。这里，炉温 T_c 的给定量由电位器滑动端位置所对应的电压值 U_g 给出，炉温的实际值由热电偶检测出来，并转换成电压 U_f，再把 U_f 反馈到系统的输入端与给定电压 U_g 相比较（通过二者极性反接实现）。由于扰动（例如电源电压波动或加热物件多少等）影响，炉温偏离了给定值，其偏差电压经过放大，控制可逆伺服电动机M，带动自耦变压器的滑动端，改变电压 u_c，使炉温保持在给定温度值上。系统的自动调节过程可表示为

$$T_c\downarrow \rightarrow U_f\downarrow \rightarrow \Delta U = (U_g - U_f)\uparrow \rightarrow u_c\uparrow \rightarrow T_c\uparrow$$

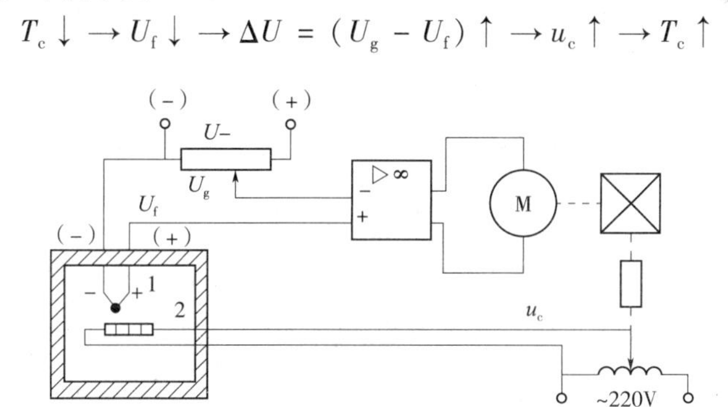

图1-3　电阻炉温度控制系统

1—热电偶；2—加热器

1.1.2　开环控制和闭环控制

控制系统按其结构可分为开环控制系统、闭环控制系统和复合控制系统。

1. 开环控制

如果系统的输出量与输入量间不存在反馈通道，这种控制方式称为开环控制。在开环控制系统中，不需要对输出量进行测量，也不需要将输出量反馈到系统输入端与输入量进行比较。图 1-4 为开环控制系统框图。由图可见，这种控制系统的特点是结构简单、所用的元器件少、成本低，系统一般也容易稳定。然而，由于开环控制系统没有对它的被控制量进行检测，所以当系统受到干扰作用后，被控制量一旦偏离了原有的平衡状态，系统就无法消除或减少误差，使被控制量稳定在给定值上，这是开环控制系统的一个最大缺点。正是这个缺点，大大限制了这种系统的应用范围。然而，对于控制精度不高的一些简单控制，开环控制也有其广泛的应用。例如，洗衣机就是一个开环控制系统的例子。浸湿、洗涤和漂清过程，在洗衣机中是依次进行的，在洗涤过程中，无须对其输出信号，即衣服的清洁程度进行测量。

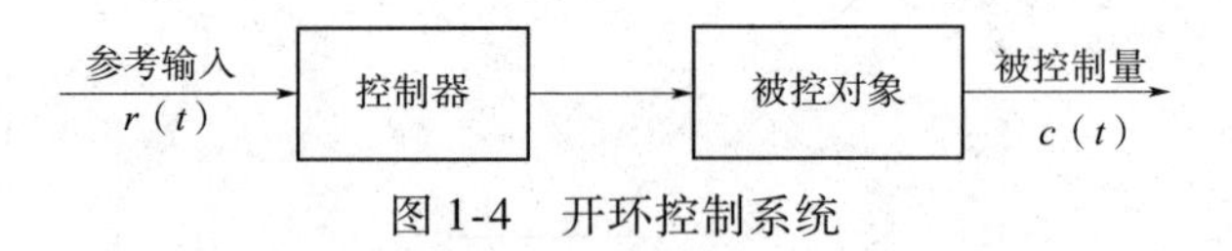

图 1-4 开环控制系统

图 1-5（a）为一个开环直流调速系统，图 1-5（b）为其框图。图中 U_g 为给定的参考输入，它经触发器和晶闸管整流装置转变为相应直流电压 U_d，并供电给直流电动机，使产生一个 U_g 所期望的转速 n。但是，当电动机的负载、交流电网的电压以及电动机的励磁稍有变化时，电动机的转速就会随之而变化，不能再维持 U_g 所期望的转速。

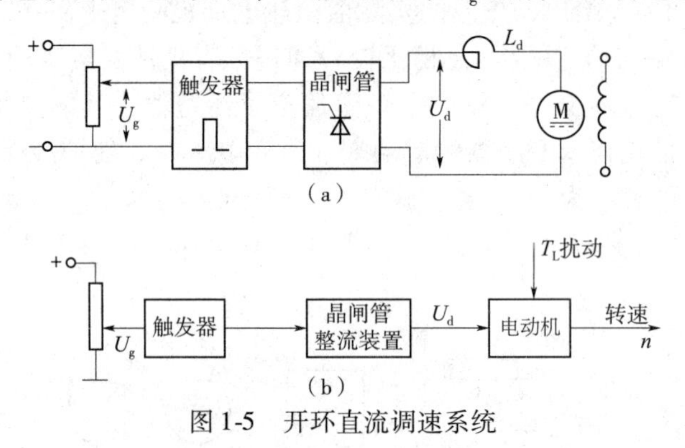

图 1-5 开环直流调速系统

图 1-6 为数控机床中广泛应用的定位控制系统框图。这也是一个开环控制系统，工作台的位移是该系统的被控制量，它是跟随着控制信号（控制脉冲）而变化的。显然这个系统没有抗扰动的功能。

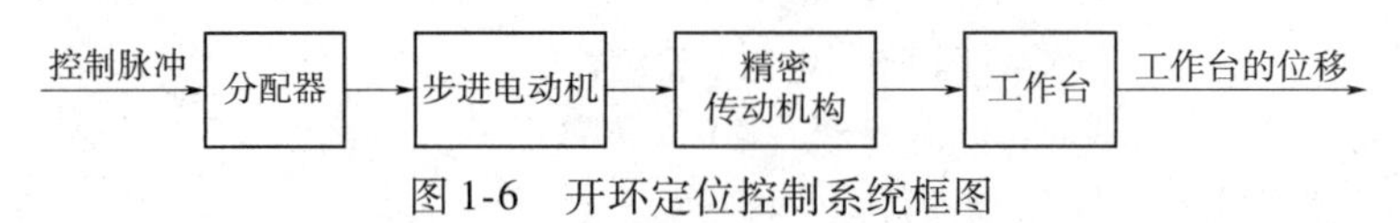

图 1-6 开环定位控制系统框图

如果系统的给定输入与被控制量之间的关系固定，且内部参数或外来扰动的变化都较小，或这些扰动因数可以事先确定并能给予补偿，则采用开环控制也能得到较为满意的控制效果。

2. 闭环控制

若把系统的被控制量反馈到它的输入端，并与参考输入相比较，这种控制方式称为闭环控制。由于这种控制系统中存在着将被控制量经反馈环节到比较点的反馈通道，故闭环控制又称反馈控制，它是按偏差进行控制的。现在讨论的图 1-1 和图 1-3 所示的系统，都是闭环控制系统。这些系统的特点是：连续不断地对被控制量进行检测，把所测得的值与参考输入作减法运算，求得的偏差信号经控制器的变换运算和放大器的放大后，驱动执行元件，以使被控制量能完全按照参考输入的要求去变化。这种系统如果受到来自系统内部和外部干扰信号的作用时，通过闭环控制的作用，能自动地消除或削弱干扰信号对被控制量的影响。由于闭环控制系统具有良好的抗扰动功能，因而它在控制工程中得到了广泛的应用。

闭环控制是在开环控制基础上演变而来的。如果把图 1-5 所示的开环直流调速系统改接为图 1-7 所示的闭环系统，则其就具有自动抗扰动的功能。例如：当电动机的负载转矩 T_L 增大时，流经电动机电枢中的电流便相应地增大，电枢电阻上的压降也变大，从而导致电动机转速的降低；而转速的降低使测速发电机的输出电压 U_{fn} 减小，误差电压 Δu 便相应地增大，经放大器放大后，使触发脉冲前移，晶闸管整流装置的输出电压 U_d 增大，从而补偿了由于负载转矩 T_L 的增大或电网电压 $u_{\sim}$ 的减小而造成的电动机转速的下降，使电动机的转速近似地保持不变。上述的调节过程，可表示为

$$\left.\begin{matrix} T_L \uparrow \\ u_{\sim} \downarrow \end{matrix}\right\} \rightarrow n\downarrow \rightarrow u_{fn}\downarrow \rightarrow \Delta u = (U_g - u_{fn})\uparrow \rightarrow u_k\uparrow \rightarrow u_d\uparrow \rightarrow n\uparrow$$

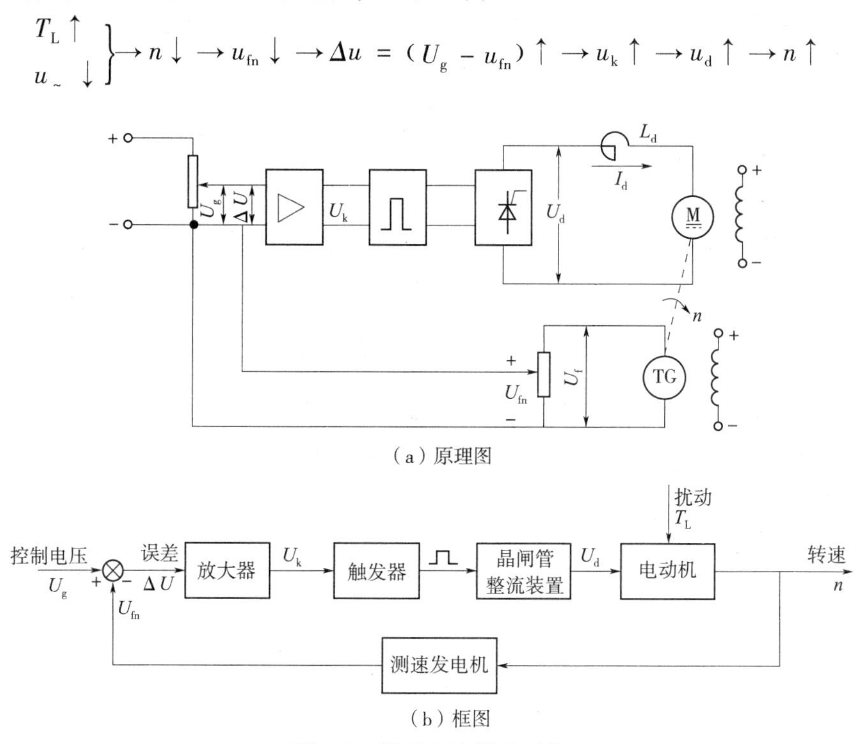

（a）原理图

（b）框图

图 1-7　闭环直流调速系统

复合控制是由开环和闭环传递路径组成的混合控制系统，它兼有开环控制和闭环控制的特点。

1.1.3 控制系统的分类

自动控制系统有许多分类方法。根据描述系统运动方程可分为线性系统和非线性系统；根据系统参数是否随时间变化可分为时变系统和定常系统；根据系统内信号传递方式的不同可分为连续系统和离散系统；根据系统所使用的元件的不同而分为机电控制系统、液压控制系统、气动控制系统和生物控制系统等；根据参考输入信号及被控制量所遵循的运动规律不同，自动控制系统又可分为恒值控制系统、随动控制系统和程序控制系统等。此外，根据被控制量是否存在稳态误差还可以分为有差系统和无差系统。为了更好地了解自动控制系统的特点，下面介绍其中比较重要的几种分类。

1. 按描述系统运动方程分类

（1）线性系统

线性系统是由线性元件组成的系统，其性能和状态可以用线性微分方程来描述，线性系统的特点是具有叠加性和齐次性，在数学上比较容易实现和处理。

叠加性：若干个输入信号同时作用于系统所产生的响应等于各个输入信号单独作用于系统所产生响应的代数和。

齐次性：当输入信号同时倍乘常数时，那么响应也倍乘同一常数。

$$a_0(t)\frac{\mathrm{d}^n c(t)}{\mathrm{d}t^n}+a_1(t)\frac{\mathrm{d}^{n-1} c(t)}{\mathrm{d}t^{n-1}}+\cdots+a_{n-1}(t)\frac{\mathrm{d}c(t)}{\mathrm{d}t}+a_n(t)c(t)$$
$$=b_0(t)\frac{\mathrm{d}^m r(t)}{\mathrm{d}t^m}+b_1(t)\frac{\mathrm{d}^{m-1} r(t)}{\mathrm{d}t^{m-1}}+\cdots+b_{m-1}(t)\frac{\mathrm{d}r(t)}{\mathrm{d}t}+b_m(t)r(t)$$

式中：$r(t)$—— 系统的输入量；

$c(t)$—— 系统的输出量。

在该方程式中，输出量 $c(t)$ 及其各阶导数都是一次的，并且各系数与输入量无关。线性微分方程的各项系数为常数时，称为线性定常系统。这是一种简单而重要的系统，关于这种系统已有较为成熟的研究成果和分析设计的方法。

（2）非线性系统

如果系统微分方程式的系数与自变量 $r(t)$ 有关，则为非线性微分方程。由非线性微分方程描述的系统称为非线性系统。典型的非线性特性有继电器特性［见图 1-8（a）］、饱和特性［见图 1-8（b）］和不灵敏区特性［见图 1-8（c）］等。

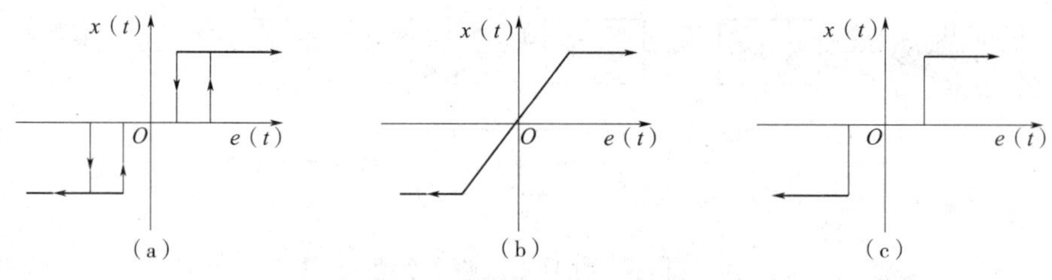

图 1-8 典型非线性环节特性

对于非线性控制系统的理论研究远不如线性系统那样完善，一般只能满足于近似的定性描述和数值计算。

2. 按系统中信号的性质分类

（1）连续系统

如果系统中传递的信号都是时间的连续函数，则该系统称为连续系统。

（2）离散系统

系统中只要有一个传递的信号是时间上断续的信号，则该系统称为断续系统，或采样系统，或离散系统。图1-1和图1-3所示的系统可以认为是连续系统，而计算机控制系统一定是离散系统。

3. 按参考输入分类

（1）恒值控制系统

恒值系统的给定量是恒定不变的，这种系统的输出量也应是恒定不变的。在生产过程中这类系统非常多。例如：在冶金部门，要保持退火炉温度为某一个恒值；在石油化学工业部门，为保证工艺和安全运行，反应器要保持压力恒定等。一般像温度、压力、流量、液位等热工参数量的控制多属于恒值控制。

（2）程序控制系统

自动控制系统的被控制量如果是根据预先编好的程序进行控制的，则该系统称为程序控制系统。在对化工、军事、冶金、造纸等生产过程进行控制时，常用到程序控制系统。如加热炉的温度控制就是在微机中按加热曲线编好程序而进行的；洲际弹道导弹也靠程序控制系统按事先给定轨道飞行。在这类程序控制系统中，给定值是按预先的规律变化的，而程序控制系统则一直保持使被控制量和给定值的变化相适应。

（3）随动控制系统

输出量能以一定精度跟随给定值变化的系统称为随动控制系统，又称跟踪系统。这类系统的特点是系统的给定值的变化规律完全取决于事先不能确定的时间函数。这类系统在航天、机械、造船、冶金等部门得到广泛应用。

当然，这三种系统都可以是连续的或离散的，线性的或非线性的，单变量的或多变量的。本书着重以恒值控制系统和随动控制系统为例，来阐明自动控制系统的基本原理。

1.1.4　控制系统的组成及对控制系统性能的要求

1. 控制系统的组成

尽管控制系统复杂程度各异，但基本组成是相同的，一个简单的闭环自动控制系统由四个基本部分组成：被控对象（或调节对象）、检测装置或传感器、控制器、执行器（执行机构），如图1-9所示。

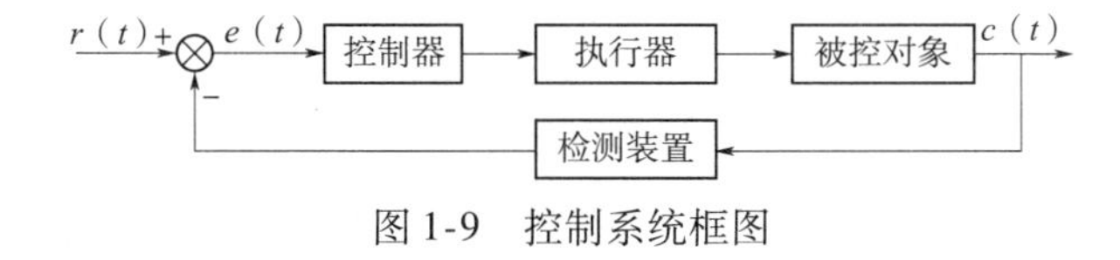

图1-9　控制系统框图

（1）被控对象（或调节对象）

被控对象是指控制系统的工作对象即进行控制的设备或过程。控制就是控制器对被控对象施加一种控制作用，以达到人们所期望的目标。如电炉，电动机等。相应地，控制系统所控制的某个物理量，就是系统的被控制量或输出量，如电炉的温度和电动机的转速等。被控对象五花八门，从简单的温度、湿度到复杂工业过程控制；从民用过程的控制到导弹、卫星和飞船的发射及运行控制等。被控对象的数学模型是控制系统设计的主要依据。被控制对象的动态行为可以用数学模型加以描述。

（2）检测装置

检测装置（或传感器）是能将一种物理量检测处理并转换成另一种容易处理和使用物理量的装置。如压力传感器、热电偶、测速发电机等。如果把人看成一个被控对象，那么人的眼睛、耳朵、鼻子、皮肤就是传感器。

（3）控制器

接收传感器送来的测量信号，并与被控量的设定值进行比较，得到实际测量值与设定值的偏差，然后根据偏差信号的大小和被控对象的动态特性，经过思维和推理，决定采用什么样的控制规律，以使被控制量快速、平稳、准确地达到所预定的给定值。控制规律是自动化系统功能的主要体现，一般采用“比例—积分—微分”的控制规律。控制器是自动化系统的大脑和神经中枢。控制器可以是电子-机械装置。

（4）执行器

执行器又称执行机构，其直接作用于控制对象，使被控制量达到所要求的数值，它是自动化系统的手和脚。执行器（执行机构）可以是电动机、阀门或由其所组成的复杂的电子-机械装置。

（5）常用术语

①输入信号：由外部加载到系统中的变量称为输入信号。

②控制信号：由控制器输出的信号，它作用在执行元件控制对象上影响和改变被控变量。

③反馈信号：被控量经由传感器等元件变换并返回输入端的信号。主要与输入信号比较产生偏差信号。

④扰动信号：加在系统上不希望的外来信号，它对被控量产生不利影响。

⑤被控量：被控对象的输出量。例如：锅炉汽包液位、电炉温度和电动机转速等。

⑥整定值：预先设定的被控量的目标值。例如：所要控制的汽包液位、电炉温度。

⑦偏差：被控量的给定值与实际值的差值。

⑧闭环：传递信息的闭合通道。即获得被控量的信息后，经过反馈环节与给定值进行比较产生偏差，该偏差又作用于控制器，控制被控对象，使其输出量按特定规律变化，这就形成了一个传递信息的闭合通道。

⑨反馈控制：先从被控对象获得信息，然后把该信息馈送给控制器的控制方法。

2. 对控制系统的性能要求

评价一个系统的好坏，其指标是多种多样的，但对控制系统的基本要求（即控制系统所需的基本性能）一般可归纳为稳定性、准确性和快速性。

（1）稳定性

稳定性是保证系统正常工作的条件和基础。因为控制系统中都包含储能元件，若系统参数匹配不当，就可能引起振荡。稳定性就是指系统动态过程的振荡倾向及其能够恢复平衡状态的能力。对于稳定性满足要求的系统，当输出量偏离平衡状态时，应能随着时间的收敛并且最后回到初始状态。稳定性和系统的结构参数有关。

（2）准确性

准确性是指控制系统的控制精度，一般用稳态误差来衡量。稳态误差是指以一定的输入信号作用于系统后，当调整过程趋于稳定时，输出量的实际值与期望值之间的误差。显然，这种误差越小，表示系统的输出跟随参考输入的精度越高。

（3）快速性

快速性是指当系统的输出量与输入量之间产生偏差时，系统消除这种偏差的快慢程度。快速性是在系统稳定的前提下提出的，它主要针对的是系统的过渡过程形式和快慢，即系统的动态性能。

上述要求简称为“稳、准、快”。一个自动控制系统的最基本要求是稳定性，然后进一步要求快速性、准确性，当后两者存在矛盾时，设计自动控制系统要兼顾这两方面的要求。由于被控对象的具体情况不同，各种系统对“稳、准、快”的要求应有所侧重。例如：随动系统对快速性要求较高，而调速系统对稳定性提出较严格的要求。如何来分析和解决这些问题，将是本课程的重要内容。

1.1.5 控制理论发展简史

自动控制思想及其实践可以说历史悠久。它是人类在认识世界和改造世界的过程中产生的，并随着社会的发展和科学水平的进步而不断发展。依靠它，人类可以从笨重、重复性的劳动中解放出来，从事更富于创造性的工作。自动化技术是当代发展迅速、应用广泛、最引人瞩目的高技术之一，是推动新的技术革命和新的产业革命的关键技术。自动化也即现代化。

第二次世界大战前后，由于自动武器的需要，为控制理论的研究和实践提出了更大的需求，从而大大推动了自控理论的发展。1948 年，美国数学家 N. Wiener（维纳）的《控制论》一书的出版，标志着古典控制论的正式诞生。这个“关于在动物和机器中的控制和通信的科学”（维纳所下的经典定义）经过了半个多世纪的不断发展，其研究内容及其研究方法都有了很大的变化。概括地说，控制理论发展经过了以下三个时期：

第一个时期是 20 世纪 40 年代末到 50 年代的经典控制论时期，着重研究单机自动化，解决单输入单输出（Single Input Single Output，SISO）系统的控制问题；其主要数学工具是微分方程、拉普拉斯变换和传递函数；主要研究方法是时域法、频域法和根轨迹法；主要问题是控制系统的快速性、稳定性及其精度。

第二个时期是 20 世纪 60 年代的现代控制理论时期，着重解决机组自动化和生物系统的多输入多输出（Multi-Input Multi-Output，MIMO）系统的控制问题；其主要数学工具是一次微分方程组、矩阵论、状态空间法等；主要方法是变分法、极大值原理、动态规划理论等；重点是最优控制、随机控制和自适应控制；核心控制装置是电子计算机。

第三个时期是 20 世纪 70 年代的大系统理论时期，着重解决生物系统、社会系统这样一些众多变量的大系统的综合自动化问题。方法以时域法为主，重点为大系统多级递阶控制和智能控制等，核心装置是网络化的电子计算机。

以下为控制理论的主要发展历史。

（1）秦昭王末年（约前256—前251）蜀郡守李冰主持修建都江堰。

（2）1787年，英国人Jams Watt飞球调节器，用来控制蒸汽机的转速。

（3）1868年，英国物理学家James Clerk Maxwell首先解释了Watt转速控制系统中出现的不稳定性问题，通过线性微分方程的建立与分析，指出了振荡现象的出现同由系统导出的一个代数方程（即特征方程）的根的分布密切相关，从而开辟了用数学方法研究控制系统运的途径。

（4）1877年，英国数学家E. J. Routh、1895年德国数学家A. Hurwitz各自独立地建立了直接根据代数方程（特征方程）的系数稳定性的准则，即代数判据（Routh-Hurwitz判据）

（5）1892年，俄国数学家李亚普诺夫用严格的数学分析方法全面论述了稳定性问题，从而形成了李亚普诺夫稳定性原理（即李亚普诺夫第一定理和第二定理）。

（6）1927年，美国Bell实验室的电气工程师H. S. Bleck（布莱克）在解决电子管放大器的失真问题时首先引入反馈的概念，这就为自动控制理论的形成奠定了概念上的基础。

（7）1925年，英国物理学家、电学家、电气工程师Oliver Heabiside把Laplace变换应用到求解电网络的问题上，创立了运算微分，不久就本应用到分析自动控制系统的问题上，并取得了显著的成就。这就为从微分方程分析自动控制系统到应用传递函数分析自动控制系统奠定了基础，从而成为时域分析法的一个奠基性工作。

（8）1932年，美国物理学家H. Nyquist运用复变函数理论方法建立了以频率特性为基础的稳定性判据——Nyquist判据，从而奠定了频率响应分析法的基础。随后，20世纪30年代末H. W. bode、40年代初N. B. Nichols（尼柯尔斯）进一步发展了频率响应分析法。

（9）1948年，美国科学家W. R. Evans（伊万斯）提出了根轨迹分析法，并于1950年进一步应用于反馈系统的设计，形成了根轨迹法。

（10）1948年，美国数学家N. Wiener（维纳）出版了划时代著作——《控制论》，标志着古典控制理论的形成。根轨迹和奈氏频域的方法构成了古典控制理论的核心。

（11）1954年，我国科学家钱学森发表《工程控制论》，论述了控制理论与工程实际的结合及应用。

（12）20世纪60年代初，一套以状态空间法、极大值原理、动态规划、卡尔曼滤波器为基础的分析和设计MIMO系统的新原理和方法——现代控制理论已基本确定。

（13）1970年以来，随着技术革命和大规模复杂系统的发展，自动控制理论又向大系统理论和智能控制理论发展。

1.1.6 本课程的特点与学习方法

“自动控制原理”是一门理论性较强的课程。作为机械、电气信息类等各专业的学科基础课，它既是基础课程向专业课程的深入，又是专业课程的理论基础，是新知识的增长点。本课程以数学、物理及有关学科为其理论基础，以各种系统动力学为基础，运用信息的传递、处理与反馈进行控制的思维方法，将基础课程与专业课程紧密地联系在一起。

本课程同电工学、机械原理等技术基础课程相比较，更抽象，涉及的范围更为广泛。

其理论基础既涉及高等数学、工程数学等知识，又要用到所接触过的有关动力学，特别是机械振动理论与交流电路理论。因此，在学习本课程之前，应有良好的数学、力学、电学基础，及一些相关的专业知识（包括机械工程），还要有一些其他学科领域的知识。应该指出，在学习本课程时，不必过分追求数学的严密性，但一定要充分注意到数学结论的准确性与物理概念的明晰性。

控制理论不仅是一门重要的学科，而且是一门卓越的方法论。它分析与解决问题的方法是符合唯物辩证法的；它所研究的对象是“系统”；并且系统在不断地“运动”。所以，在学习本课程时，既要十分重视抽象思维、了解一般规律，又要充分注意结合实际、努力实践。

学习时要重视实验，重视习题和独立完成作业，这些都有助于对基本概念的理解与方法的运用；同时不能脱离专业知识，如何应用控制理论来解决实际问题才是关键。

1.2　拓展知识

1.2.1　MATLAB 语言简介

MATLAB 已经成为国际上流行的控制系统计算机辅助设计软件，可以进行高级数学分析与运算，用作动态系统的建模与仿真。MATLAB 是以复数矩阵作为基本编程单元的一种程序设计语言，它提供了各种矩阵运算与操作，并具有强大的绘图功能，如控制系统、信号处理、最优控制、强健性控制及模糊控制工具箱等。

本节主要介绍 MATLAB 常用的命令、控制系统工具箱及 SIMULINK 仿真工具软件。在控制科学的发展进程中，控制系统的计算机辅助设计对于控制理论的研究和应用一直起着很重要的作用。

1.2.2　MATLAB 的数值运算基础

1. 常量

MATLAB 中使用的常量有实数常量与复数常量两类。在 MATLAB 中，虚数单位 j 或 i = sqrt（ -1），在工作空间显示为

```
j =
ans =
      0 + 1.0000j
```

复数常量的生成可以利用如下语句:

$$Z = a + bj \qquad \text{或} \qquad z = r * \exp(\theta * j)$$

式中：r 是复数的模，θ 是复数幅角的弧度数。

2. 变量

MATLAB 里的变量无须事先定义。一个程序中的变量，以其名称在语句命令中第一次

合法出现定义。请注意 MATLAB 变量名称的命名不是任意的，其命名规则如下：

①变量名可以由英语字母、数字和下画线组成。

②变量名应以英文开头。

③组成变量名的字符长度不大于 31 个。

④MATLAB 区分英文字母大小写。

MATLAB 的部分特殊变量与常量：

ans　　默认变量名，以应答最近一次操作运算结果

i, j　　虚数单位，定义为 $\sqrt{-1}$

pi　　圆周率

eps　　浮点数的相对误差

realmax　　最大的正实数

realmin　　最小的正实数

MATLAB 中还可以设置全局变量。只要在该变量前添加 MATLAB 的关键字“global”就可以将该变量设定为全局变量了。全局变量必须在使用前声明，即这个声明必须放在主程序的首行；而且作为一个惯用的规则，在 MATLAB 程序中尽量用大写英语字母书写全局变量。

3. 运算符

MATLAB 可完成基本代数运算操作 +、－、*、\、/、^（平方）、标准三角函数、双曲线函数、超越函数（log 为自然对数，log10 为以 10 为底的对数）及开平方等。MATLAB 可进行多种矩阵运算。

矩阵的加、减、乘、除和乘方运算：

在矩阵 ***A***、***B*** 满足维数条件时，可直接用下列指令进行：

矩阵加、减运算

C = A + B　　C = A − B

矩阵乘、除运算

C = A * B　　C = A/B

矩阵乘方

B = A^2　　C = A^（−1）　　D = A^（0.5）

MATLAB 还可以完成其他的矩阵函数运算，例如求行列式（det）、矩阵求反（inv）、求矩阵特征值（eig）、求秩（rank）、求迹（trace）和模方（norm）等。强大的矩阵运算函数是 MATLAB 运算功能的核心。其他运算功能还有，求一个数的实部（real），求一个数的虚部（imag），求一个数的绝对值（abs）（复数的绝对值或幅值）和求共轭运算（conj）。

如矩阵求反

```
>> B = inv (A)
   B =
        -4.3333     4.0000      -0.3333
        5.6667      -5.5000     0.6667
        -2.3333     2.5000      -0.3333
```

1.2.3　矩阵及矩阵函数

MATLAB 的基本元素是双精度的复数矩阵。这不仅是它的一般表达方法，而且也包含了实数、复数与常数。它也间接地包含了多项式与传递函数。在 MATLAB 环境下，输入一行矢量很简单，只需要使用方括号，并且每个元素之间用空格或用逗号隔开即可。

矩阵元素定位地址方式为

A（m，n）

其中，m 为行号，n 为列号。例如，A（3，4）表示第三行第四列元素；A（:，2）表示所有的第二列元素；A（1：2，1：3）表示从第一行到第二行和第一列到第三列的所有元素。

如果在原矩阵中一个不存在的地址位置设定一个数，则该矩阵自动扩展行列数，并在该位置上添加这个数，而在其他没有指定的位置补 0。

1. 一维数组

用户可以在 MATLAB 工作环境中键入命令，也可以由它定义的语言编写一个或多个应用程序，MATLAB 基本的赋值语句结构为

变量名 = 表达式

行向量

A = [1, 2, 3, 4]　　或

A = [1 2 3 4]

列向量

A = [1; 2; 3; 4]

输出结果：

A =

1

2

3

4

2. 多维数组

在 MATLAB 中输入数组需要遵循以下基本规则：

①把数组元素列入括号 [ ] 中。

②每行内的元素间用逗号或空格分开。

③行与行之间用分号或回车隔开。

例如：输入矩阵

A = [1 3 5; 2 4 6; 8 9 7]

表示矩阵

A =

1　3　5

2　4　6

8　9　7

矩阵的转制用 A'表示，例如：

```
>> A'
    ans =
          1    2    8
          3    4    9
          5    6    7
```

ans 是英文单词 answer 的缩写。在 MATLAB 中，冒号“:”是很有用的命令符。例如：

```
>> t = [0: 0. 1: 10]
```

它将产生一个从 0 到 10 的行矢量，而且元素之间间隔为 0. 1。如果增量为负值，可以得到一个递减的顺序矢量。

矩阵的输入需要逐行输入，每个行矢量之间要用分号隔开或者回车。例如：

```
>> A = [1 2 3; 4 5 6; 7 8 9]
ans =
       1   2   3
       4   5   6
       7   8   9
```

每个数据之间的空格数可以任意设定。

3. 矩阵函数

多项式表示以降阶排列含有多项式系数的矢量。利用求根（root）命令，可以求得多项式的根。例如，求 $2s^3+3s^2+4s+5=0$ 的根可用下列命令：

```
>> P = [2 3 4 5];
>> roots(P)
ans =
   -1. 3711
   -0. 0644 +1. 3488i
   -0. 0644 -1. 3488i
```

求多项式（poly）命令的功能是由多项式的根求得一多项式。其结果是由多项式系数组成的行矢量。其命令如下：

```
        >> P2 = poly([ -1 -2])
P2 =
        1   3   2
```

如果 poly 的命令输入参数为矩阵，则可得到那个矩阵的特征多项式（行矢量）特征多项式是 $A = \det(\lambda I - A)$ 。

1. 2. 4 MATLAB 的绘图功能

MATLAB 具有较强的绘图功能，只需键入简单的命令，就可绘制出用户所需要的图形。

下面介绍几种常用的绘图命令。

1. plot 命令

plot（x，y）命令是绘制 y 对应 x 的轨迹的命令。y 与 x 均为矢量，且具有相同的元素数量。如果其中有一个参数为矩阵，则另一个矢量参数分别对应该矩阵的行或者列的元素可绘制出一簇曲线（究竟是对应行还是列绘制函数曲线，取决于哪个参数排在前面）。如果两个参数都是矩阵，则 x 的列对应 y 的列绘制出一簇曲线。

如果 y 是复数矢量，那么 plot（y）将绘制该参数虚部与实部对应的曲线。该命令的这个特点在绘制奈魁斯特图时是很有用的。

在 MATLAB 中通过函数 Polyval（p，v）可以求得多项式在给定点的值，该函数的调用格式为

Polyval（p，v）

例 1-1　画出在 t=0：0.1：10 范围内的正弦曲线。

应用如下命令：

```
>> t=0:0.1:10;
>> y=sin(t);
>> plot(t,y)
```

运行结果如图 1-10 所示。

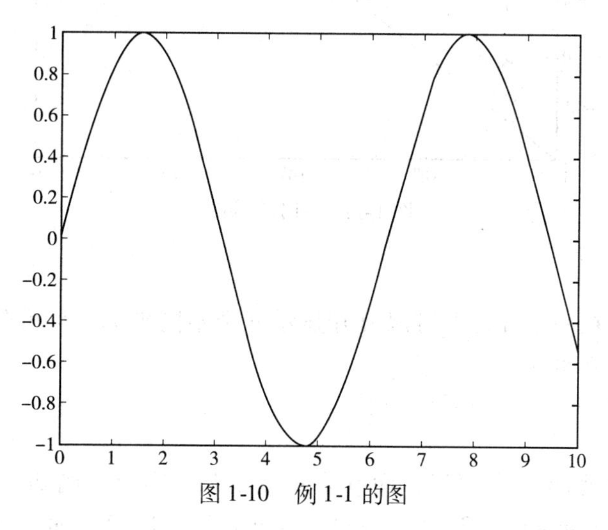

图 1-10　例 1-1 的图

如果在同一坐标内绘制多条曲线（对应某一坐标轴，具有相同的取值点），可以由数据组成一个矩阵来同时绘制多条曲线。如下例共有三套数据，要求在同一坐标轴内同时绘制三条曲线。其命令格式如下：

```
plot(t,[x1 x2 x3])
```

如果多重曲线对应不同的矢量绘制，可使用如下命令格式：

```
plot(t1,x1,t2,x2,t3,x3)
```

式中表示 x1 对应 t1，x2 对应 t2，等等。在这种情况下，t1、t2 和 t3 可以具有不同的元素数量，但要求 x1、x2 和 x3 必须分别与 t1、t2 和 t3 具有相同的元素数量。

2. semilogx 和 semilogy 命令

命令 semilogx 绘制半对数坐标图形，x 轴取以 10 为底的对数，y 轴为线性坐标。

命令 semilogy 绘制半对数坐标图形，y 轴取以 10 为底的对数，x 轴为线性坐标。

例 1-2 如图 1-11 所示，代码如下：

```
>> w = logspace( -1, 3, 100);
>> y = log10( x);
>> semilogx( x, y)
```

运行结果如图 1-11 所示。

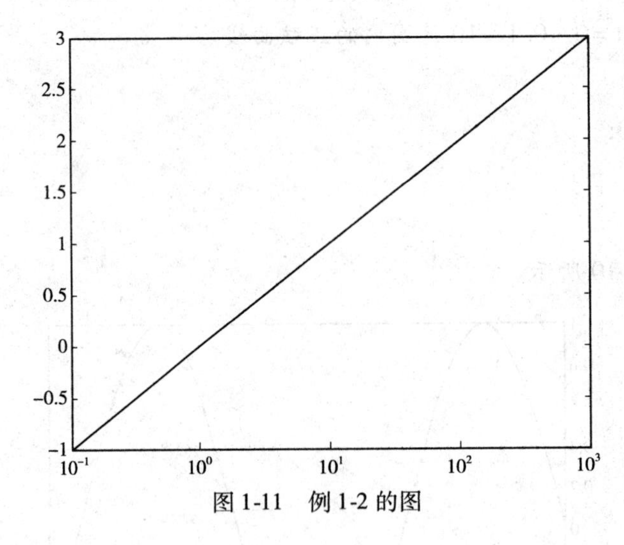

图 1-11 例 1-2 的图

3. 其他常用命令

subplot 命令使得在一个屏幕上可以分开显示 n 个不同坐标，且可分别在每一个坐标中绘制曲线。其命令格式如下：

```
subplot( r, c, p)
```

该命令将屏幕分成 r × c 个窗口，而 p 表示在第几个窗口。例如：subplot（2，1，2），将屏幕分成两个窗口。subplot（2，1，1）与 subplot（2，1，2）命令常用于控制系统伯德图（Bode）的绘制。窗口的排号是从左到右，自上而下。

执行如下命令可以在图中加入题目、标号、说明和分格线等。这些命令有 title、xlabel、ylabel、gtext 和 text 等。其命令格式如下：

```
title( 'My Title'), xlabel( 'My X-axis Label')
ylabel( 'My X-axis Label')
gtext( ' Text for annotation')
text( x, y, ' Text for annotation'), grid
```

gtext 命令是使用鼠标定位的文字注释命令。当你输入命令后，可以在屏幕上得到一个光标，然后使用鼠标控制它的位置。单击即可确定文字设定的位置。该命令使用起来非常方便。

shg 和 clg 是显示与清除显示屏图形的命令。hold 是图形保持命令，可以把当前图形保持在屏幕上不变，同时在这个坐标内绘制另外一个图形。hold 命令是一个交替转换命令，即执行一次，转变一个状态（相当于 hold on、hold off）。

MATLAB 可以自动选择坐标轴的定标尺度，也可以使用 axis 命令定义坐标轴的特殊定标尺度。其命令格式如下：

```
axis([x-min, x-max, y-min, y-max])
```

可设置坐标轴为特殊刻度。设置坐标轴以后，plot 命令必须重新执行才能有效。axis 命令的另一个作用是控制纵横尺度的比例。例如，输入 axis（'square'）后，可得到一个显示方框。此时再在该框内绘制一个圆形时（如 plot(sin(x)，cos(x))，在屏幕上可以看到一个标准的圆（一般情况下，由于屏幕的不规则原因，只能看到一个椭圆）。再次输入 axis（'normal'）命令，屏幕返回到一般状态。

1.3 技术支持

所谓调速就是指通过某种方法来调节（改变）电动机的转速。如果这种调节电动机的方法是通过人工调节完成的，那么这种系统就是在本项目相关知识中所讨论过的人工控制系统，可称之为人工调速系统；而如果这种调节电动机转速的方法是通过某种装置自动完成的，那么它就是一个自动控制系统，称之为自动调速系统。由于现实生产生活中所用到的这类系统都是自动控制的。所以，以后所讨论的调速系统都指的是自动调速系统。

调速系统可以按照电动机的类型来进行分类。即如果调节的是直流电动机的转速，则可称这类调速系统为直流调速系统；如果调节的是交流电动机的转速，则称为交流调速系统。

在电机原理的相关课程中，已知直流电动机的转速表达式是

$$n = \frac{U_a - I_a R_a}{C_e \Phi}$$

式中：n ——电动机转速；

U_a ——电枢两端的供电电压；

I_a ——流过电枢的电流；

R_a ——电枢回路的总电阻；

Φ ——直流电动机的励磁磁通；

C_e ——由电动机结构决定的电势系数。

由上式可见，调节直流电动机的方法有三种：改变电枢回路的总电阻 R_a，减弱电动机磁通 Φ，调节电枢两端的供电电压 U_a。

对于要求广范围无级调速的系统来说，以调节电枢供电电压的调速方式最好。减弱磁通虽然也可以平滑调速，但其调速范围有限，往往只是配合调压方案，在电动机额定转速以上做小范围的升速。

1.4 项目实施

1.4.1 单闭环直流调速系统的组成框图及工作原理分析

任何一个自动控制系统的调试都是先从弄清这个自动控制系统由哪些器件或装置组成，其大致的工作原理及整个系统的工作过程如何开始的。对自动控制系统基本组成及工作原理的分析称为定性分析。

下面就结合本章介绍的相关知识，对一个实际的自动控制系统——单闭环直流调速系统进行工作原理上的定性分析。单闭环直流调速系统的原理示意图如图 1-12 所示。

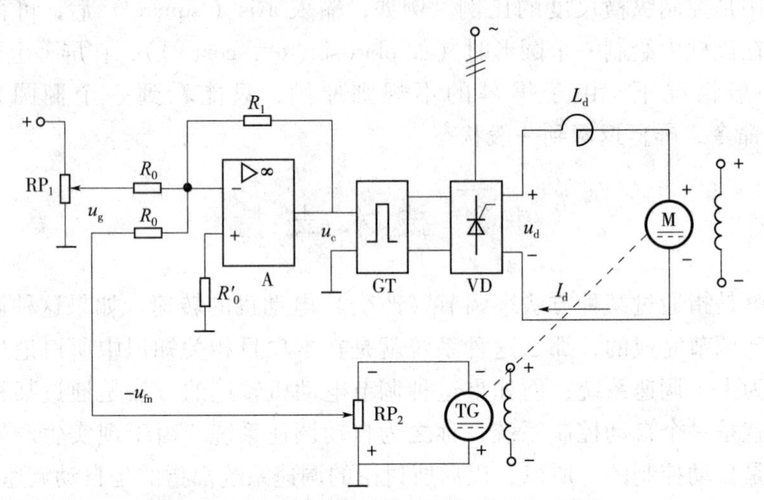

图 1-12　单闭环直流调速系统（M-V 系统）

对于图 1-12 所给出的单闭环直流调速系统的系统原理示意图，首先应建立它的系统组成框图，这样做的好处除了有助于分析系统大致的工作原理外，更重要的是可以根据系统组成结构的框图来建立下一步（定量）分析所需的数学模型及系统框图。因此，对给出的单闭环直流调速系统进行如下考虑：

（1）控制的目的：保持直流电动机的转速恒定。由此可以找到如下两个量：

被控制对象（物理实体）：他励直流电动机。

被控量（输出物理实量）：直流电动机的转速。

（2）控制的装置：晶闸管整流装置（触发、整流）。由此可以找到如下两个量：

控制量：他励直流电动机两端的整流输出电压（电枢电压）u_d。

执行机构：触发装置 → 整流装置。

（3）被控制量与控制量之间是否存在关联：存在。

反馈环节及其控制过程：测速发电动机检测转速→与给定转速的输入电压进行比较→改变触发装置的触发电压 u_c 及晶闸管的导通角→改变整流装置的输出电压 u_d。

反馈量：直流电动机转速 u_{fn}。

因此，单闭环直流调速系统的组成框图如图 1-13 所示。

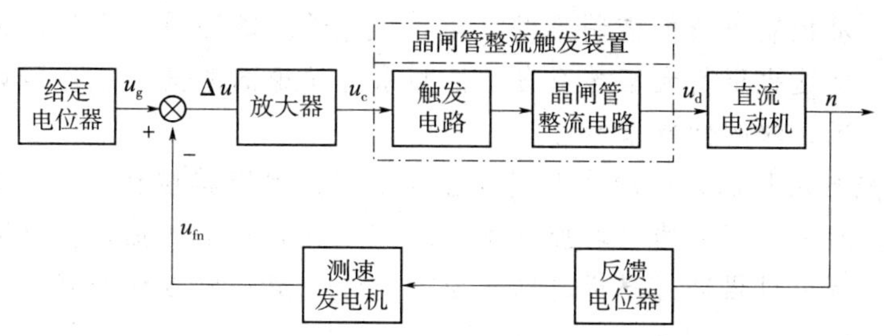

图 1-13　单闭环直流调速系统的组成框图

因此，当假定电动机转速由于负载 T_L 增加而出现转速 n 下降时，系统有如下的调节过程（工作原理）存在。

$T_L\uparrow \rightarrow n\downarrow \rightarrow u_{fn}\downarrow \rightarrow \Delta u = u_g - u_{fn}\uparrow \rightarrow u_c\uparrow \rightarrow$ 晶闸管导通角增加，使 $u_d\uparrow \rightarrow n\uparrow$。

1.4.2　系统组成框图中放大器与实际调节电路（调节器）的比较

图 1-14 所示为实训设备中实际的电路，虚线为待接的电阻及电容元件。分析当虚线处只接入电阻 R_1 时，该实际电路所实现的功能；同时查阅相关书籍或资料，分析该电路中 C_0 、VD_1、VD_2、调零电位器以及限幅电路的作用。

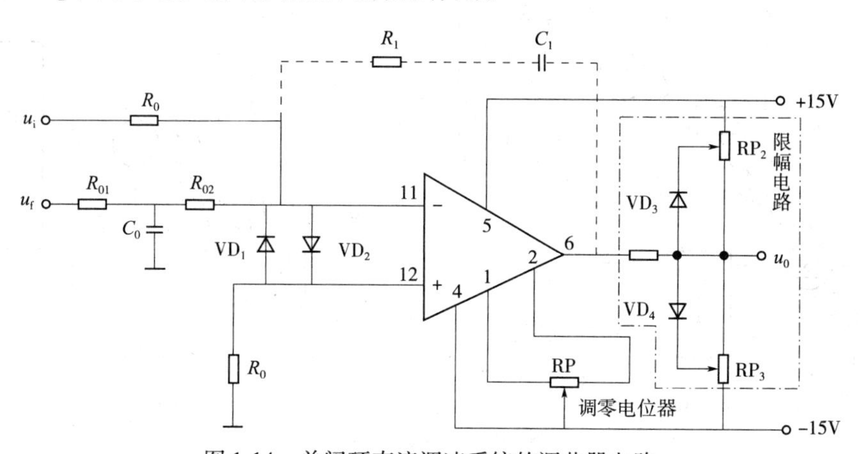

图 1-14　单闭环直流调速系统的调节器电路

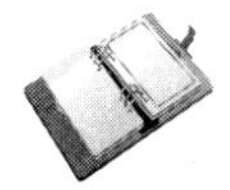

知识梳理与总结

（1）自动控制系统是指由机械、电气等设备所组成的，并能按照人们所设定的控制方案，模拟人完成某项工作任务，并达到预定目标的系统。

（2）自动控制系统从控制方案上来说，可分为开环控制系统与闭环控制系统。开环控制系统具有结构简单、稳定性好的特点，但它不能模拟人来对自动控制系统的实际输出值与期望值进行监视、判断与调整。因此这种控制方案只适用于对系统稳态特性要求不高的场合。闭环控制由于设置了模拟人来监视实际输出与期望值有无偏差的检测装置（反馈环节）和对偏差进行调整的比较与控制装置，所以在系统结构上比开环控制系统复杂，但它却极大地提高了自动控制系统的控制精度。同时，由于反馈环节的引入，也造成了系统稳定性变坏等问题。但这也正是大家学习自动控制系统理论的意义所在，即如何使一个自动控制系统具有稳、准、快的性能指标。

(3) 尽管组成自动控制系统的物理装置各有不同，但究其控制作用来看，不外乎几种基本元件或环节。对一个实际的自动控制系统进行组成装置上的抽象，有助于对自动控制系统的工作原理、调节过程进行分析，也有助于为进一步分析自动控制系统性能而建立数学模型。

(4) 自动控制系统可以从不同的角度进行分类。工业加工设备中最为常见的系统是恒值控制系统与随动控制系统。

思考与练习题

1-1 图 1-15 (a) 和图 1-15 (b) 所示均为自动调压系统。设空载时，图 1-15 (a) 与图 1-15 (b) 发电机端电压均为 110 V 。试问带上负载后，图 1-15 (a) 和图 1-15 (b) 哪个系统能保持 110 V 电压不变？哪个系统的电压会稍低于 110 V？为什么？

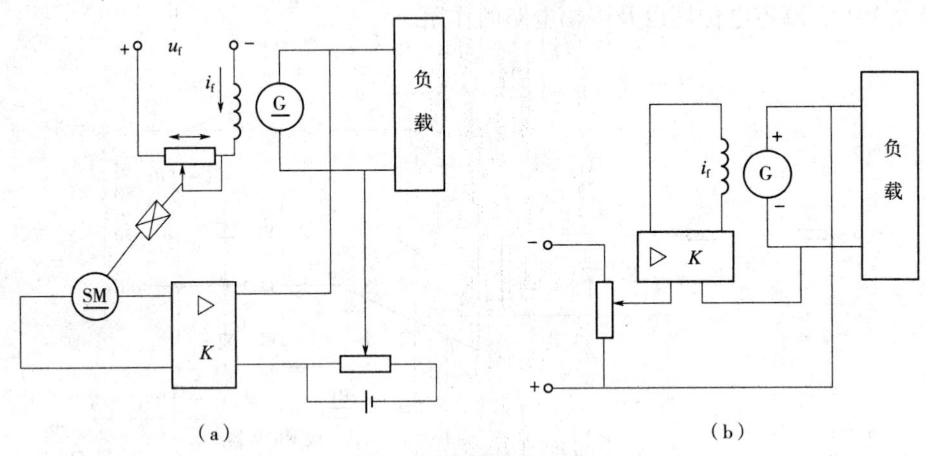

图 1-15 习题 1-1 的图

1-2 图 1-16 所示为一个机床控制系统，用来控制切削刀具的位移 x。说明它属于什么类型的控制系统，指出它的控制器、执行元件和被控量。

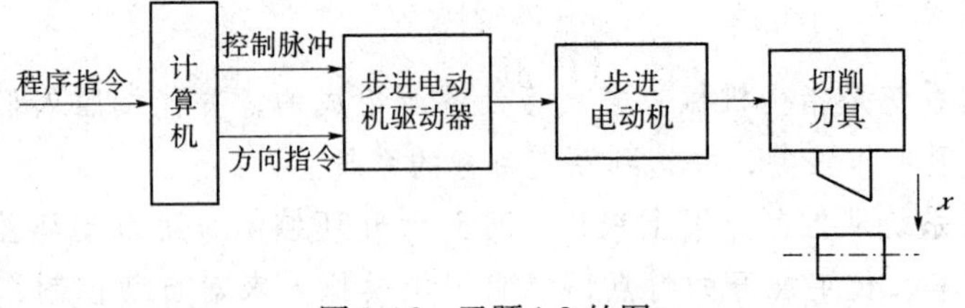

图 1-16 习题 1-2 的图

1-3 图 1-17 是液位自动控制系统原理示意图。在任意情况下，希望液面高度 c 维持不变，试说明系统工作原理并画出系统框图。

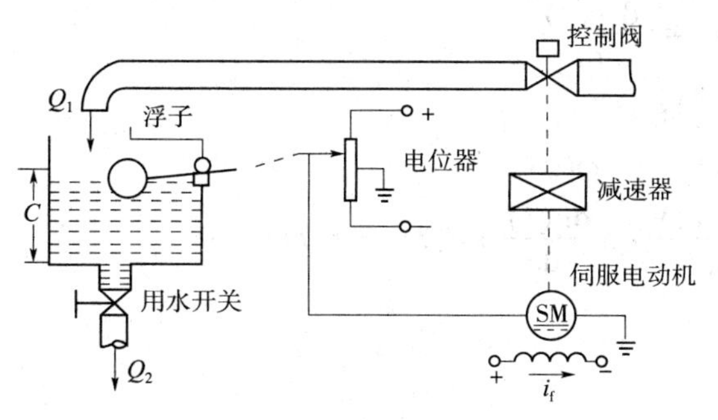

图1-17 习题1-3的图

1-4 图1-18是仓库大门自动控制系统原理示意图。试说明系统自动控制大门开闭的工作原理并画出系统框图。

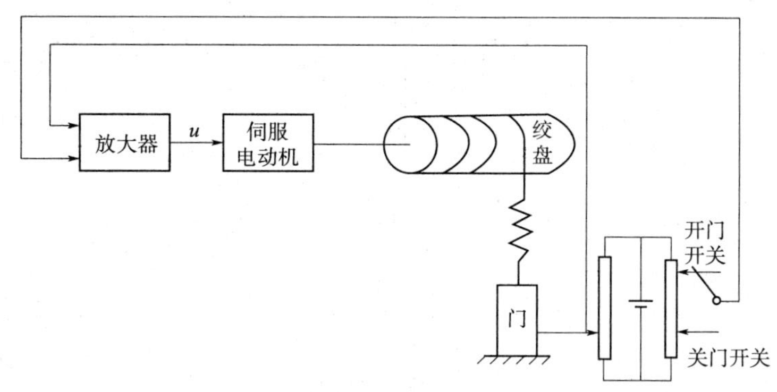

图1-18 习题1-4的图

1-5 图1-19是电炉温度自动控制系统示意图。设分析系统保持炉温恒定的工作过程，指出系统的被控对象、被控量以及各部件的作用，画出系统的框图，指出系统属于哪种类型？

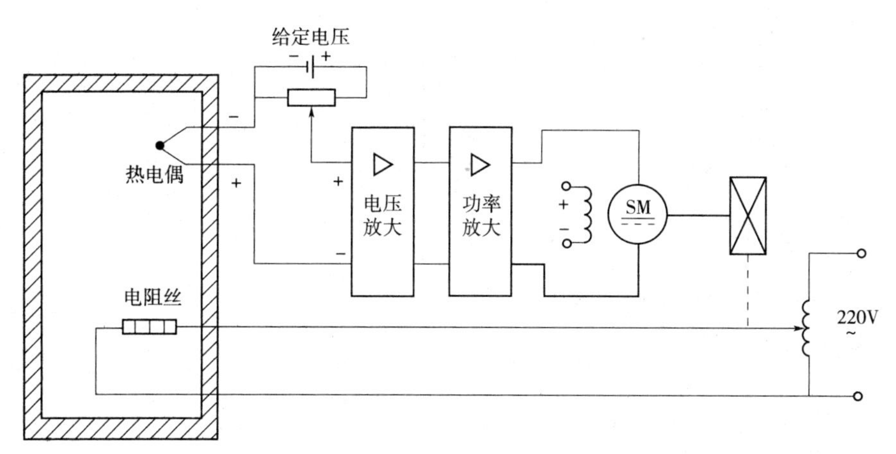

图1-19 习题1-5的图

1-6 判定下列方程式描述的系统是线性定常系统、线性时变系统还是非线性系统。式中 $r(t)$ 是输入信号，$c(t)$ 是输出信号。

（1）$c(t)=2r(t)+t\dfrac{\mathrm{d}^2r(t)}{\mathrm{d}t}$；

（2）$c(t)=[r(t)]^2$；

（3）$c(t)=5+r(t)\cos\omega t$；

（4）$\dfrac{\mathrm{d}^3c(t)}{\mathrm{d}t^3}+3\dfrac{\mathrm{d}^2c(t)}{\mathrm{d}t^2}+6\dfrac{\mathrm{d}c(t)}{\mathrm{d}t}+c(t)=r(t)$。

项目 2　单闭环直流调速系统的数学模型

项目目标

（1）学习利用自动控制系统的系统组成框图，通过对其各组成部件功能、特性的分析，建立它们的数学模型。

（2）学习利用普拉斯变换对照表（见表 2-1）和拉普拉斯变换的运算定理，将各组成部件用图形进行描述。

（3）学习利用各组成部件的输入/输出关系、信号传递函数，将其各部件正确连接成自动控制系统的系统框图。

（4）学习利用自动控制系统的系统框图的图形运算法则，求取自动控制系统的闭环传递函数。

项目内容

- 建立单闭环直流调速系统各组成部分的复数域模型（传递函数），并绘制各组成部分传递函数的框图。
- 将单闭环直流调速系统各组成部分的功能框按信号的传递关系连接成系统框图。
- 简化单闭环直流调速系统的系统框图，并求其闭环传递函数。

知识点

- 传递函数的定义、条件、及应用。
- 传递函数的图形化表示方式。
- 系统框图的运算与简化。
- 闭环传递函数的定义、求法及物理意义。

2.1 相关知识

为了从理论上对控制系统的性能进行分析，首要的任务就是建立系统的数学模型。系统的数学模型就是描述系统输入量、输出量以及内部各变量之间关系的数学形式和方法。它揭示了系统结构及其参数与其性能之间的内在关系。经典控制理论和现代控制理论都以数学模型为基础。在静态条件下（即变量各阶导数为零），描述变量之间关系的代数方程叫静态数学模型，而描述变量各阶导数之间关系的微分方程叫动态数学模型。如果已知输入量及变量的初始条件，对微分方程求解，就可以得到系统输出量的表达式，并由此可对系统进行性能分析。因此，建立控制系统的数学模型是分析和设计控制系统的基础。

建立系统数学模型通常采用解析法（又称理论建模）和实验法（又称系统辨识）。解析法就是依据系统本身所遵循的有关物理定律列写微分方程式。实验法是人为地给系统施加某种测试信号，记录其输出响应，并用适当的数学模型去逼近。实验法适用于较复杂的系统，当研究者对系统的构成、机理、信息传递等缺乏了解，无法用解析法建立系统的数学模型时，必须根据系统对某些典型输入信号的响应或其他实验数据建立系统的数学模型，这种方法也称为系统辨识。本项目只介绍解析法。

系统的数学模型有多种形式。在时域，数学模型一般采用微分方程、差分方程和状态方程表示；复数域中有传递函数、动态框图；在频域则采用频率特性来表示。本项目只介绍微分方程、传递函数和动态框图等数学模型的建立和应用。

2.1.1 控制系统微分方程的建立

微分方程是系统数学模型最基本的表达形式，利用它可以得到描述系统其他形式的数学模型。微分方程是在时域内描述系统或元件动态特性的数学表达式。通过求解微分方程，就可以获得系统在输入量作用下的输出量。

控制系统中的输出量和输入量通常都是时间 t 的函数。很多常见的元件或系统的输出量和输入量之间的关系都可以用一个微分方程表示，方程中含有输出量、输入量及它们对时间的导数或积分。这种微分方程又称为动态方程或运动方程。微分方程的阶数一般是指方程中最高阶导数项的阶数，又称为系统的阶数。

对于单变量线性定常系统，微分方程为

$$\begin{aligned} & c^{(n)}(t) + a_1 c^{(n-1)}(t) + a_2 c^{(n-2)}(t) + \cdots + a_{(n-1)}\dot{c}(t) + a_n c(t) = \\ & b_0 r^{(m)}(t) + b_1 r^{(m-1)}(t) + b_2 r^{(m-2)}(t) + \cdots + b_{(m-1)}\dot{r}(t) + b_m r(t) \end{aligned} \tag{2-1}$$

式中：$m \leqslant n$，$r(t)$ ——输入信号；

$c(t)$ ——输出信号；

$c^{(n)}(t)$ —— $c(t)$ 对 t 的 n 阶导数；

a_i——$i=0,1,\cdots,n$
b_j——$j=0,1,\cdots,m$ 由系统结构参数决定的系数。

1. 建立数学模型的基本步骤

这里介绍用解析法列写微分方程，其一般步骤如下：

①根据工程实际要求，确定系统或各元件的输入量和输出量。系统的给定输入量或扰动输入量都是系统的输入量，而被控制量则是输出量。对于一个环节而言，应按系统信号传递情况来确定输入量和输出量。

②根据系统中元件的具体情况，按照它们所遵循的科学规律，围绕输入量、输出量及有关中间变量，列写原始方程式，它们一般构成微分方程组。对于复杂的系统，不能直接写出输出量和输入量之间的关系式时，可以增设中间变量。方程的个数一般要比中间变量的个数多1。为了进一步方便整理，列写方程时可以从输入量开始，也可以从输出量开始，按照顺序列写。

③消去中间变量，整理出只含有输入量和输出量及其各阶导数的方程。

④写成标准形式。一般将输出量及其导数放在方程式左边，将输入量及其导数放在方程式右边，各阶导数项按阶次由高到低的顺序排列。可以将各项系数归化成具有一定物理意义的形式。

列写微分方程的关键是要了解元件或系统所属学科领域的有关规律而不是数学本身。当然，求解微分方程还是需要数学工具。

下面以电气系统和机械系统为例，说明如何列写系统或元件的微分方程式。

（1）电气系统

电气系统中最常见的装置是由电阻器、电感器、电容器、运算放大器等元件组成的电路，又称电气网络。像电阻器、电感器、电容器这类本身不含有电源的器件称为无源器件，像运算放大器这种本身包含电源的器件称为有源器件。仅由无源器件组成的电气网络称为无源网络。如果电气网络中包含有源器件或电源，就称为有源网络。

电气网络分析的基础是根据基尔霍夫电流定律和电压定律写出微分方程式。

基尔霍夫电流定律：若电路有分支，它就有节点，则汇聚到某节点的所有电流之和应等于零，即

$$\sum_{A} i(t) = 0 \tag{2-2}$$

式（2-2）表示汇聚到节点A的电流的总和为零。

基尔霍夫电压定律：电气网络的闭合回路中电动势的代数和等于沿回路的电压降的代数和，即

$$\sum E = \sum Ri \tag{2-3}$$

应用此定律对回路进行分析时，必须注意元件中电流的流向及元件两端电压的参考极性。

列写方程时，还经常用到理想电阻器、电感器、电容器两端电压、电流与元件参数的关系，分别用下列各式表示：

$$u = Ri \tag{2-4}$$

$$u = L\frac{\mathrm{d}i}{\mathrm{d}t} \tag{2-5}$$

$$i = C\frac{\mathrm{d}u}{\mathrm{d}t} \tag{2-6}$$

例 2-1 在图 2-1 所示的电路中，电压 $u_{\mathrm{i}}(t)$ 为输入量，$u_{\mathrm{o}}(t)$ 为输出量，列写该装置的微分方程式。

解 设回路电流 $i(t)$ 如图 2-1 所示。由基尔霍夫电压定律可得

$$L\frac{\mathrm{d}i(t)}{\mathrm{d}t}+Ri(t)+u_{\mathrm{o}}(t)=u_{\mathrm{i}}(t) \tag{2-7}$$

式中：$i(t)$ ——中间变量。

$i(t)$ 和 $u_{\mathrm{o}}(t)$ 的关系为

$$i(t)=C\frac{\mathrm{d}u_{\mathrm{o}}(t)}{\mathrm{d}t} \tag{2-8}$$

将式（2-8）代入式（2-7），消去中间变量 $i(t)$，可得

$$LC\frac{\mathrm{d}^2u_{\mathrm{o}}(t)}{\mathrm{d}t^2}+RC\frac{\mathrm{d}u_{\mathrm{o}}(t)}{\mathrm{d}t}+u_{\mathrm{o}}(t)=u_{\mathrm{i}}(t) \tag{2-9}$$

式（2-9）又可以写成

$$T_1T_2\frac{\mathrm{d}^2u_{\mathrm{o}}(t)}{\mathrm{d}t^2}+T_2\frac{\mathrm{d}u_{\mathrm{o}}(t)}{\mathrm{d}t}+u_{\mathrm{o}}(t)=u_{\mathrm{i}}(t) \tag{2-10}$$

式中，$T_1=L/R$，$T_2=RC$。式（2-9）和式（2-10）就是所求的微分方程式。这是一个典型的二阶线性常系数微分方程，对应的系统又称二阶线性定常系统。

例 2-2 由理想运算放大器组成的电路如图 2-2 所示，电压 $u_{\mathrm{i}}(t)$ 为输入量，$u_{\mathrm{o}}(t)$ 为输出量，求它的微分方程式。

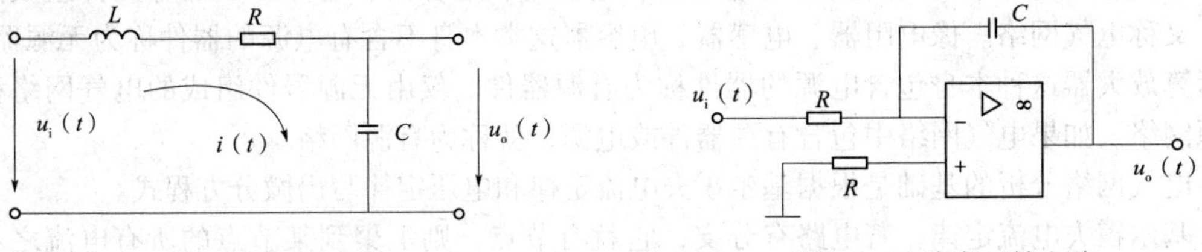

图 2-1 *RLC* 电路　　图 2-2 电容负反馈电路

解 理想运算放大器正、反相输入端的电位相同，且输入电流为零。根据基尔霍夫电流定律有

$$\frac{u_{\mathrm{i}}(t)}{R}+C\frac{\mathrm{d}u_{\mathrm{o}}(t)}{\mathrm{d}t}=0$$

整理后得

$$RC\frac{\mathrm{d}u_{\mathrm{o}}(t)}{\mathrm{d}t}=-u_{\mathrm{i}}(t) \tag{2-11}$$

或

$$T\frac{\mathrm{d}u_{\mathrm{o}}(t)}{\mathrm{d}t}=-u_{\mathrm{i}}(t) \tag{2-12}$$

式中：T ——时间常数，$T=RC$。

式（2-11）和式（2-12）是该系统的微分方程式。这是一个一阶系统。

（2）机械系统

机械系统指的是存在机械运动的装置，它们遵循物理学的力学定律。机械运动包括直

线运动（相应的位移称为线位移）和转动（相应的位移称为角位移）两种。

做直线运动的物体要遵循的基本力学定律是牛顿第二定律：

$$\sum F = m\frac{d^2x}{dt^2} \tag{2-13}$$

式中：F——物体所受到的力；

m——物体质量；

x——线位移；

t——时间。

转动的物体要遵循如下的牛顿转动定律：

$$\sum T = J\frac{d^2\theta}{dt^2} \tag{2-14}$$

式中：T——物体所受到的力矩；

J——物体的转动惯量；

θ——角位移。

运动着的物体，一般都要受到摩擦力的作用，摩擦力 F_c 可表示为

$$F_c = F_B + F_f = f\frac{dx}{dt} + F_f \tag{2-15}$$

式中：x——位移；

F_B——黏性摩擦力，$F_B = f\dfrac{dx}{dt}$，它与运动速度成正比，f 称为黏性阻尼系数；

F_f——恒值摩擦力，又称库仑摩擦力。

对于转动的物体，摩擦力的作用体现为摩擦力矩 T_c，T_c 可表示为

$$T_c = T_B + T_f = K_c\frac{d\theta}{dt} + T_f \tag{2-16}$$

式中：T_B——黏性摩擦力矩，$T_B = K_c\dfrac{d\theta}{dt}$；

K_c——黏性阻尼系数；

T_f——恒值摩擦力矩。

例 2-3　一个由弹簧－质量－阻尼器组成的机械平移系统如图 2-3 所示。m 为物体质量，k 为弹簧刚度系数，f 为黏性阻尼系数，外力 $F(t)$ 为输入量，位移 $y(t)$ 为输出量。列写系统的运动方程。

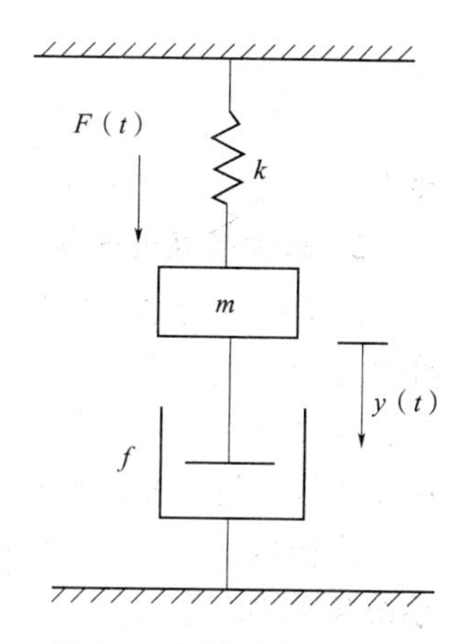

图 2-3　机械平移系统

解　取向下为力和位移的正方向。当 $F(t) = 0$ 时物体的平衡位置为位移 y 的零点。该物体 m 受到四个力的作用：外力 $F(t)$，弹簧的弹力 F_k，黏性摩擦力 F_B 及重力 mg。F_k、F_B 向上为正方向。由牛顿第二定律可知

$$F(t) - F_k - F_B + mg = m\frac{d^2y(t)}{dt^2} \tag{2-17}$$

且

$$F_{B} = f\frac{dy(t)}{dt} \tag{2-18}$$

$$F_{k} = k[y(t) + y_0] \tag{2-19}$$

$$mg = ky_0 \tag{2-20}$$

式中：y_0——$F=0$ 且物体处于静平衡位置时弹簧的伸长量。

将式（2-18）至式（2-20）代入式（2-17）得到该系统的运动方程式

$$m\frac{d^2y(t)}{dt^2} + f\frac{dy(t)}{dt} + ky(t) = F(t) \tag{2-21}$$

或写成

$$\frac{m}{k}\frac{d^2y(t)}{dt^2} + \frac{f}{k}\frac{dy(t)}{dt} + y(t) = \frac{1}{k}F(t) \tag{2-22}$$

该系统是二阶线性定常系统。

从该例还可以看出，物体的重力不出现在运动方程中，重力对物体的运动形式没有影响。忽略重力的作用时，列出的方程就是系统的动态方程。

例 2-4 图 2-4 所示的机械转动系统包括一个惯性负载和一个黏性摩擦阻尼器，J 为转动惯量，f 为黏性摩擦因数，ω、θ 分别为角速度和角位移，T_{fz} 为作用在该轴上的负载阻转距，T 为作用在该轴上的主动外力矩。以 T 为输入量，分别列写出以 ω 为输出量和以 θ 为输出量的运动方程。

解 根据牛顿转动定律有

$$J\frac{d\omega}{dt} = T - T_{B} - T_{fz} \tag{2-23}$$

T_B 为黏性摩擦力矩，且

$$T_{B} = f\omega \tag{2-24}$$

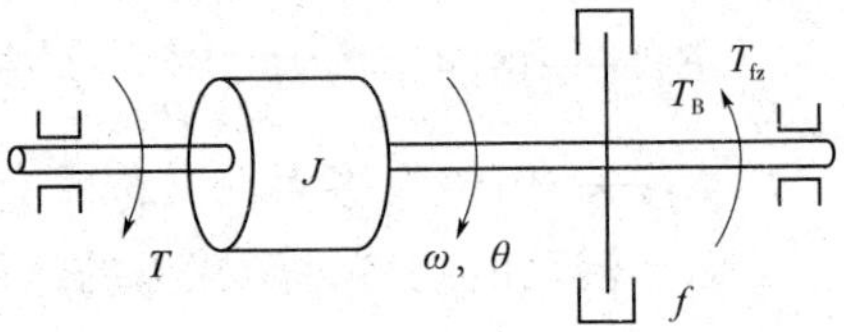

图 2-4 机械转动系统

将式（2-24）代入式（2-23）可得

$$J\frac{d\omega}{dt} + f\omega = T - T_{fz} \tag{2-25}$$

将 $\omega = d\theta/dt$ 代入式（2-25）可得

$$J\frac{d^2\theta}{dt^2} + f\frac{d\theta}{dt} = T - T_{fz} \tag{2-26}$$

式（2-25）、式（2-26）分别是以 ω 为输出量、以 θ 为输出量的运动方程式。该装置实际上有两个输入量 T 和 T_{fz}。

2. 非线性微分方程的线性化

以上推导的系统数学模型都是线性微分方程。通常把由线性微分方程描述的系统称为线性系统。线性系统具有一个最重要的特点是可以运用叠加原理。当系统同时有多个输入时，可以对每个输入单独考虑，得到与每个输入对应的输出响应。这就给系统的分析研究带来了极大的方便，并且线性系统的理论已经发展得相当成熟。

严格地说，实际元件的输入量和输出量都存在不同程度的非线性，所以，纯粹的线性系统几乎不存在。例如，元件的不灵敏区、机械传动的间隙与摩擦、元件在大信号作用下的饱和性等。因此，导致系统成为非线性系统，它们的动态方程应是非线性微分方程。对于高阶非线性微分方程，在数学上不能求得一般形式的解。因而，对非线性元件和系统的研究在理论上很困难。控制工作者采取的一个常用办法就是在可能的条件下，把非线性方程用线性方程代替，这就是非线性方程的线性化。线性化的关键是将其中的非线性函数线性化。

线性化的方法常用的称为小偏差法或切线法。只要变量的非线性函数在工作点处有导数或偏导数存在，就可以将非线性函数展开成泰勒级数，分解成这些变量在工作点附近的小增量的表达式，然后省略去高于一次的小增量项，就可以获得近似的线性函数。

对于以一个自变量作为输入量的非线性函数 $y=f(x)$，在平衡工作点 (x_0,y_0) 附近展开成泰勒级数，则有

$$y=f(x)=f(x_0)+\left.\frac{\mathrm{d}f(x)}{\mathrm{d}x}\right|_{x=x_0}(x-x_0)+\frac{1}{2!}\left.\frac{\mathrm{d}^2f(x)}{\mathrm{d}x^2}\right|_{x=x_0}(x-x_0)^2+\cdots \tag{2-27}$$

略去高于一次的增量项，得到非线性系统的线性化方程为

$$y=f(x_0)+\left.\frac{\mathrm{d}f(x)}{\mathrm{d}x}\right|_{x=x_0}(x-x_0) \tag{2-28}$$

写成增量方程，则为

$$y-y_0=\Delta y=K\Delta x \tag{2-29}$$

式中：y_0 ——系统的静态方程，$y_0=f(x_0)$；

K——$K=\left.\frac{\mathrm{d}f(x)}{\mathrm{d}x}\right|_{x=x_0}$；

Δx——$\Delta x=x-x_0$。

若输出变量与两个输入变量 x_1、x_2 有非线性关系，即 $y=f(x_1,x_2)$，同样可以将方程在工作点 (x_{10},x_{20}) 附近展开成泰勒级数，并忽略二阶和高阶导数项，便可得到 y 的线性化方程为

$$y=f(x_{10},x_{20})+\left.\frac{\partial f}{\partial x_1}\right|_{\substack{x_1=x_{10}\\x_2=x_{20}}}(x_1-x_{10})+\left.\frac{\partial f}{\partial x_2}\right|_{\substack{x_1=x_{10}\\x_2=x_{20}}}(x_2-x_{20}) \tag{2-30}$$

写成增量方程则为

$$y-y_0=\Delta y=K_1\Delta x_1+K_2\Delta x_2 \tag{2-31}$$

式中：y_0 ——系统的静态方程，$y_0=f(x_{10},x_{20})$；

K_1——$K_1=\left.\frac{\partial f}{\partial x_1}\right|_{\substack{x_1=x_{10}\\x_2=x_{20}}}$；

K_2——$K_2=\left.\frac{\partial f}{\partial x_2}\right|_{\substack{x_1=x_{10}\\x_2=x_{20}}}$。

在将一个非线性系统进行线性化时，有以下两点需要注意：

（1）采用上述小偏差线性化的条件是在预期工作点的邻域内存在关于变量的各阶导数或偏导数。符合这个条件的非线性特性称为非本质非线性。不符合这个条件的非线性函数不能展开成泰勒级数，因此不能采用小偏差线性化方法，这种非线性特性称为本质非线性。本质非线性特性在控制系统中也经常遇到。控制原理采用其他方法分析和研究本质非线性特性。

（2）在很多情况下，对于不同的预期工作点，线性化后的方程的形式是一样的，但各

项系数及常数项可能不同。

下面以滑阀与油缸组合的液压伺服机构为例，来讨论液压系统数学模型的建立问题。其中涉及非线性数学模型的线性化问题。原理图如图 2-5 所示。它具有体积小、反应速度快、功率放大倍数高等一系列优点。其工作原理：当滑阀右移 x，即阀的开口量为 x 时，高压油进入油缸左腔（腔 1），低压油与右腔（腔 2）连通，活塞推动负载右移 y。图中各个符号的意义为：q_1 和 q_2 为负载流量，在不计油的压缩和泄漏的情况下，即为进入和流出油缸的流量，有 $q_1 = q_2 = q$；$p = p_1 - p_2$ 为负载压降，即活塞两端单位面积上的压力差，它取决于负载。A 为活塞面积，f 为黏性阻尼系数。

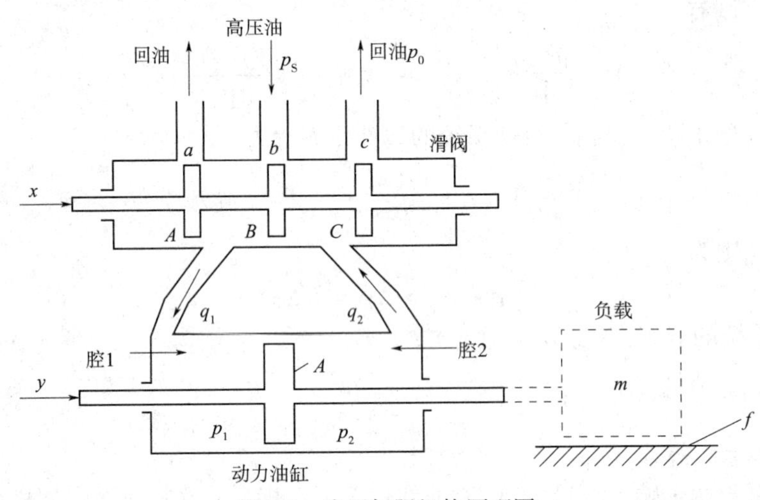

图 2-5　液压伺服机构原理图

当阀开口为 x 时，高压油进入油缸左腔，若不计油的压缩和泄漏，流体连续方程为

$$q = A\frac{\mathrm{d}y}{\mathrm{d}t} \tag{2-32}$$

作用在活塞上的力的平衡方程为

$$m\frac{\mathrm{d}^2y}{\mathrm{d}t^2} + f\frac{\mathrm{d}y}{\mathrm{d}t} = Ap \tag{2-33}$$

根据液体流经微小缝隙的流量特性，流量 q、压力 p 与阀的开口量 x 一般为非线性关系，即

$$q = q(x,p) \tag{2-34}$$

将该非线性方程在工作点 (x_0,p_0) 附近进行线性化处理，则有

$$q = q(x_0,p_0) + \left.\frac{\partial q}{\partial x}\right|_{x=x_0}(x - x_0) + \left.\frac{\partial q}{\partial p}\right|_{p=p_0}(p - p_0) \tag{2-35}$$

设在零位时，$x_0 = 0$，$p_0 = 0$，$q(x_0,p_0) = 0$，则有

$$q = K_p x - K_c p \tag{2-36}$$

式中：$K_p = \left.\frac{\partial q}{\partial x}\right|_{x=x_0}$——流量增益，表示阀心位移引起的流量变化；

$K_c = -\left.\frac{\partial q}{\partial p}\right|_{p=p_0}$——流量－压力系数，表示由压力变化引起的流量变化，因为随负载压力增大负载流量变小，故有一个负号。

联立以上各式，可得

$$p = \frac{1}{K_c}(K_p x - q) = \frac{1}{K_c}\left(K_x - A\frac{dy}{dt}\right) \tag{2-37}$$

将式（2-37）代入力平衡方程，整理即得该液压伺服机构经线性化后的数学模型：

$$m\frac{d^2y}{dt^2} + \left(B + \frac{A^2}{K_c}\right)\frac{dy}{dt} = A\frac{K_p}{K_c}x \tag{2-38}$$

2.1.2　拉普拉斯变换

拉普拉斯变换是分析研究线性动态系统的数学基础。用拉普拉斯变换求解线性微分方程，可将复杂的微积分运算转化为代数运算，使求解过程大为简化。更重要的是，利用拉普拉斯变换可以方便地把描述系统运动状态的微分方程转换为系统的传递函数，并由此发展出用传递函数的零极点分布、频率特性等间接地分析和设计控制系统的工程方法。

1. 拉普拉斯变换的定义

若$f(t)$为实变量t的单值函数，且$t<0$时$f(t)=0$，$t\geqslant 0$时$f(t)$在任一有限区间上连续或分段连续，则函数$f(t)$的拉普拉斯变换为

$$F(s) = L[f(t)] = \int_0^{\infty} f(t)e^{-st}dt \tag{2-39}$$

式中：s——复变量，$s=\sigma+j\omega$（σ、ω均为实数）；

$F(s)$——函数$f(t)$的拉普拉斯变换，它是一个复变函数，通常称$F(s)$为$f(t)$的象函数，而称$f(t)$为$F(s)$的原函数；

L——拉普拉斯变换的符号。

拉普拉斯逆变换为

$$f(t) = L^{-1}[F(s)] = \frac{1}{2\pi j}\int_{\sigma-j\infty}^{\sigma+j\infty} F(s)e^{st}ds \tag{2-40}$$

式中：L^{-1}——拉普拉斯逆变换的符号。

由此可见，在一定条件下，拉普拉斯变换能把一实数域中的实变函数$f(t)$变换为一个在复数域内与之等价的复变函数$F(s)$，反之亦然。

2. 典型函数的拉普拉斯变换

（1）单位阶跃函数

单位阶跃函数的定义为

$$1(t) = \begin{cases} 0 & t<0 \\ 1 & t\geqslant 0 \end{cases} \tag{2-41}$$

单位阶跃函数的拉普拉斯变换式为

$$L[1(t)] = \int_0^{\infty} 1(t)e^{-st}dt = -\left.\frac{e^{-st}}{s}\right|_0^{\infty} = \frac{1}{s} \tag{2-42}$$

单位阶跃函数如图2-6所示。

（2）单位脉冲函数

单位脉冲函数的定义为

$$\delta(t)=\begin{cases}\infty & t=0\\0 & t\neq 0\end{cases} \tag{2-43}$$

$$\int_0^{\infty}\delta(t)\mathrm{d}t=1$$

且有特性

$$\int_{-\infty}^{\infty}\delta(t)f(t)\mathrm{d}t=f(0) \tag{2-44}$$

$f(0)$ 为 $t=0$ 时刻 $f(t)$ 的值。

单位脉冲函数的拉普拉斯变换式为

$$L[\delta(t)]=\int_0^{\infty}\delta(t)\mathrm{e}^{-st}\mathrm{d}t=\mathrm{e}^{-st}\big|_{t=0}=1 \tag{2-45}$$

单位脉冲函数如图 2-7 所示。

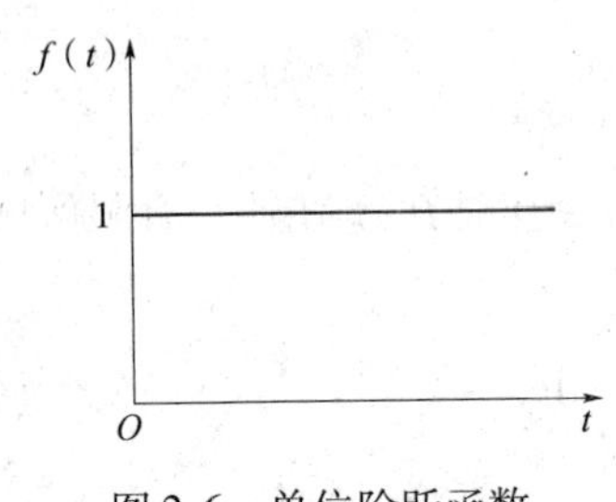

图 2-6　单位阶跃函数

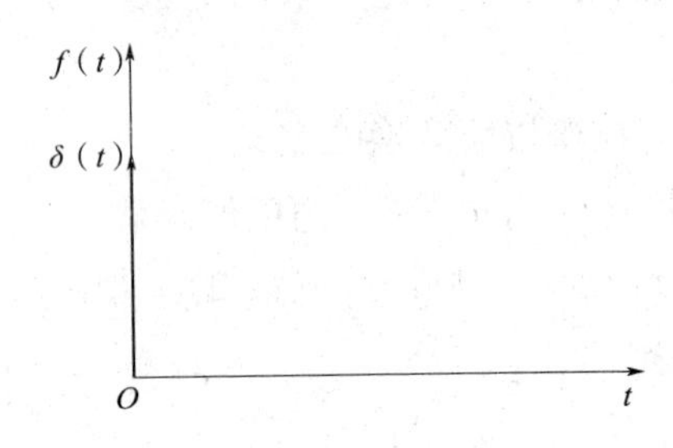

图 2-7　单位脉冲函数

（3）单位斜坡函数

单位斜坡函数如图 2-8 所示，其数学表示为

$$f(t)=\begin{cases}0 & t<0\\t & t\geqslant 0\end{cases} \tag{2-46}$$

为了得到单位斜坡函数的拉普拉斯变换，利用分部积分公式

$$\int_a^b u\mathrm{d}v=uv\Big|_a^b-\int_a^b v\mathrm{d}u \tag{2-47}$$

可得

$$\begin{aligned}L[f(t)]&=\int_0^{\infty}t\mathrm{e}^{-st}\mathrm{d}t=-t\frac{\mathrm{e}^{-st}}{s}\Big|_0^{\infty}-\int_0^{\infty}\left(-\frac{\mathrm{e}^{-st}}{s}\right)\mathrm{d}t\\&=\int_0^{\infty}\frac{\mathrm{e}^{-st}}{s}\mathrm{d}t=-\frac{1}{s^2}\mathrm{e}^{-st}\Big|_0^{\infty}=\frac{1}{s^2}\end{aligned} \tag{2-48}$$

（4）指数函数

指数函数如图 2-9 所示，其数学表示为

$$f(t)=\mathrm{e}^{at},\ t\geqslant 0 \tag{2-49}$$

其拉普拉斯变换为

$$L[\mathrm{e}^{at}]=\int_0^{\infty}\mathrm{e}^{at}\mathrm{e}^{-st}\mathrm{d}t=\int_0^{\infty}\mathrm{e}^{-(s-a)t}\mathrm{d}t=-\frac{\mathrm{e}^{-(s-a)t}}{s-a}\Big|_0^{\infty}=\frac{1}{s-a} \tag{2-50}$$

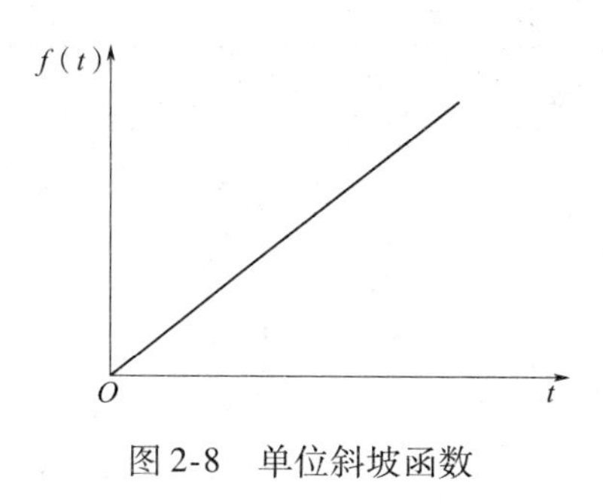

图 2-8 单位斜坡函数

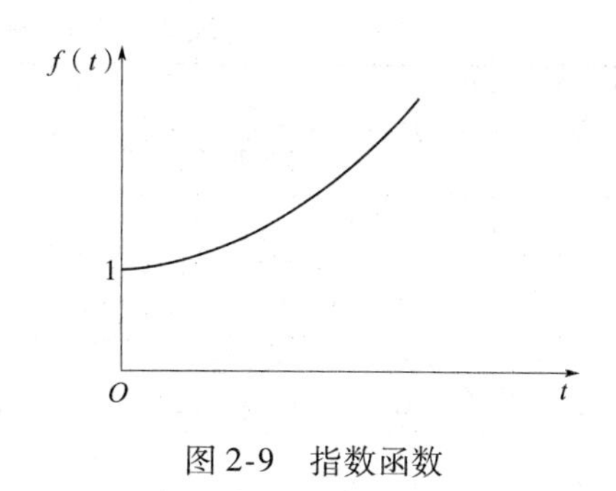

图 2-9 指数函数

（5）正弦、余弦函数

正弦、余弦函数的拉普拉斯变换可以利用指数函数的拉普拉斯变换求得。由指数函数的拉普拉斯变换，可以直接写出复指数函数的拉普拉斯变换为

$$L\left[\mathrm{e}^{\mathrm{j}\omega t}\right]=\frac{1}{s-\mathrm{j}\omega} \tag{2-51}$$

因为

$$\frac{1}{s-\mathrm{j}\omega}=\frac{s+\mathrm{j}\omega}{(s+\mathrm{j}\omega)(s-\mathrm{j}\omega)}=\frac{s+\mathrm{j}\omega}{s^2+\omega^2}=\frac{s}{s^2+\omega^2}+\mathrm{j}\frac{\omega}{s^2+\omega^2} \tag{2-52}$$

由欧拉公式

$$\mathrm{e}^{\mathrm{j}\omega t}=\cos\omega t+\mathrm{j}\sin\omega t \tag{2-53}$$

有

$$L\left[\mathrm{e}^{\mathrm{j}\omega t}\right]=L\left[\cos\omega t+\mathrm{j}\sin\omega t\right]=\frac{s}{s^2+\omega^2}+\mathrm{j}\frac{\omega}{s^2+\omega^2} \tag{2-54}$$

分别取复指数函数的实部变换与虚部变换，则有正弦函数的拉普拉斯变换为

$$L\left[\sin\omega t\right]=\frac{\omega}{s^2+\omega^2} \tag{2-55}$$

同时得到余弦函数的拉普拉斯变换为

$$L\left[\cos\omega t\right]=\frac{s}{s^2+\omega^2} \tag{2-56}$$

（6）单位加速度函数

单位加速度函数如图 2-10 所示，其数学表达式为

$$f(t)=\begin{cases}0, & t<0\\ \frac{1}{2}t^2, & t\geqslant 0\end{cases} \tag{2-57}$$

其拉普拉斯变换为

$$L\left[f(t)\right]=\int_0^{\infty}\frac{1}{2}t^2\mathrm{e}^{-st}\mathrm{d}t=\frac{1}{s^3} \tag{2-58}$$

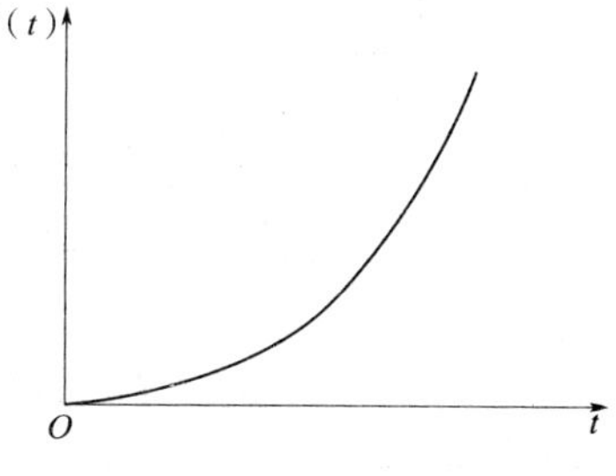

图 2-10 单位加速度函数

实际应用中通常不需要根据拉普拉斯变换定义来求解象函数和原函数，而从拉普拉斯变换表中直接查出。常用函数的拉普拉斯变换如表 2-1 所示。

表 2-1 常用函数拉普拉斯变换对照表

序号	$f(t)$	$F(s)$
1	单位脉冲 $\delta(t)$	1
2	单位阶跃 $1(t)$	$\frac{1}{s}$
3	单位斜坡 t	$\frac{1}{s^2}$
4	e^{-at}	$\frac{1}{s+a}$
5	te^{-at}	$\frac{1}{(s+a)^2}$
6	$\sin \omega t$	$\frac{\omega}{s^2+\omega^2}$
7	$\cos \omega t$	$\frac{s}{s^2+\omega^2}$
8	$t^n (n=1,2,3,\cdots)$	$\frac{n!}{s^{n+1}}$
9	$t^n e^{-at} (n=1,2,3,\cdots)$	$\frac{n!}{(s+a)^{n+1}}$
10	$\frac{1}{b-a}(e^{-at}-e^{-bt})$	$\frac{1}{(s+a)(s+b)}$
11	$\frac{1}{b-a}(be^{-bt}-ae^{-at})$	$\frac{s}{(s+a)(s+b)}$
12	$1+\frac{1}{a-b}(be^{-bt}ae^{-at})$	$\frac{1}{s(s+a)(s+b)}$
13	$e^{-at}\sin \omega t$	$\frac{\omega}{(s+a)^2+\omega^2}$
14	$e^{-at}\cos \omega t$	$\frac{s+a}{(s+a)^2+\omega^2}$
15	$\frac{1}{a^2}(at-1+e^{-at})$	$\frac{1}{s^2(s+a)}$
16	$\frac{\omega_n}{\sqrt{1-\xi^2}}e^{-\xi\omega_n t}\sin \omega_n \sqrt{1-\xi^2}t$	$\frac{\omega_n^2}{s^2+2\xi\omega_n s+\omega_n^2}$
17	$-\frac{1}{\sqrt{1-\xi^2}}e^{-\xi\omega_n t}\sin(\omega_n \sqrt{1-\xi^2}t-\varphi)$ $\varphi=\arctan\frac{\sqrt{1-\xi^2}}{\xi}$	$\frac{s}{s^2+2\xi\omega_n s+\omega_n^2}$
18	$1-\frac{1}{\sqrt{1-\xi^2}}e^{-\xi\omega_n t}\sin(\omega_n \sqrt{1-\xi^2}t+\varphi)$ $\varphi=\arctan\frac{\sqrt{1-\xi^2}}{\xi}$	$\frac{\omega_n^2}{s(s^2+2\xi\omega_n s+\omega_n^2)}$

3. 拉普拉斯变换的基本定理

（1）线性定理

若有常数 K_1、K_2，函数 $f_1(t)$、$f_2(t)$，则有

$$L[K_1f_1(t)+K_2f_2(t)]=K_1L[f_1(t)]+K_2L[f_2(t)]=K_1F_1(s)+K_2F_2(s) \tag{2-59}$$

线性定理表明，时间函数和的拉普拉斯变换等于每个时间函数拉普拉斯变换之和。

（2）平移定理

若 $L[f(t)]=F(s)$，则有

$$L[\mathrm{e}^{-at}f(t)]=F(s+a) \tag{2-60}$$

平移定理说明，在时域中 $f(t)$ 乘 e^{-at} 的结果，是其在复变量域中把 s 平移到 $s+a$，对求解 $\mathrm{e}^{-at}f(t)$ 之类函数的拉普拉斯变换很方便。

（3）微分定理

若 $L[f(t)]=F(s)$，则有

$$L\left[\frac{\mathrm{d}f(t)}{\mathrm{d}t}\right]=sF(s)-f(0) \tag{2-61}$$

式中：$f(0)$——函数 $f(t)$ 在 $t=0$ 时刻的值，即 $f(t)$ 的初始值。

同理，可得 $f(t)$ 的各阶导数的拉普拉斯变换式为

$$L\left[\frac{\mathrm{d}^2f(t)}{\mathrm{d}t^2}\right]=s^2F(s)-sf(0)-f'(0)$$

$$L\left[\frac{\mathrm{d}^3f(t)}{\mathrm{d}t^3}\right]=s^3F(s)-s^2f(0)-sf'(0)-f''(0)$$

$$\vdots$$

$$L\left[\frac{\mathrm{d}^nf(t)}{\mathrm{d}t^n}\right]=s^nF(s)-s^{n-1}f(0)-s^{n-2}f'(0)-\cdots-f^{(n-1)}(0)$$

式中：$f'(0)$，$f''(0)$，…——原函数各阶导数在 $t=0$ 时刻的值。

如果函数 $f(t)$ 及各阶导数在 $t=0$ 时刻的值均为零，即在零初始条件下，则函数 $f(t)$ 的各阶导数的拉普拉斯变换可以写成

$$L[f'(t)]=sF(s)$$

$$L[f''(t)]=s^2F(s)$$

$$\vdots$$

$$L[f^{(n)}(t)]=s^nF(s)$$

（4）积分定理

若 $L[f(t)]=F(s)$，则有

$$L\left[\int f(t)\mathrm{d}t\right]=\frac{1}{s}F(s)+\frac{1}{s}f^{(-1)}(0) \tag{2-62}$$

式中：$f^{(-1)}(0)$——积分 $\int f(t)\mathrm{d}t$ 在 $t=0$ 时刻的值。

当初始条件为零时，则有

$$L\left[\int f(t)\,\mathrm{d}t\right] = \frac{1}{s}F(s) \tag{2-63}$$

对于多重积分的拉普拉斯变换式是

$$L\left[\underbrace{\int\cdots\int}_{n} f(t)\,\mathrm{d}t\right] = \frac{1}{s^n}F(s) + \frac{1}{s^n}f^{(-1)}(0) + \cdots + \frac{1}{s}f^{-(n-1)}(0) \tag{2-64}$$

当初始条件为零时，则有

$$L\left[\underbrace{\int\cdots\int}_{n} f(t)\,\mathrm{d}t\right] = \frac{1}{s^n}F(s) \tag{2-65}$$

（5）延时定理

若 $L[f(t)] = F(s)$，且 $t < 0$ 时，$f(t) = 0$，则有

$$L[f(t-\tau)] = \mathrm{e}^{-\tau s}F(s) \tag{2-66}$$

式中：τ——函数 $f(t-\tau)$ 较原函数 $f(t)$ 沿时间轴延迟了 τ。

（6）终值定理

若 $L[f(t)] = F(s)$，并且 $\lim\limits_{t\to\infty} f(t)$ 存在，则有

$$\lim_{t\to\infty} f(t) = f(\infty) = \lim_{s\to 0} sF(s) \tag{2-67}$$

即原函数的终值等于 s 乘象函数的初值。

（7）初值定理

若 $L[f(t)] = F(s)$，则有

$$\lim_{t\to 0} f(t) = \lim_{s\to\infty} sF(s) \tag{2-68}$$

即原函数的初值等于 s 乘象函数的终值。终值定理对于求瞬态响应的稳态值是很有用的。

（8）卷积定理

若 $L[f_1(t)] = F_1(s)$，$L[f_2(t)] = F_2(s)$，则有

$$L\left[\int_0^\infty f_1(t-\tau)f_2(\tau)\,\mathrm{d}\tau\right] = F_1(s)F_2(s) \tag{2-69}$$

即两个时间函数 $f_1(t)$、$f_2(t)$ 卷积的拉普拉斯变换等于两个时间函数的拉普拉斯变换的乘积。卷积定理在拉普拉斯变换中可以简化计算。

4. 应用拉普拉斯变换解线性微分方程

用拉普拉斯变换解线性微分方程，首先通过拉普拉斯变换将微分方程化为象函数的代数方程，然后解出象函数，最后由拉普拉斯逆变换求得微分方程的解。

根据定义计算拉普拉斯变换一般很难求解，通常采用部分分式展开法将复变函数展开成有理分式函数之和，再由拉普拉斯变换表分别查出对应的反变换函数，即得所求的原函数 $f(t)$。下面在求解微分方程以前，先对部分分式展开法进行介绍。

象函数 $F(s)$ 通常为 s 的有理分式，可以表示为

$$F(s) = \frac{B(s)}{A(s)} = \frac{b_0 s^m + b_1 s^{m-1} + \cdots + b_{m-1}s + b_m}{a_0 s^n + a_1 s^{n-1} + \cdots + a_{n-1}s + a_n} \quad (n \geqslant m) \tag{2-70}$$

为了将 $F(s)$ 写成部分分式，首先把它的分母因式分解，则有

$$F(s)=\frac{b_0s^m+b_1s^{m-1}+\cdots+b_{m-1}s+b_m}{(s-p_1)(s-p_2)\cdots(s-p_n)} \tag{2-71}$$

式中：p_1，p_2，…，p_n——$A(s)=0$ 的根，也称为 $F(s)$ 的极点。

根据这些根的性质不同，分以下几种情况讨论。

(1) $F(s)$ 的极点为各不相同的实数

$$F(s)=\frac{b_0s^m+b_1s^{m-1}+\cdots+b_{m-1}s+b_m}{(s-p_1)(s-p_2)\cdots(s-p_n)}=\frac{A_1}{s-p_1}+\frac{A_2}{s-p_2}+\cdots+\frac{A_n}{s-p_n}=\sum_{i=1}^{n}\frac{A_i}{s-p_i}$$

式中：A_i——待定系数，它是 $s=p_i$ 处的留数，其求法如下：

$$A_i=\left[F(s)(s-p_i)\right]_{s=p_i}$$

根据拉普拉斯变换的线性定理，可求得原函数 $f(t)$ 为

$$f(t)=L^{-1}\left[F(s)\right]=L^{-1}\left[\sum_{i=1}^{n}\frac{A_i}{s-p_i}\right]=\sum_{i=1}^{n}A_i e^{p_i t}$$

例 2-5　求 $F(s)=\frac{s+1}{s^2+5s+6}$ 的原函数 $f(t)$。

解　将 $F(s)$ 分解为部分分式有

$$F(s)=\frac{s+1}{s^2+5s+6}=\frac{s+1}{(s+2)(s+3)}=\frac{A_1}{s+2}+\frac{A_2}{s+3}$$

$$A_1=\left[F(s)(s+2)\right]_{s=-2}=\left.\frac{s+1}{s+3}\right|_{s=-2}=-1$$

$$A_2=\left[F(s)(s+3)\right]_{s=-3}=\left.\frac{s+1}{s+2}\right|_{s=-3}=2$$

得分解式为

$$F(s)=\frac{-1}{s+2}+\frac{2}{s+3}$$

求拉普拉斯逆变换得

$$f(t)=L^{-1}\left[F(s)\right]=L^{-1}\left[\frac{-1}{s+2}+\frac{2}{s+3}\right]=-e^{-2t}+2e^{-3t}$$

(2) $F(s)$ 含有共轭极点

$F(s)$ 有一对共轭复数极点 p_1、p_2，其余极点均为各不相同的实数极点。将 $F(s)$ 展开：

$$F(s)=\frac{b_0s^m+b_1s^{m-1}+\cdots+b_{m-1}s+b_m}{(s-p_1)(s-p_2)\cdots(s-p_n)}=\frac{A_1s+A_2}{(s-p_1)(s-p_2)}+\frac{A_3}{s-p_3}+\cdots+\frac{A_n}{s-p_n}$$

A_1 和 A_2 可按下式求解：

$$\left[F(s)(s-p_1)(s-p_2)\right]_{s=p_1\text{或}s=p_2}$$

$$=\left.\left[\frac{A_1s+A_2}{(s-p_1)(s-p_2)}+\frac{A_3}{s-p_3}+\cdots+\frac{A_n}{s-p_n}\right](s-p_1)(s-p_2)\right|_{s=p_1\text{或}s=p_2}$$

即

$$[F(s)(s-p_1)(s-p_2)]_{s=p_1或s=p_2} = [A_1 s + A_2]_{s=p_1或s=p_2}$$

因为 p_1 和 p_2 是复数，上式两边都应该是复数。令等号两边的实部和虚部分别相等，可得两个方程式，联立求解即得 A_1 和 A_2 这两个系数。

(3) $F(s)$ 中含有重极点

设 $A(s)=0$ 有 r 个重根，则

$$F(s)=\frac{b_0 s^m + b_1 s^{m-1} + \cdots + b_{m-1}s + b_m}{(s-p_0)^r(s-p_{r+1})\cdots(s-p_n)}$$

将上式展开成部分分式得

$$F(s)=\frac{A_{01}}{(s-p_0)^r}+\frac{A_{02}}{(s-p_0)^{r-1}}+\cdots+\frac{A_{0r}}{(s-p_0)}+\frac{A_{r+1}}{(s-p_{r+1})}+\cdots+\frac{A_n}{(s-p_n)}$$

A_{r+1}，A_{r+2}，…，A_n 的求法与单实数极点的情况相同。

A_{01}，A_{02}，…，A_{0r} 的求法如下：

$$A_{01}=\left[F(s)(s-p_0)^r\right]_{s=p_0}$$

$$A_{02}=\left[\frac{\mathrm{d}}{\mathrm{d}s}F(s)(s-p_0)^r\right]_{s=p_0}$$

$$A_{03}=\frac{1}{2!}\left[\frac{\mathrm{d}^2}{\mathrm{d}s^2}F(s)(s-p_0)^r\right]_{s=p_0}$$

$$\vdots$$

$$A_{0r}=\frac{1}{(r-1)!}\left[\frac{\mathrm{d}^{(r-1)}}{\mathrm{d}s^{(r-1)}}F(s)(s-p_0)^r\right]_{s=p_0}$$

则

$$f(t)=L^{-1}[F(s)]=\left[\frac{A_{01}}{(r-1)!}t^{(r-1)}+\frac{A_{02}}{(r-2)!}t^{(r-2)}+\cdots+A_{0r}\right]\mathrm{e}^{p_0 t}+ A_{r+1}\mathrm{e}^{p_{r+1}t}+\cdots+A_n\mathrm{e}^{p_n t} \qquad (t\geqslant 0)$$

(4) 拉普拉斯变换法求解线性微分方程

微分方程的求解方法，可以采用数学分析的方法来求解，也可以采用拉普拉斯变换法来求解。采用拉普拉斯变换法求解微分方程是带初值进行运算的，许多情况下应用更为方便。

例 2-6 设系统微分方程为

$$\frac{\mathrm{d}^2x_o(t)}{\mathrm{d}t^2}+5\frac{\mathrm{d}x_o(t)}{\mathrm{d}t}+6x_o(t)=x_i(t)$$

若 $x_i(t)=1(t)$，初始条件 $x_o(0)=x'_o(0)=0$，试求 $x_o(t)$。

解 将方程左边进行拉普拉斯变换得

$$L\left[\frac{\mathrm{d}^2x_o(t)}{\mathrm{d}t^2}+5\frac{\mathrm{d}x_o(t)}{\mathrm{d}t}+6x_o(t)\right]$$

$$=(s^2+5s+6)X_o(s)-[(s+5)X_o(0)+X'_o(0)]$$

$$=(s^2+5s+6)X_o(s)$$

将方程右边进行拉普拉斯变换得

$$L\left[x_{\mathrm{i}}(t)\right]=L\left[1(t)\right]=\frac{1}{s}$$

将方程两边整理得

$$X_{\mathrm{o}}(s)=\frac{1}{s^{2}+5s+6}\cdot\frac{1}{s}$$

利用部分分式将上式展开得

$$X_{o}(s)=\frac{1}{s(s+2)(s+3)}=\frac{A_{1}}{s}+\frac{A_{2}}{s+2}+\frac{A_{3}}{s+3}$$

确定系数 A_1 、A_2 、A_3 得

$$A_{1}=\left.\frac{1}{s(s+2)(s+3)}s\right|_{s=0}=\frac{1}{6}$$

$$A_{2}=\left.\frac{1}{s(s+2)(s+3)}(s+2)\right|_{s=-2}=-\frac{1}{2}$$

$$A_{3}=\left.\frac{1}{s(s+2)(s+3)}(s+3)\right|_{s=-3}=\frac{1}{3}$$

代入原式得

$$X_{\mathrm{o}}(s)=\frac{\frac{1}{6}}{s}+\frac{-\frac{1}{2}}{s+2}+\frac{\frac{1}{3}}{s+3}$$

查拉普拉斯变换表得

$$x_{\mathrm{o}}(t)=\frac{1}{6}-\frac{1}{2}\mathrm{e}^{-2t}+\frac{1}{3}\mathrm{e}^{-3t}\qquad(t\geqslant 0)$$

2.1.3 传递函数

经典控制理论研究的主要内容之一，就是系统输出和输入的关系，或者说如何由已知的输入量求输出量。微分方程虽然可以表示输出和输入之间的关系，但由于微分方程的求解比较困难，所以微分方程所表示的变量间的关系总是显得很复杂。以拉普拉斯变换为基础所得出的传递函数这个概念，则把控制系统输出和输入的关系表示得简单明了，并且可以根据传递函数在复平面上的形状直接判断系统的动态性能，找出改善系统品质的方法。因此，传递函数是经典控制理论的基础，是一个极其重要的基本概念。

1. 传递函数的定义

设线性定常系统的输入信号和输出信号分别为 $r(t)$ 和 $c(t)$ ，则这个系统的动态方程可用下列线性常系数微分方程表示

$$\begin{aligned}&c^{(n)}(t)+a_{1}c^{(n-1)}(t)+a_{2}c^{(n-2)}(t)+\cdots+a_{n-1}\dot{c}(t)+a_{n}c(t)\\&=b_{0}r^{(m)}(t)+b_{1}r^{(m-1)}(t)+\cdots+b_{m-1}\dot{r}(t)+b_{m}r(t)\end{aligned}\tag{2-72}$$

式中：$m \leqslant n$，a_i，b_j——由系统结构决定的常数；

$c^n(t)$——$\frac{\mathrm{d}^n c(t)}{\mathrm{d}t^n}$。线性微分方程中，各变量及其各阶导数的幂次数不超过1。

令 $r(t)$ 和 $c(t)$ 及其各阶导数的初始条件为零，对式（2-72）取拉普拉斯变换得

$$(s^n + a_1 s^{n-1} + a_2 s^{n-2} + \cdots + a_{n-1}s + a_n)C(s) = (b_0 s^m + b_1 s^{m-1} + \cdots + b_{m-1}s + b_m)R(s) \tag{2-73}$$

式中：s——拉普拉斯变换中的复数参变量。

变量的拉普拉斯变换式用大写字母表示。于是有

$$\frac{C(s)}{R(s)} = \frac{b_0 s^m + b_1 s^{m-1} + \cdots + b_{m-1}s + b_m}{s^n + a_1 s^{n-1} + a_2 s^{n-2} + \cdots + a_{n-1}s + a_n} = \frac{N(s)}{D(s)} \tag{2-74}$$

式中：$N(s) = b_0 s^m + b_1 s^{m-1} + \cdots + b_{m-1}s + b_m$；

$D(s) = s^n + a_1 s^{n-1} + a_2 s^{n-2} + \cdots + a_{n-1}s + a_n$。

可见，对于线性定常系统，输出信号的拉普拉斯变换式 $C(s)$ 和输入信号的拉普拉斯变换式 $R(s)$ 之比是一个只取决于系统结构的 s 的函数。这个函数把输出信号与输入信号联系起来。于是，可以引用如下定义：

在初始条件为零时，线性定常系统或元件输出信号的拉普拉斯变换式 $C(s)$ 与输入信号的拉普拉斯变换式 $R(s)$ 之比，称为该系统或元件的传递函数，通常记为 $G(s)$。因此有

$$G(s) = \frac{C(s)}{R(s)} \tag{2-75}$$

所以

$$C(s) = G(s)R(s) \tag{2-76}$$

因此，知道了系统的传递函数和输入信号的拉普拉斯变换式，就很容易求得初始条件为零时系统输出信号的拉普拉斯变换式。

由上述可见，求系统传递函数的一个方法，就是利用它的微分方程式并取拉普拉斯变换。

例 2-7 求图 2-1 所示的 RLC 电路的传递函数。

解 由例 2-1 知该电路的微分方程是

$$LC\frac{\mathrm{d}^2 u_o(t)}{\mathrm{d}t^2} + RC\frac{\mathrm{d}u_o(t)}{\mathrm{d}t} + u_o(t) = u_i(t)$$

在零初始条件下对其取拉普拉斯变换得

$$(LCs^2 + RCs + 1)U_o(s) = U_i(s) \tag{2-77}$$

因此有

$$G(s) = \frac{C(s)}{R(s)} = \frac{U_o(s)}{U_i(s)} = \frac{1}{LCs^2 + RCs + 1}$$

例 2-8 求图 2-3 所示的机械系统的传递函数。

解 由例 2-3 知该电路的微分方程是

$$m\frac{\mathrm{d}^2 y(t)}{\mathrm{d}t^2} + f\frac{\mathrm{d}y(t)}{\mathrm{d}t} + ky(t) = F(t)$$

在零初始条件下对其取拉普拉斯变换得

$$(ms^2+fs+k)Y(s)=F(s)$$

因此有

$$G(s)=\frac{C(s)}{R(s)}=\frac{Y(s)}{F(s)}=\frac{1}{ms^2+fs+k}=\frac{\frac{1}{k}}{\frac{m}{k}s^2+\frac{f}{k}s+1} \tag{2-78}$$

有关传递函数的六点说明：

第一，传递函数的概念适用于线性定常系统，它与线性常系数微分方程一一对应，传递函数的结构和各项系数（包括常数项）完全取决于系统本身结构，因此，它是系统的动态数学模型，而与输入信号的具体形式和大小无关。但是同一个系统若选择不同的变量做输入和输出信号，所得到的传递函数可能不同。所以谈到传递函数，必须指明输入量和输出量。传递函数的概念主要适用于单输入、单输出的情况。若系统有多个输入信号，在求传递函数时，除了一个有关的输入量外，其他输入量（包括常值输入量）一概视为零。

第二，传递函数不能反映系统或元件的学科属性和物理性质。物理性质和学科类别截然不同的系统可能具有完全相同的传递函数。例如例 2－7 和例 2－8 中的两个系统分属电气和机械领域，但它们却具有相似的传递函数。另一方面，研究某一种传递函数所得到的结论，可以适用于具有这种传递函数的各种系统，不管它们的学科类别和工作机理如何不同。这就极大地提高了工作效率。今后，在确定了系统或元件的传递函数以后，将不再考虑系统的具体属性，而只研究传递函数本身。

第三，对于实际的元件或系统，传递函数是复变量 s 的有理分式，其分子 $N(s)$ 和分母 $D(s)$ 都是 s 的有理多项式，即它们的各项系数都是实数。式（2-74）称为传递函数的有理分式形式。传递函数除了写成有理分式形式外，还常写成如下两种形式：

$$G(s)=\frac{N(s)}{D(s)}=k\frac{(s-z_1)(s-z_2)\cdots(s-z_m)}{(s-p_1)(s-p_2)\cdots(s-p_n)} \tag{2-79}$$

及

$$G(s)=\frac{N(s)}{D(s)}=K\frac{(\tau_1 s+1)(\tau_2^2 s^2+2\xi\tau_2 s+1)\cdots(\tau_l s+1)}{s^{\upsilon}(T_1 s+1)(T_2^2 s^2+2\xi T_2 s+1)\cdots(T_k s+1)} \tag{2-80}$$

式（2-79）中：s 的系数都是1；z_1，z_2，…，z_m 为传递函数的零点；p_1，p_2，…，p_n 为传递函数的极点；k 为零极点增益或根轨迹增益。该式为传递函数的零极点表达式。由于 $N(s)$ 和 $D(s)$ 的各项系数都是实数，所以零点和极点是实数或共轭复数。式（2-80）称为传递函数的时间常数形式，其特点是各个因式项中的常数项（如果不是零）都是1。式中：τ_i、T_j 为系统中各环节的时间常数；K 为系统的放大系数。式中一次因式对应于实数根，二次因式对应于共轭复数根。可以证明，零极点增益 k 与放大系数 K 成正比。

第四，理论分析和试验都指出，对于实际的物理元件和系统而言，输入量与它所引起的响应（输出量）之间的传递函数，分子多项式 $N(s)$ 的阶次 m 总是小于分母多项式 $D(s)$ 的阶次 n，即 $m<n$。这个结论可以看成是客观物理世界的基本属性。它反映了这样一个基本事实：一个物理系统的输出不能立即完全复现输入信号，只有经过一定的时间过程后，输出量才能达到输入量所要求的数值。

如果一个传递函数分子的阶高于分母的阶，就称它是物理上不可实现的。实际上，有一些元件和电子电路，在一定的范围和一定的工作条件下，可以认为其传递函数分子的阶高于分母的阶。因此，这种传递函数虽然从原理上不可实现，在实际中还是可以近似实现的，但要困难一些，并有明显的适用范围和限制条件，而且有比较大的误差。

第五，在传递函数 $G(s)$ 中，自变量是复变量 s，称传递函数是系统的复域描述，这时系统中各变量都以 s 为自变量，称它们处于复域；而在微分方程中，自变量是时间 t，称微分方程是系统的时域描述，而各变量以时间 t 为自变量时，称它们处于时域。

第六，令系统传递函数分母等于零所得的方程称为特征方程，即 $D(s)=0$。特征方程的根称为特征根。特征根就是传递函数的极点。

2. 典型环节的传递函数

控制系统通常由一些元件按一定形式组合连接而成。从控制工程的角度出发，物理本质和工作原理不同的元件，若动态特性相同，就可以用同一数学模型描述。通常将具有某种确定信息传递关系的元件、元件组或元件的一部分称为一个环节，把经常遇到的环节称为典型环节。因此，任何复杂的系统都可归结为由一些典型环节组成的，这给建立数学模型、研究系统特性带来了极大方便。下面介绍最常见的典型环节。

以下叙述中设 $r(t)$ 为环节的输入信号，$c(t)$ 为输出信号，$G(s)$ 为传递函数。

（1）比例环节（放大环节）

输出量不失真、无惯性地跟随输入量，且两者成比例关系的环节，称为比例环节，其动态方程式为

$$c(t)=Kr(t) \tag{2-81}$$

由式（2-81）可得放大环节的传递函数

$$G(s)=\frac{C(s)}{R(s)}=K \tag{2-82}$$

式中：K——常数，称为比例系数或放大系数。

几乎每一个控制系统中都有比例环节。例如运算放大器、齿轮减速器、旋转变压器、电位器、光电码盘等，都可以看成是比例环节。

（2）惯性环节

输出量与输入量之间能用一阶线性微分方程描述的环节称为惯性环节，其动态方程为

$$T\frac{\mathrm{d}c(t)}{\mathrm{d}t}+c(t)=r(t) \tag{2-83}$$

由式（2-83）可得惯性环节的传递函数

$$G(s)=\frac{C(s)}{R(s)}=\frac{1}{Ts+1} \tag{2-84}$$

式中：T——惯性环节的时间常数，若 $T=0$，该环节就变成比例环节。

（3）积分环节

输出量与输入量对时间的积分成比例的环节称为积分环节，其动态方程为

$$c(t)=\int r(t)\mathrm{d}t \tag{2-85}$$

由式（2-85）可得积分环节的传递函数

$$G(s)=\frac{C(s)}{R(s)}=\frac{1}{s} \tag{2-86}$$

积分环节的输出量等于输入量的积分。当输入信号变为零后，积分环节的输出信号将保持输入信号变为零时刻的值不变。

(4) 纯微分环节

输出量等于输入量的微分的环节称为纯微分环节，往往简称为微分环节，其动态方程为

$$c(t)=\frac{\mathrm{d}r(t)}{\mathrm{d}t} \tag{2-87}$$

纯微分环节的传递函数是

$$G(s)=\frac{C(s)}{R(s)}=s \tag{2-88}$$

纯微分环节的输出是输入的微分，当输入为单位阶跃函数时，输出就是脉冲函数，这在实际中是不可能的。工程上无法实现传递函数为微分环节的元件和装置，故纯微分环节在系统中不会单独出现。但实际中有些环节，当其惯性很小时，它们的传递函数可以近似地看成微分环节。如电路中电感元件的输入电流与其两端电压之间的关系、测速发电机的输入转角与电枢两端电压之间的关系等都近似为微分环节。

(5) 振荡环节

振荡环节中含有两个独立的储能元件，并且所储存的能量能够相互转换，从而导致输出带有振荡的性质，其动态方程为

$$T^2\frac{\mathrm{d}^2c(t)}{\mathrm{d}t^2}+2\xi T\frac{\mathrm{d}c(t)}{\mathrm{d}t}+c(t)=r(t)\quad(0\leqslant\xi<1) \tag{2-89}$$

其传递函数是

$$G(s)=\frac{C(s)}{R(s)}=\frac{1}{T^2s^2+2\xi Ts+1}=\frac{\omega_n^2}{s^2+2\xi\omega_n s+\omega_n^2}\quad(0\leqslant\xi<1) \tag{2-90}$$

式中：T,ξ,ω_n ——常数，且 $\omega_n=1/T$；

T ——该环节的时间常数；

ω_n ——无阻尼自振角频率，ξ 为阻尼比。

通常把能用二阶线性微分方程描述的系统称为二阶系统。当二阶系统的阻尼比满足 $0\leqslant\xi<1$ 时，其特征方程的根为共轭复根，这时的二阶系统才能称为振荡系统。当 $\xi>1$ 时，其特征方程有两个实根，这时的二阶系统由两个惯性环节串联而成。振荡环节的实例如2.1节中所列举的 *RLC* 电路和由弹簧—质量—阻尼器组成的机械平移系统。

(6) 一阶微分环节

一阶微分环节又称实际微分环节，其动态方程为

$$c(t)=\tau\frac{\mathrm{d}r(t)}{\mathrm{d}t}+r(t) \tag{2-91}$$

式中：τ ——该环节的时间常数。

一阶微分环节的传递函数为

$$G(s)=\frac{C(s)}{R(s)}=\tau s+1 \tag{2-92}$$

由于微分环节的输出反映了输入信号的变换趋势，这等于将有关输入的变化预告给控制系统，因此微分环节常用来改善控制系统的动态性能。

(7) 二阶微分环节

二阶微分环节的动态方程为

$$c(t) = \tau^2 \frac{d^2 r(t)}{dt^2} + 2\xi\tau \frac{dr(t)}{dt} + r(t) \tag{2-93}$$

二阶微分环节的传递函数为

$$G(s) = \frac{C(s)}{R(s)} = \tau^2 s^2 + 2\xi\tau s + 1 \tag{2-94}$$

式中：τ——常数，即该环节的时间常数；

ξ——阻尼比。

必须指出，只有当上式中右边项等于零时的方程具有一对共轭复根时，该环节才能称为二阶微分环节。如果具有两个实根，则认为该环节是由两个一阶微分环节串联而成的。在控制系统中引入二阶微分环节主要是用于改善系统的动态性能。

(8) 延迟环节

输入量作用后，输出量要等待一段时间 τ 后，才能不失真地复现输入，把这种环节称为延迟环节，其动态方程为

$$c(t) = r(t - \tau) \tag{2-95}$$

式中：τ——常数，即该环节的延迟时间。

由式（2-95）可见，延迟环节任意时刻的输出值等于 τ 时刻以前的输入值，也就是说，输出信号比输入信号延迟了 τ 个时间单位。

延迟环节是个线性环节，其传递函数为

$$G(s) = \frac{C(s)}{R(s)} = e^{-\tau s} \tag{2-96}$$

延迟环节在实际中不单独存在，一般与其他环节同时出现。延迟环节与惯性环节的区别在于：惯性环节从输入开始时刻起就已有输出，只因惯性，输出要滞后一段时间才接近所要求的输出值；延迟环节从输入开始，在 $0 \sim \tau$ 内，并无输出，但在 $t = \tau$ 时刻起，输出就完全等于输入。

应该说明的是，环节是根据运动微分方程划分的，一个环节不一定代表一个元件，或许是几个元件之间的运动特性才组成一个环节。另外，同一元件在不同系统中若作用不同、输入输出的物理量不同，则能起到不同环节的作用。

3. 电气网络的运算阻抗与传递函数

求传递函数一般都要先列写微分方程。然而对于电气网络，采用电路理论中的运算阻抗的概念和方法，不列写微分方程也可以方便地求出相应的传递函数。

这里首先介绍运算阻抗的概念。电阻 R 的运算阻抗就是电阻 R 本身。电感 L 的运算阻抗是 Ls，电容 C 的运算阻抗是 $1/(Cs)$，其中，s 是拉普拉斯变换的复参量。把普通电路中的电阻 R、电感 L、电容 C 全换成相应的运算阻抗，把电流 $i(t)$ 和电压 $u(t)$ 全换成相应的拉普拉斯变换式 $I(s)$ 和 $U(s)$，把运算阻抗当成普通电阻。那么从形式上看，在零初始条

件下，电路中的运算阻抗和电流、电压的拉普拉斯变换式 $I(s)$ 、$U(s)$ 之间的关系满足各种电路规律，如欧姆定律、基尔霍夫电流定律和电压定律。于是采用普通的电路定律，经过简单的代数运算，就可能求解 $I(s)$ 、$U(s)$ 及相应的传递函数。采用运算阻抗的方法又称为运算法，相应的电路图称为运算电路。

例 2-9　在图 2-11（a）中，电压 u_1 和 u_2 分别是输入量和输出量，求该电路的传递函数 $G(s)=U_2(s)/U_1(s)$ 。

解　将电路图 2-11（a）变成运算电路图 2-11（b），R 与 $1/(Cs)$ 组成简单的串联电路，于是

$$G(s)=\frac{U_2(s)}{U_1(s)}=\frac{\frac{1}{Cs}}{R+\frac{1}{Cs}}=\frac{1}{RCs+1}$$

这是一个惯性环节。

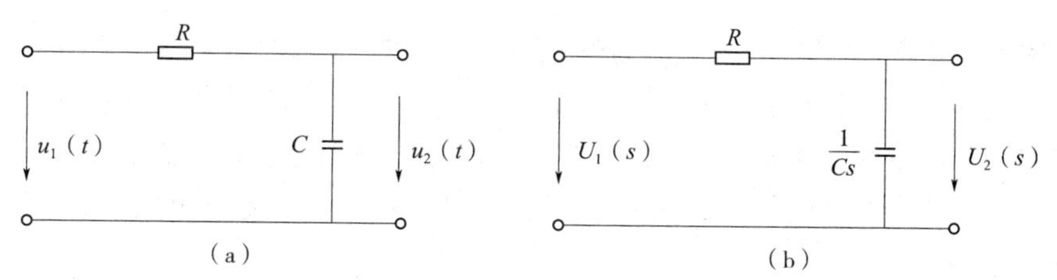

图 2-11　*RC* 电路

例 2-10　在图 2-12 中，电压 u_1 和 u_2 分别是输入量和输出量，求传递函数 $G(s)=U_2(s)/U_1(s)$ 。

解　电容 C 的运算阻抗是 $1/(Cs)$ 。这是运算放大器的反相输入，故有

$$G(s)=\frac{U_2(s)}{U_1(s)}=-\frac{\frac{1}{Cs}}{R}=-\frac{1}{RCs}$$

该电路包含一个积分环节，故称为积分电路。

例 2-11　在图 2-13 中，电压 u_1 和 u_2 分别是输入量和输出量，求传递函数 $G(s)=U_2(s)/U_1(s)$ 。

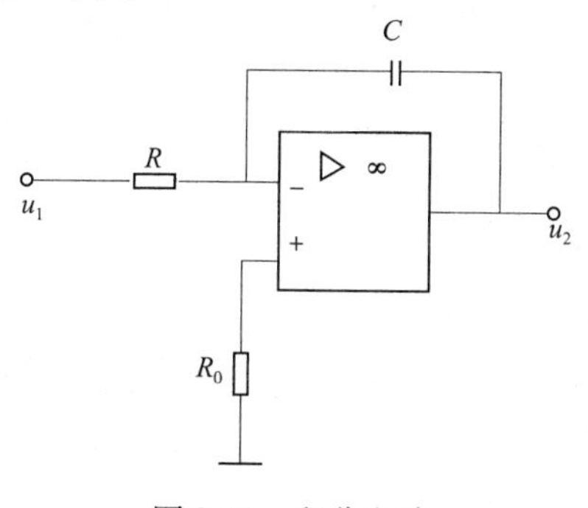

图 2-12　积分电路

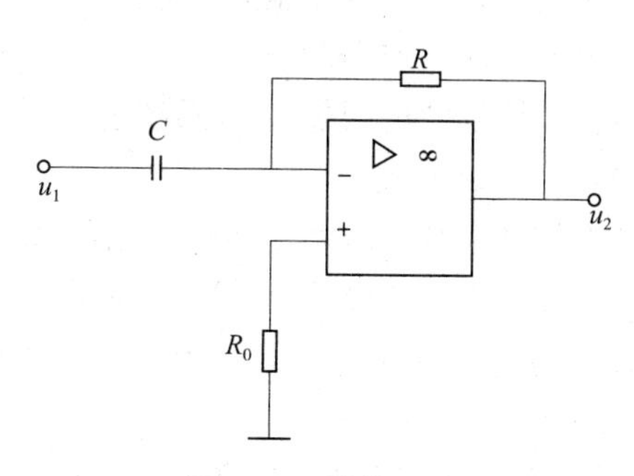

图 2-13　微分电路

解

$$G(s)=\frac{U_2(s)}{U_1(s)}=-\frac{R}{\frac{1}{Cs}}=-RCs$$

这个环节是由纯微分环节和比例环节组成，称为理想微分环节。这个传递函数是在理想运算放大器及理想的电阻器、电容器基础上推导出来的，对于实际元件来说，它只是在一定的限制条件下才成立。

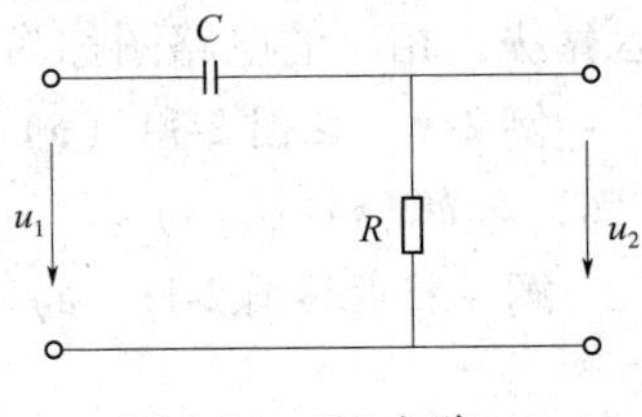

图 2-14 RC 电路

例 2-12 在图 2-14 中，电压 u_1 和 u_2 分别是输入量和输出量，求传递函数 $G(s) = U_2(s)/U_1(s)$。

解
$$G(s) = \frac{U_2(s)}{U_1(s)} = \frac{R}{\frac{1}{Cs} + R} = \frac{RCs}{RCs + 1}$$

这个环节包括一个比例环节、一个纯微分环节和一个惯性环节，被称为带有明显惯性的实际微分环节。

2.1.4 控制系统的框图和传递函数

控制系统的传递函数框图又称为动态结构图，简称框图，它们是以图形表示的数学模型，是系统动态特性的图解形式。框图非常清楚地表示出输入信号在系统各元件之间的传递过程，利用它可以方便地求出复杂系统的传递函数。框图是分析控制系统的一个简明而又有效的工具。本节介绍如何绘制系统框图以及如何利用框图求传递函数。

1. 框图的概念

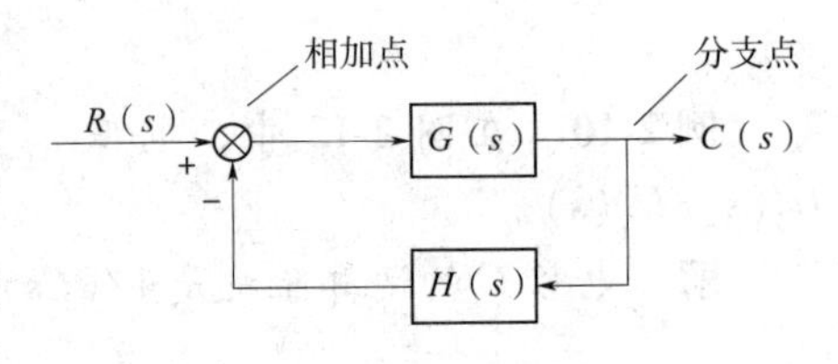

图 2-15 反馈系统框图

系统的框图包括函数方框、信号流线、相加点、分支点等图形符号，如图 2-15 所示。框图是传递函数的图解化，框图中各变量均以 s 为自变量。把一个环节的传递函数写在一个方框里面所组成的图形就叫函数方框。在方框的外面画上带箭头的线段表示这个环节的输入信号和输出信号。这些带箭头的线段称为信号流线。函数方框和它的信号流线就代表系统中的一个环节。符号“⊗”称为相加点或综合点，它表示求输入信号的代数和。框图中引出信号的点称为分支点或引出点。在框图中，可以从一条信号流线上引出另一条或几条信号流线，需要注意的是，无论从一条信号流线或一个分支点引出多少条信号流线，它们都代表一个信号，就等于原信号的大小。框图中信号的传递方向是单向的。

绘制系统框图的根据就是系统各个环节的动态微分方程式（系统的动态微分方程组）及其拉普拉斯变换式。

对于复杂系统，列写系统的方程组时可按下述步骤进行：

（1）从输出量开始写，以系统输出量作为第一个方程左边的量。

（2）每个方程左边只有一个量。从第二个方程开始，每个方程左边的量是前面方程右边的中间变量。

（3）列写方程时尽量用已经出现过的量。

（4）输入量至少要在一个方程的右边出现；除输入量外，在方程右边出现过的中间变量一定要在某个方程的左边出现。

一个系统可以具有不同的框图，但输出和输入信号的关系都是相同的。

例 2-13　在图 2-16（a）中，电压 $u_1(t)$ 和 $u_2(t)$ 分别为输入量和输出量，绘制系统的框图。

解　图 2-16（a）所对应的运算电路如图 2-16（b）所示。设中间变量 $I_1(s)$、$I_2(s)$ 和 $U_3(s)$，从输出量 $U_2(s)$ 开始按上述步骤列写系统方程式：

$$U_2(s) = \frac{1}{C_2 s} I_2(s)$$

$$I_2(s) = \frac{1}{R_2}\left[U_3(s) - U_2(s)\right]$$

$$U_3(s) = \frac{1}{C_1(s)}\left[I_1(s) - I_2(s)\right]$$

$$I_1(s) = \frac{1}{R_1}\left[U_1(s) - U_3(s)\right]$$

按上述方程的顺序，从输出量开始绘制系统框图，如图 2-16（c）所示。

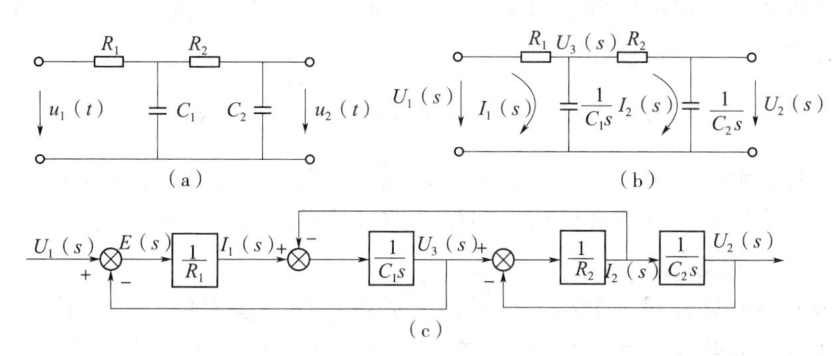

图 2-16　*RC* 滤波电路框图

2. 框图的变换规则

利用框图分析和设计系统时，常常要对框图的结构进行适当的改动。用框图求系统的传递函数时，总是要对框图进行简化。这些统称为框图的变换或运算。对框图进行变换要遵循等效原则，即对框图的任一部分进行变换时，变换前后该部分的输入量、输出量及其相互之间的数学关系应该保持不变。

下面根据等效原则推导框图变换规则。

（1）串联环节的简化

如果几个函数方框首尾相连，前一个方框的输出是后一个方框的输入，称这种结构为串联环节，如图 2-17（a）所示。

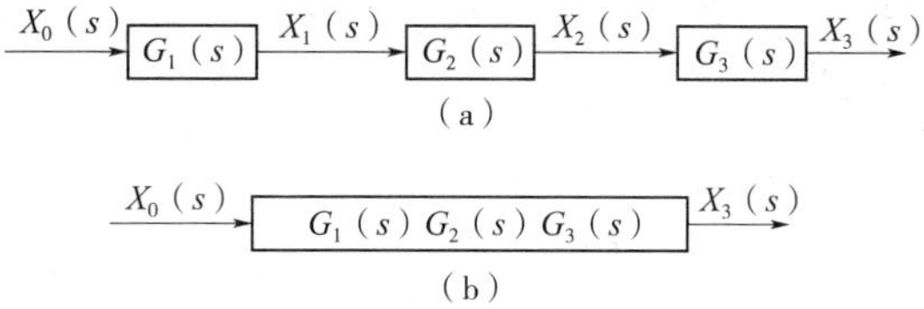

$X_0(s)$ → $G_1(s)$ → $X_1(s)$ → $G_2(s)$ → $X_2(s)$ → $G_3(s)$ → $X_3(s)$

（a）

$X_0(s)$ → $G_1(s)G_2(s)G_3(s)$ → $X_3(s)$

（b）

图 2-17　3 个环节串联

根据框图可知

$$X_1(s) = G_1(s)X_0(s)$$
$$X_2(s) = G_2(s)X_1(s)$$
$$X_3(s) = G_3(s)X_2(s)$$

消去 $X_1(s)$ 和 $X_2(s)$ 后得

$$X_3(s) = G_3(s)G_2(s)G_1(s)X_0(s)$$

所以三个环节串联后得等效传递函数为

$$G(s) = \frac{X_3(s)}{X_0(s)} = G_1(s)G_2(s)G_3(s) \tag{2-97}$$

因此，几个环节串联的等效传递函数等于它们各自传递函数的乘积。根据式（2-97）就可以画出串联环节简化后的框图，如图 2-17（b）所示，原来的三个环节简化成一个环节。

显然，上述结论可以推广到任意个环节的串联。n 个环节串联的等效传递函数等于其 n 个传递函数的乘积：

$$G(s) = \frac{X_n(s)}{X_0(s)} = G_1(s)G_2(s)\cdots G_n(s) \tag{2-98}$$

一个环节的输出接到下一个环节的输入端后，如果本身的传递函数不变，称环节间无负载效应，否则称环节间有负载效应。在框图中，总是认为前后方框之间没有负载效应。

（2）并联环节的简化

两个或多个环节具有同一个输入信号，而以各自环节输出信号的代数和作为总的输出信号，这种结构称为并联。图 2-18（a）表示三个环节并联的结构，根据框图可知

$$\begin{aligned} X_4(s) &= X_1(s) - X_2(s) + X_3(s) \\ &= G_1(s)X_0(s) - G_2(s)X_0(s) + G_3(s)X_0(s) \\ &= [G_1(s) - G_2(s) + G_3(s)]X_0(s) \end{aligned}$$

所以整个结构的等效传递函数为

$$G(s) = \frac{X_4(s)}{X_0(s)} = G_1(s) - G_2(s) + G_3(s) \tag{2-99}$$

根据式（2-99）可以画出三个环节并联结构的简化框图，如图 2-18（b）所示，原来的三个函数方框和一个相加点简化成了一个函数方框。

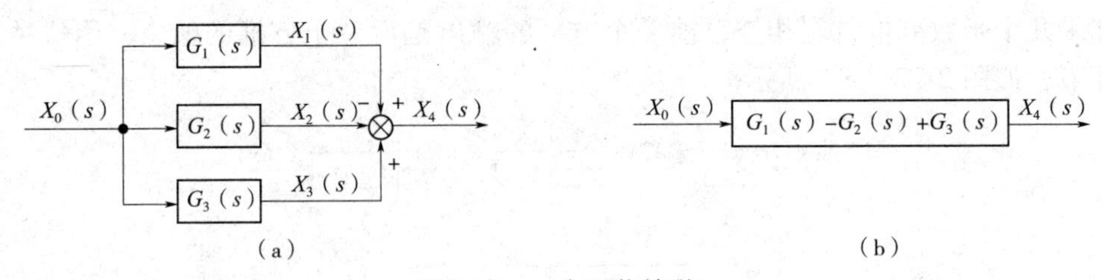

图 2-18　三个环节并联

上述结论可以推广到任意个环节的并联。n 个环节并联的等效传递函数等于其 n 个传递函数的代数和。

(3) 反馈回路的简化

图2-19 (a) 表示一个基本反馈回路。图中，$R(s)$ 和 $C(s)$ 分别为该环节的输入和输出信号，$Y(s)$ 称为反馈信号，$E(s)$ 称为偏差信号。A、D 两端分别称为输入端和输出端。由偏差信号 $E(s)$ 至输出信号 $C(s)$，这条通路的传递函数 $G(s)$ 称为前向通路传递函数。由输出信号 $C(s)$ 至反馈信号 $Y(s)$，这条通路的传递函数 $H(s)$ 称为反馈通路传递函数。一般输入信号 $R(s)$ 在相加点前取"+"号。此时，若反馈信号 $Y(s)$ 在相加点前取"+"号，称为正反馈；取"-"号，称为负反馈。负反馈是自动控制系统中常碰到的基本结构形式。由图2-19 (a)可知

$$\begin{aligned} C(s) &= G(s)E(s) = G(s)[R(s) \mp Y(s)] \\ &= G(s)[R(s) \mp H(s)C(s)] \\ &= G(s)R(s) \mp G(s)H(s)C(s) \end{aligned}$$

于是可得反馈回路的等效传递函数为

$$\Phi(s) = \frac{C(s)}{R(s)} = \frac{G(s)}{1 \pm G(s)H(s)} \tag{2-100}$$

式 (2-100) 中：分母中的"+"号适用于负反馈系统，"-"号适用于正反馈系统。式 (2-100) 是最常用的公式，根据这个公式可以绘出反馈回路简化后的框图，如图2-19 (b) 所示。

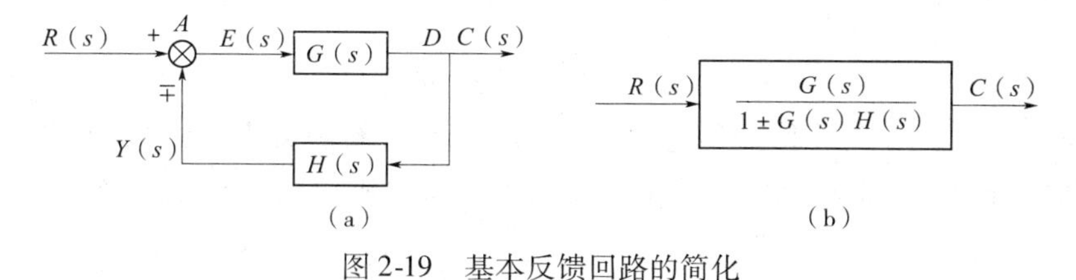

图2-19　基本反馈回路的简化

在反馈回路中，称 $\Phi(s) = C(s)/R(s)$ 为闭环传递函数，称前向通路与反馈通路传递函数之积 $G(s)H(s)$ 为该环节的开环传递函数，它等于把反馈通路在输入端的相加点之前断开后，所形成的开环结构的传递函数。

(4) 相加点和分支点的移动

在框图的变换中，常常需要改变相加点和分支点的位置。下面分几种情况讨论：

①相加点前移。将一个相加点从一个函数方框的输出端移到输入端称为前移。图2-20 (a) 为变换前的框图，图2-20 (b) 为相加点前移后的框图。

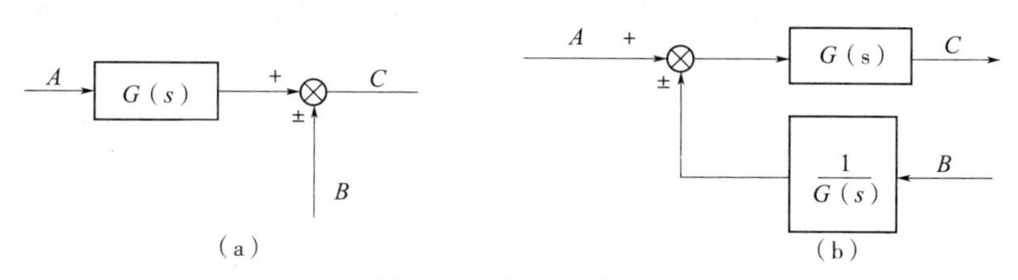

图2-20　相加点前移

由图2-20 (a) 可知

$$C = AG \pm B = G\left(A \pm \frac{1}{G}B\right)$$

所以，图 2-20（b）中在 B 信号和相加点之前应加一个传递函数 $1/G(s)$。

②相加点之间的移动。图 2-21 中有两个相加点，希望把这两个相加点的先后位置交换一下。由该图和加法交换律可知

$$D = A \pm B \pm C = A \pm C \pm B$$

于是，由图 2-21（a）可得到图 2-21（b）。可见，两个相邻的相加点之间可以相互交换位置而不改变该结构输入和输出信号之间的关系。这个结论对于相邻的多个相加点也是适用的。

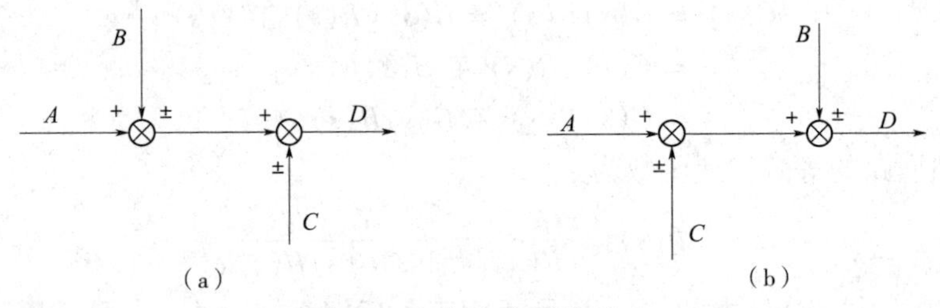

图 2-21　相加点之间的移动

③分支点后移。将分支点由函数方框的输入端移到输出端，称为分支点后移。图 2-22（a）、（b）所示分别表示变换前、后的结构。因为有

$$A = AG(s)\frac{1}{G(s)}$$

所以分支点后移时，应在被移动的通路上串入 $1/G(s)$ 的函数方框，如图 2-22（b）所示。从另一个角度分析，设被移动的通路上应串入 $G_1(s)$，则由图 2-22（b）知

$$G_1(s) = \frac{A}{AG(s)} = \frac{1}{G(s)}$$

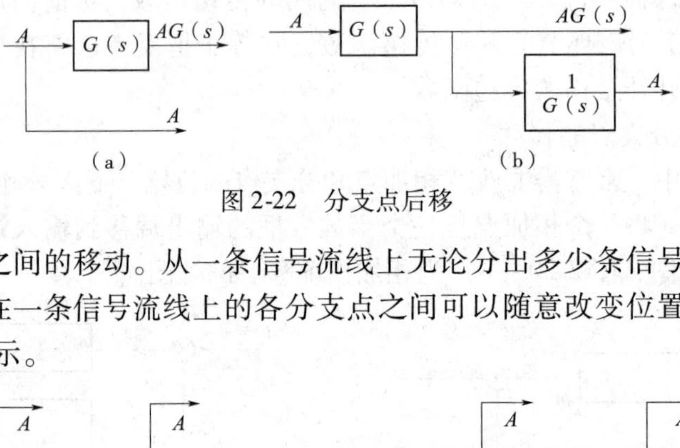

图 2-22　分支点后移

④相邻分支点之间的移动。从一条信号流线上无论分出多少条信号线，它们都是代表同一个信号。所以在一条信号流线上的各分支点之间可以随意改变位置，不必做任何其他改动，如图 2-23 所示。

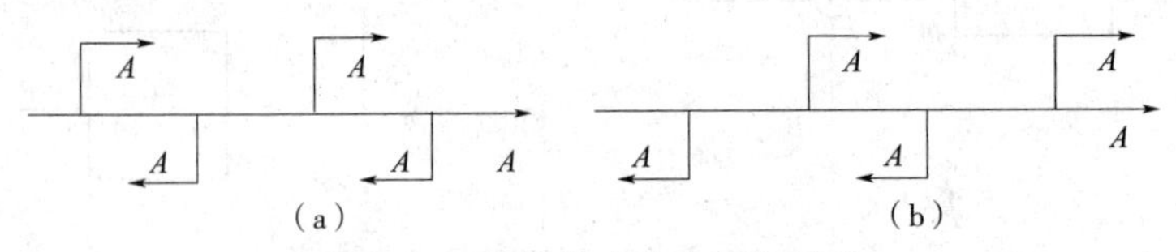

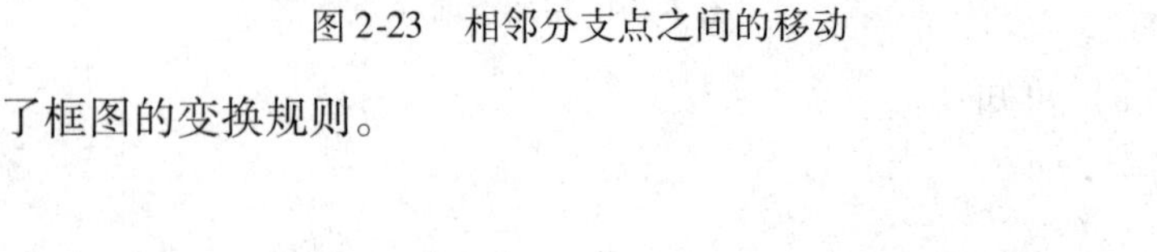

图 2-23　相邻分支点之间的移动

表 2-2 列出了框图的变换规则。

表 2-2 框图的变换规则

变换	原框图	等效框图
分支点前移	A G AG AG	A G AG G AG
分支点后移	A G AG A	A G AG 1/G
相加点前移	A G AG + AG–B – B	A + A–B/G G AG–B – B 1/G
相加点后移	A + A–B G AG–BG – B	A G AG + AG–BG B G BG –
消去反馈回路	A + G B – H	A 1/H + H G B –

3. 反馈系统的传递函数

图2-24所示为控制工程中反馈控制系统的典型结构。在实际工作中，反馈控制系统一般有两类输入信号。一类是有用信号，包括参考输入、控制输入、指令输入及给定值，通常加在系统的输入端；另一类是扰动信号，一般是作用在控制对象上，也可能出现在其他元部件中，甚至夹杂在指令信号中。

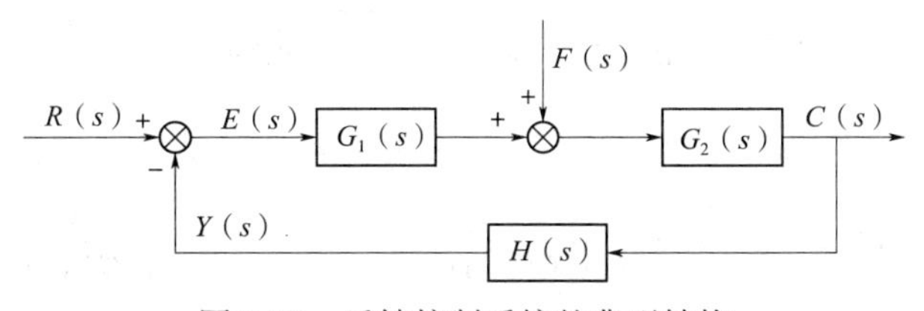

图2-24 反馈控制系统的典型结构

图2-24中，$R(s)$为参考输入信号，$F(s)$为扰动输入信号，$Y(s)$为反馈信号，$E(s)$为偏差信号。这个系统的前向通路中包含两个函数框和一个相加点，前向通路的传递函数为

$$G(s) = G_1(s)G_2(s) \tag{2-101}$$

下面介绍控制系统中经常使用的几个系统传递函数的概念。

(1) 系统的开环传递函数

在反馈控制系统中，定义前向通路的传递函数与反馈通路的传递函数之积为开环传递函数。图 2-24 所示系统的开环传递函数等于 $G_1(s)G_2(s)H(s)$ ，即 $G(s)H(s)$ 。显然，在框图中，将反馈信号 $Y(s)$ 在相加点前断开后，反馈信号与偏差信号之比 $\frac{Y(s)}{E(s)}$ 就是该系统的开环传递函数。

(2) 输出对于参考输入的闭环传递函数

令 $F(s) = 0$ ，这时称 $\Phi(s) = C(s)/R(s)$ 为输出对于参考输入的闭环传递函数。这时图 2-24 可转化成图 2-25。于是有

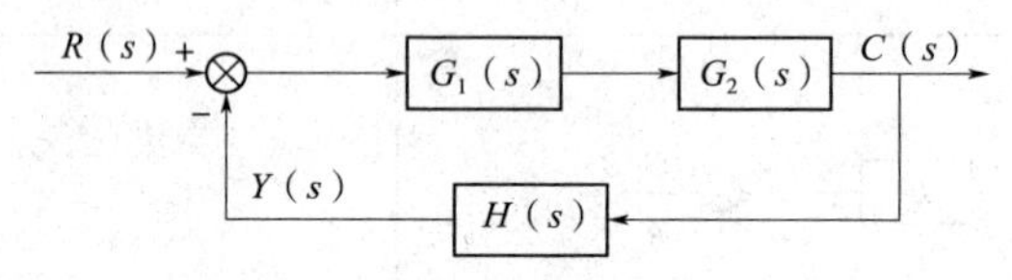

图 2-25 $F(s)$ 为零时的框图

$$\Phi(s) = \frac{C(s)}{R(s)} = \frac{G_1(s)G_2(s)}{1 + G_1(s)G_2(s)H(s)} = \frac{G(s)}{1 + G(s)H(s)} \tag{2-102}$$

$$C(s) = \Phi(s)R(s) = \frac{G_1(s)G_2(s)}{1 + G_1(s)G_2(s)H(s)}R(s) = \frac{G(s)}{1 + G(s)H(s)}R(s) \tag{2-103}$$

当 $H(s) = 1$ 时，称为单位反馈，这时有

$$\Phi(s) = \frac{G_1(s)G_2(s)}{1 + G_1(s)G_2(s)} = \frac{G(s)}{1 + G(s)} \tag{2-104}$$

(3) 输出对于扰动输入的闭环传递函数

为了解扰动对系统的影响，需要求出输出信号 $C(s)$ 与扰动信号 $F(s)$ 之间的关系。令 $R(s) = 0$ ，称 $\Phi_F(s) = C(s)/F(s)$ 为输出对于扰动输入的闭环传递函数。这时把扰动输入信号 $F(s)$ 看成输入信号，由于 $R(s) = 0$ ，所以图 2-24 可转化成图 2-26。

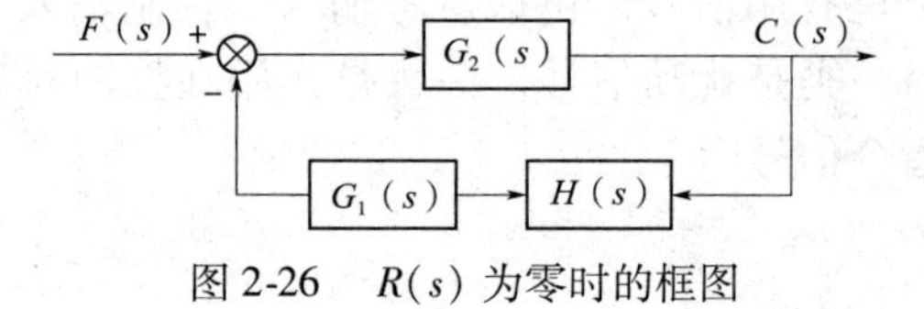

图 2-26 $R(s)$ 为零时的框图

因此有

$$\Phi_F(s) = \frac{C(s)}{F(s)} = \frac{G_2(s)}{1 + G_1(s)G_2(s)H(s)} = \frac{G_2(s)}{1 + G(s)H(s)} \tag{2-105}$$

$$C(s) = \Phi_F(s)F(s) = \frac{G_2(s)}{1 + G_1(s)G_2(s)H(s)}F(s) = \frac{G_2(s)}{1 + G(s)H(s)}F(s) \tag{2-106}$$

(4) 系统的总输出

根据线性系统的叠加原理，当 $R(s) \neq 0$ 、$F(s) \neq 0$ 时，系统输出 $C(s)$ 应等于它们各自

单独作用时的输出之和。所以有

$$
\begin{aligned}
C(s) &= \Phi(s)R(s) + \Phi_F(s)F(s) \\
&= \frac{G_1(s)G_2(s)}{1+G_1(s)G_2(s)H(s)}R(s) + \frac{G_2(s)}{1+G_1(s)G_2(s)H(s)}F(s)
\end{aligned}
\quad (2\text{-}107)
$$

（5）偏差信号对于参考输入的闭环传递函数

偏差信号 $E(s)$ 的大小反映误差的大小，所以有必要了解偏差信号与参考输入和扰动信号的关系。令 $F(s)=0$，则称 $\Phi_E(s)=E(s)/R(s)$ 为偏差信号对于参考输入的闭环传递函数。这时图2-24可变转化成图2-27，$R(s)$ 是输入量，$E(s)$ 是输出量，前向通路传递函数是1。

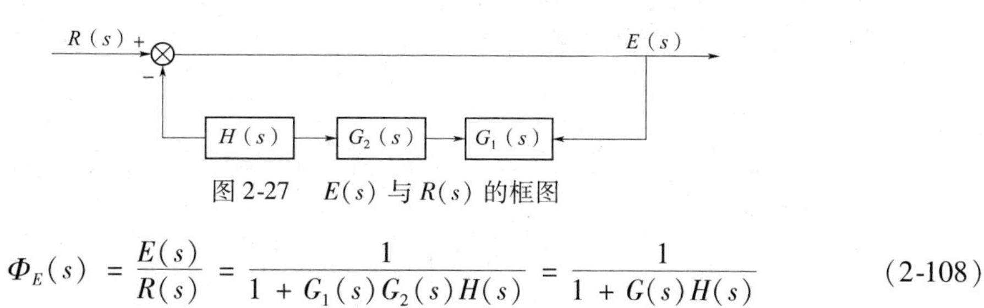

图2-27　$E(s)$ 与 $R(s)$ 的框图

$$
\Phi_E(s) = \frac{E(s)}{R(s)} = \frac{1}{1+G_1(s)G_2(s)H(s)} = \frac{1}{1+G(s)H(s)} \quad (2\text{-}108)
$$

（6）偏差信号对于扰动输入的闭环传递函数

令 $R(s)=0$，称 $\Phi_{EF}(s)=E(s)/F(s)$ 为偏差信号对于扰动输入的闭环传递函数。这时图2-24可变转化成图2-28，$F(s)$ 是输入量，$E(s)$ 是输出量。

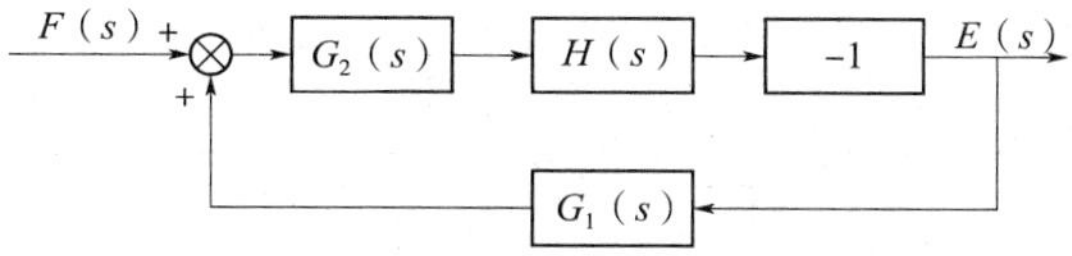

图2-28　$E(s)$ 与 $F(s)$ 的框图

$$
\Phi_{EF}(s) = \frac{E(s)}{F(s)} = \frac{-G_2(s)H(s)}{1+G_1(s)G_2(s)H(s)} = \frac{-G_2(s)H(s)}{1+G(s)H(s)} \quad (2\text{-}109)
$$

（7）系统的总偏差

根据叠加原理，当 $R(s)\neq 0$，$F(s)\neq 0$ 时，系统的总偏差为

$$
E(s) = \Phi_E(s)R(s) + \Phi_{EF}(s)F(s) \quad (2\text{-}110)
$$

比较上面几个闭环传递函数 $\Phi(s)$、$\Phi_F(s)$、$\Phi_E(s)$、$\Phi_{EF}(s)$，可以看出它们的分母是相同的，都是 $1+G_1(s)G_2(s)H(s)=1+G(s)H(s)$，这是闭环传递函数的普遍规律。

4. 框图的化简

任何复杂系统的框图都是由串联、并联和反馈三种基本结构交织而成的。化简框图时，首先将框图中显而易见的串联、并联环节和基本反馈回路用一个等效的函数框图代替，简称串联简化、并联简化和反馈简化，然后再将框图逐步变换成串联、并联环节和基本反馈回路，再逐步用等效环节代替。

如果一个反馈回路内部存在分支点（它向回路外引出信号流线），或存在一个相加点（它的输入信号来自回路之外），就称这个回路与其他回路有交叉连接，这种结构又称交叉结构。化简框图的关键就是解除交叉结构，形成无交叉的多回路结构。解除交叉连接的办法就是移动分支点或相加点。

例 2-14 简化图 2-29（a）所示的多回路系统，求闭环传递函数 $C(s)/R(s)$ 及 $E(s)/R(s)$。

解 该框图有三个反馈回路，由 $H_1(s)$ 组成的回路称为主回路，另 2 个回路是副回路。由于存在着由分支点和相加点形成的交叉点 A 和 B，首先要解除交叉。可以将分支点 A 后移到 $G_4(s)$ 的输出端，或将相加点 B 前移到 $G_2(s)$ 的输入端后再交换相邻相加点的位置，或同时移动 A 和 B。这里采用将分支点 A 后移的方法将图 2-29（a）转化为图 2-29（b）。化简 G_3、G_4、H_3 副回路后得到图 2-29（c）。对于图 2-29（c）中的副回路再进行串联和反馈简化得到图 2-29（d）。由该图求得

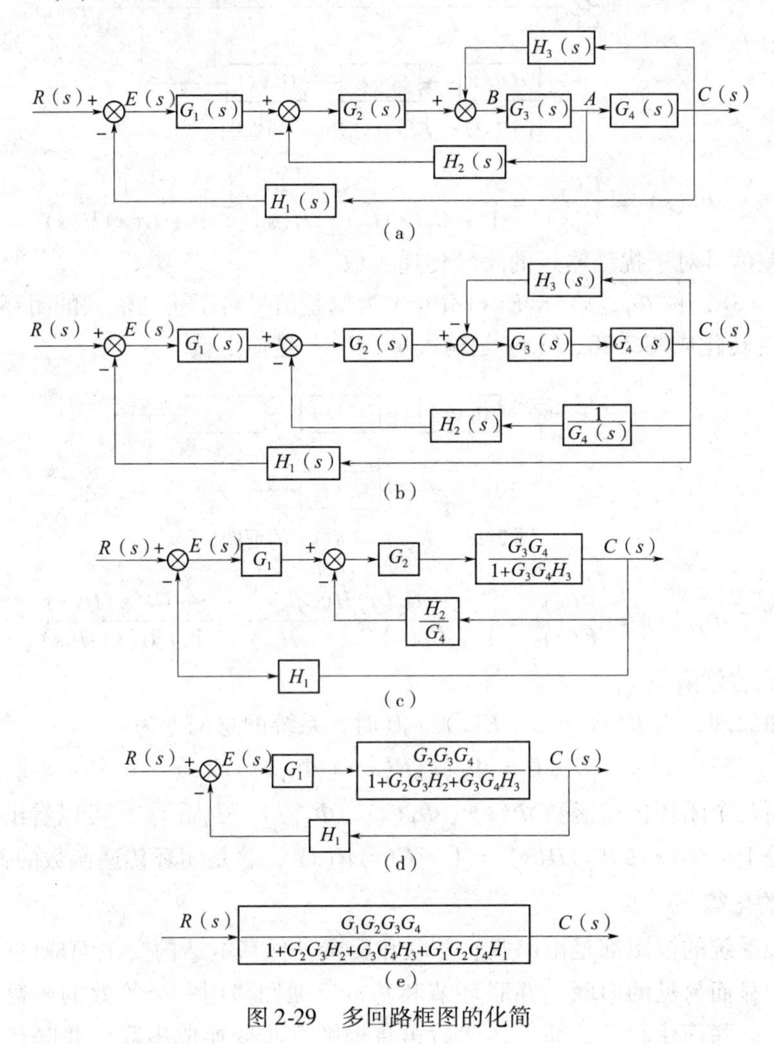

图 2-29 多回路框图的化简

$$\frac{C(s)}{R(s)}=\frac{\dfrac{G_1G_2G_3G_4}{1+G_2G_3H_2+G_3G_4H_3}}{1+\dfrac{G_1G_2G_3G_4H_1}{1+G_2G_3H_2+G_3G_4H_3}}=\frac{G_1G_2G_3G_4}{1+G_2G_3H_2+G_3G_4H_3+G_1G_2G_3G_4H_1} \quad (2\text{-}111)$$

$$\frac{E(s)}{R(s)}=\frac{1}{1+\dfrac{G_1G_2G_3G_4H_1}{1+G_2G_3H_2+G_3G_4H_3}}=\frac{1+G_2G_3H_2+G_3G_4H_3}{1+G_2G_3H_2+G_3G_4H_3+G_1G_2G_3G_4H_1}\tag{2-112}$$

由式（2-111）可得图2-29（e）。利用式（2-111）和图2-29（d）也可求$E(s)/R(s)$。可知

$$\frac{E(s)}{R(s)}=\frac{R(s)-H_1(s)C(s)}{R(s)}=1-H_1(s)\frac{C(s)}{R(s)}$$

将式（2-111）代入上式就可求出$E(s)/R(s)$，结果与式（2-112）相同。

2.1.5　信号流图与梅逊公式

框图是控制系统中经常采用的一种用图解表示控制系统的有效方法，但是当系统较复杂时，框图的化简过程就很冗长。信号流图是另一种表示复杂系统中变量之间关系的图解方法。这种方法首先是由梅逊提出来的。采用梅逊公式，对复杂系统的信号流图可以不经过任何结构变换，就能直接迅速地写出系统的传递函数。

1. 信号流图

图2-30（a）、（b）所示为反馈系统的框图和与它对应的信号流图。由图可以看出，信号流图中的网络是由一些定向线段将一些节点连接而成的。下面介绍有关信号流图的常用术语。

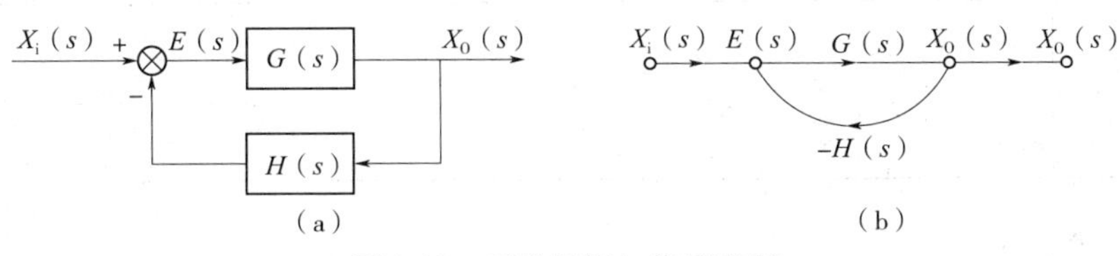

图2-30　系统框图与信号流图

（1）节点。表示变量或信号的点称为节点。在图中用“○”表示，在“○”旁边注上信号的代号。

（2）输入节点。只有输出的节点，又称为源点。例如图2-30中的$X_i(s)$是输入节点。

（3）输出节点。只有输入的节点，又称为汇点。例如图2-30中的$X_o(s)$是输出节点。

（4）混合节点。既有输入又有输出的节点称为混合节点。例如图2-30中的$E(s)$是一个混合节点。

（5）支路。定向线段称为支路，其上的箭头表明信号的流向，各支路上还标明了增益，即支路的传递函数。例如：图2-30中从节点$E(s)$到$X_o(s)$为一支路，其中$G(s)$为该支路的增益。

（6）通路。沿支路箭头方向穿过各相连支路的路径称为通路。

（7）前向通路。从输入节点到输出节点的通路上通过任何节点不多于一次的通路称为前向通路。例如：图2-30中的$X_i(s)$到$E(s)$再到$X_o(s)$是前向通路。

（8）回路。始端与终端重合且与任何节点相交不多于一次的通道称为回路。例如：图2-30中的$E(s)$到$X_o(s)$再到$E(s)$是一条回路。

（9）不接触回路。没有任何公共节点的回路称为不接触回路。

(10) 自回路。只与一个节点相交的回路称为自回路。

为了从信号流图求出系统的传递函数，需要将信号流图等效简化。表2-3为信号流图的基本简化规则。

表 2-3　信号流图的基本简化规则

类　型	源　流　图	简化后流图
支路串联	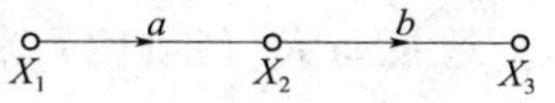 X_1 a X_2 b X_3	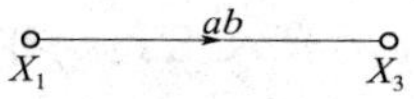 X_1 ab X_3
支路并联	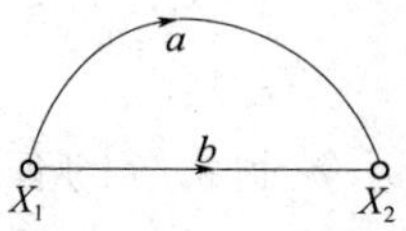 a X_1 b X_2	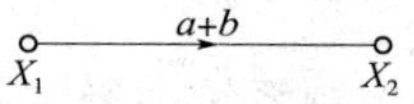 X_1 $a+b$ X_2
消去节点	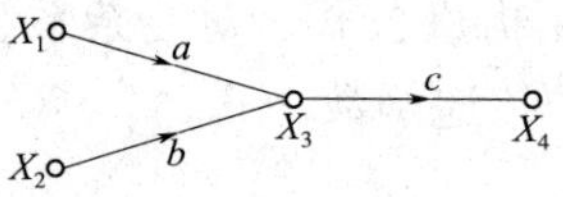 X_1 a X_2 b X_3 c X_4	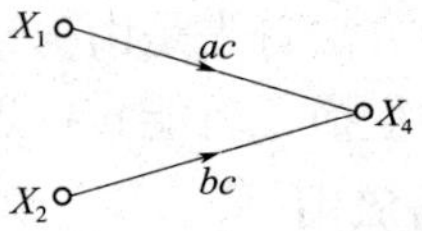 X_1 ac X_2 bc X_4
反馈回路的简化	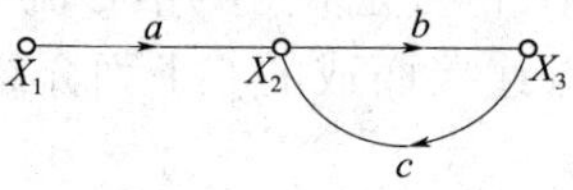 X_1 a X_2 b X_3 c	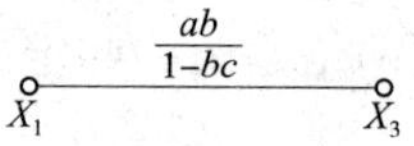 $\frac{ab}{1-bc}$ X_1 X_3
自回路的简化	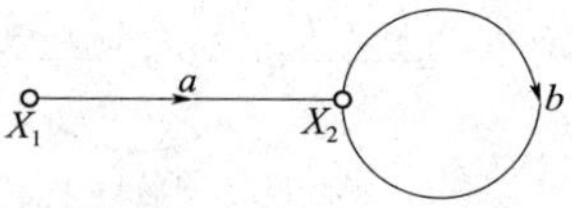 X_1 a X_2 b	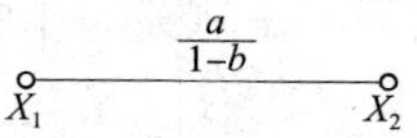 $\frac{a}{1-b}$ X_1 X_2

2. 梅逊公式

用简化信号流图的方法求系统的传递函数，仍是一项很烦琐的工作。对于一个确定的信号流图或框图，应用梅逊公式可以直接求出系统的传递函数。梅逊公式的一般形式为

$$\Phi(s) = \frac{\sum_{k=1}^{n} P_k \Delta_k}{\Delta} \tag{2-113}$$

式中：$\Phi(s)$ ——系统的输出信号和输入信号之间的传递函数；

n ——系统前向通路个数；

P_k ——从输入端到输出端的第 k 条前向通路上各传递函数之积；

Δ_k ——在 Δ 中，将与第 k 条前向通路相接触的回路所在项除去后所余下的部分，称余因子式。

Δ 称为特征式，且

$$\Delta = 1 - \sum L_i + \sum L_i L_j - \sum L_i L_j L_k + \cdots \tag{2-114}$$

式中：$\sum L_i$ ——所有各回路的“回路传递函数”之和；

$\sum L_i L_j$ ——两两互不接触的回路，其“回路传递函数”乘积之和；

$\sum L_i L_j L_k$ ——所有的三个互不接触的回路，其“回路传递函数”乘积之和。

“回路传递函数”指的是反馈回路的前向通路和反馈通路的传递函数的乘积，并且包括相加点前的代表反馈极性的正负号。“相接触”指的是在框图上具有共同的重合部分，包括共同的函数方框，或共同的相加点，或共同的信号流线。框图中的任何一个变量均可作为输出信号，但输入信号必须是不受框图中其他变量影响的量。

例 2-15 对于图 2-16（c），求 $\Phi(s) = U_2(s)/U_1(s)$ 和 $\Phi_E(s) = E(s)/U_1(s)$。

解 系统的信号流图如图 2-31 所示，该图有三个反馈回路

$$\sum_{i=1}^{3} L_i = L_1 + L_2 + L_3 = -\frac{1}{R_1C_1s} - \frac{1}{R_2C_1s} - \frac{1}{R_2C_2s}$$

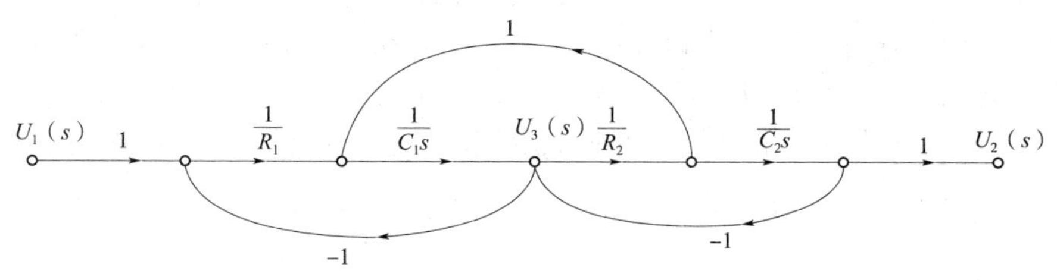

图 2-31 例题 2-15 信号流图

回路 1 和回路 3 不接触，所以

$$\sum L_iL_j = L_1L_3 = \frac{1}{R_1R_2C_1C_2s^2}$$

$$\Delta = 1 + \frac{1}{R_1C_1s} + \frac{1}{R_2C_1s} + \frac{1}{R_2C_2s} + \frac{1}{R_1R_2C_1C_2s^2} \tag{2-115}$$

以 $U_2(s)$ 作为输出信号时，该系统只有一条前向通路。且有

$$P_1 = \frac{1}{R_1R_2C_1C_2s^2}$$

这条前向通路与各回路都有接触，所以 $\Delta_1 = 1$，故

$$\Phi(s) = \frac{U_2(s)}{U_1(s)} = \frac{\dfrac{1}{R_1R_2C_1C_2s^2}}{1 + \dfrac{1}{R_1C_1s} + \dfrac{1}{R_2C_1s} + \dfrac{1}{R_2C_2s} + \dfrac{1}{R_1R_2C_1C_2s^2}}$$

$$= \frac{1}{R_1R_2C_1C_2s^2 + (R_1C_1 + R_1C_2 + R_2C_2)s + 1} \tag{2-116}$$

以 $E(s)$ 为输出时，该系统也是只有一条前向通路，且 $P_1 = 1$，这条前向通路与回路 1 相接触，故

$$\Delta_1 = 1 + \frac{1}{R_2C_1s} + \frac{1}{R_2C_2s}$$

所以有

$$\Phi_E(s) = \frac{E(s)}{U_1(s)} = \frac{1 + \dfrac{1}{R_2C_1s} + \dfrac{1}{R_2C_2s}}{1 + \dfrac{1}{R_1C_1s} + \dfrac{1}{R_2C_1s} + \dfrac{1}{R_2C_2s} + \dfrac{1}{R_1R_2C_1C_2s^2}}$$

$$= \frac{R_1R_2C_1C_2s^2 + (R_1C_1 + R_1C_2)s}{R_1R_2C_1C_2s^2 + (R_1C_1 + R_1C_2 + R_2C_2)s + 1} \tag{2-117}$$

2.1.6 相似原理

从前面对控制系统的传递函数的研究中可以看出，对不同的物理系统（环节）可用形式相同的微分方程与传递函数来描述，即可以用形式相同的数学模型来描述。一般称能用形式相同的数学模型来描述的物理系统（环节）为相似系统（环节），称在微分方程和传递函数中占相同位置的物理量为相似量。所以，这里讲的“相似”，只是就数学形式而不是就物理实质而言的。

由于相似系统（环节）的数学模型在形式上相同，因此，可用相同的数学方法对相似系统加以研究；可以通过一种物理系统去研究另一种相似的物理系统。在工程应用中，常常使用机械、电气、液压系统或它们的联合系统，下面就讨论它们的相似性。

在例 2-1 和例 2-3 中分别研究了一电网络系统和一机械系统。对例 2-1 中的系统有

$$L\frac{\mathrm{d}i(t)}{\mathrm{d}t}+Ri(t)+u_{\mathrm{o}}(t)=u_{i}(t)$$

式中：$u_{\mathrm{o}}(t)=\frac{1}{C}\int i(t)\mathrm{d}t$，代入上式可得

$$L\frac{\mathrm{d}i(t)}{\mathrm{d}t}+Ri(t)+\frac{1}{C}\int i(t)\mathrm{d}t=u_{i}(t)$$

如以电荷量 q 表示输出，有

$$L\frac{\mathrm{d}^{2}q(t)}{\mathrm{d}t^{2}}+R\frac{\mathrm{d}q(t)}{\mathrm{d}t}+\frac{1}{C}q(t)=u_{i}(t)$$

则得系统的传递函数为

$$G(s)=\frac{Q(s)}{U_{i}(s)}=\frac{1}{Ls^{2}+Rs+\frac{1}{C}}$$

对例 2-3 中的系统有

$$m\frac{\mathrm{d}^{2}y(t)}{\mathrm{d}t^{2}}+f\frac{\mathrm{d}y(t)}{\mathrm{d}t}+ky(t)=F(t)$$

因此，可得系统的传递函数为

$$G(s)=\frac{Y(s)}{F(s)}=\frac{1}{ms^{2}+fs+k}$$

显然，这两个系统为相似系统，其相似量列于表 2-4 中。这种相似称为力 - 电压相似。同类的相似系统很多，表 2-5 中列举了几个例子。

表 2-4 相 似 量

机械系统	电网络系统	机械系统	电网络系统
力 F（力矩 M）	电压 u	弹簧刚度系数 k	电容的倒数 $\frac{1}{C}$
质量 m（转动惯量 J）	电感 L	位移 y（角位移 θ）	电荷量 q
黏性阻尼系数 f	电阻 R	速度 $\dot{y}$（角速度 $\dot{\theta}$）	电流 i（或 $\dot{q}$）

表2-5 例　子

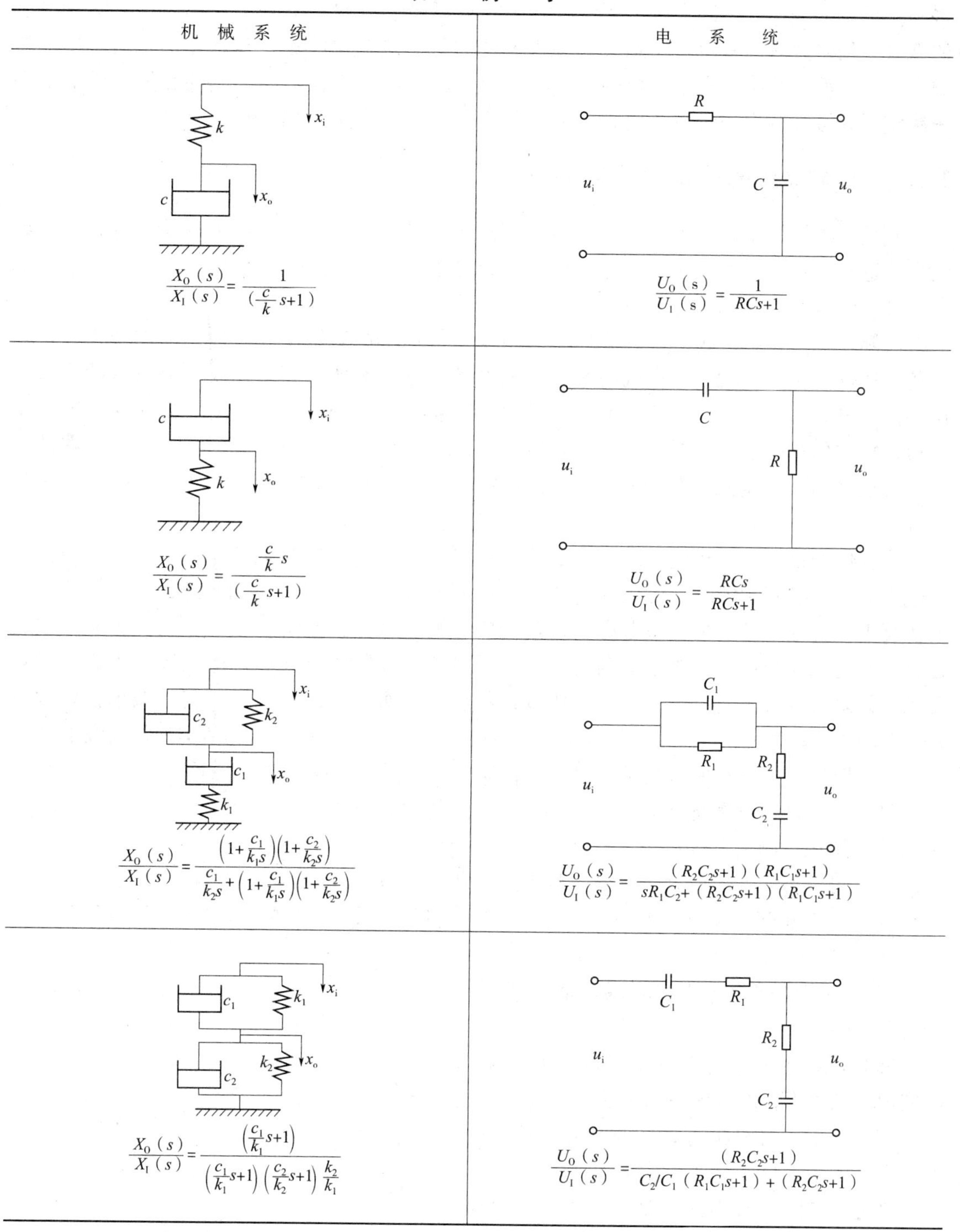

在机械、电气、液压系统中，阻尼、电阻、流阻都是耗能元件；而质量、电感、流感与弹簧、电容、流容都是储能元件，前三者可称为惯性或感性储能元件，后三者称为弹性

或容性储能元件。每当系统中增加一个储能元件时，其内部就增加一层能量的交换，即增多一层信息的交换，一般来讲，系统的微分方程就增高一阶。但是，采用此办法辨别系统的微分方程阶数时，一定要注意每一弹性元件、每一惯性元件是否是独立的。实际中的机械、电气、液压系统或它们混合的系统是很复杂的，往往不能凭表面上的储能元件的个数来决定系统微分方程的阶数，但此办法还是可以帮助列写系统微分方程的。

2.1.7 控制系统的计算机辅助分析

利用以数学模型为基础的控制系统计算机仿真模型可以演示系统的行为，这样，我们无须建造实际系统就能研究比较各种系统设计方案。计算机仿真模型应对系统的实际工作条件和实际输入指令都进行模拟。

实际设计工作中，我们可以选择不同精度的仿真。在初始设计阶段，应选择交互性强的仿真软件。在该阶段，计算机的速度并不像最终方案实现时那么重要，而直观的图形输出功能则是非常重要的；此外，由于本来在设计过程中要做的许多简化（如线性化等）工作可以放在仿真中来做，因此，这个阶段对系统仿真结构分析的精度通常比较低。在此阶段，有很多用于控制系统设计的软件可供选择，例如 MATLAB 就是一个非常优秀的仿真软件。

当我们的设计不断成熟时，就有必要在更逼真的环境中进行数值试验。例如，设计一个航天器姿态控制系统时，可以在初始阶段中假定没有气动阻力作用，那么，在最后阶段的仿真中，合理的做法是应该考虑气动阻力的影响，这样就能定量地评价航天器实际在轨运行时，姿态控制系统所能达到的性能。到了最终设计阶段，计算机的处理速度就非常重要了，如果计算机速度很慢，将导致仿真过程变慢，而漫长的仿真过程将使数值试验次数减少并增加试验费用。这种高精度仿真通常使用 Fortran、C、C++ 或其他类似的高级语言。

如果模型和仿真实现都是精确可信的，那么，计算机仿真将带来以下好处：

（1）可以观察到系统在各种可能条件下的工作性能。

（2）运用预测模型进行仿真，可以外推类似系统的性能。

（3）可以检验针对尚处于概念论证阶段的待开发系统所做的各种决策。

（4）能大幅度缩减所需时间，并完成被检验系统的多次运行试验。

（5）和实物试验相比，能以较低的费用得到仿真试验结果。

（6）能在各种假定条件下，甚至是当前无法实现的条件下，对系统进行研究。

（7）有时，计算机仿真是唯一可行或（和）唯一安全的系统分析和评价技术。

总之，如图 2-32 所示，由于采用了计算机仿真，极大地强化和改进了控制系统的分析和设计工作。

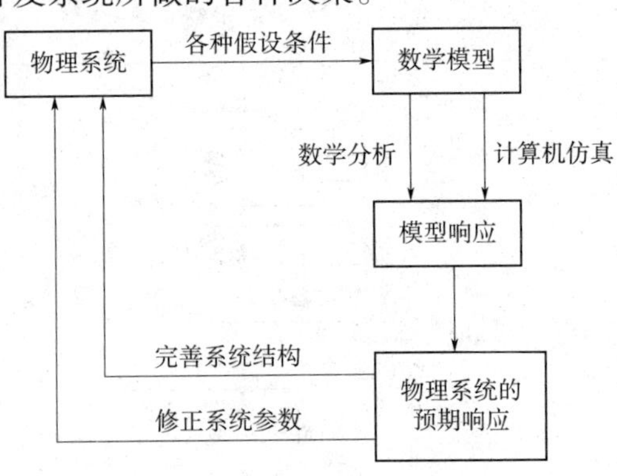

图 2-32　利用系统模型进行分析和设计

2.2　拓展知识

基于 MATLAB/SIMULINK 建立控制系统数学模型

1. 传递函数的描述

（1）连续系统的传递函数模型

连续系统的传递函数如下：

$$G(s)=\frac{b_1 s^m+b_2 s^{m-1}+\cdots+b_{m-1}s+b_m}{a_1 s^n+a_2 s^{n-1}+\cdots+a_{n-1}s+a_n}=\frac{\text{num}}{\text{den}}\qquad (n\geqslant m)$$

在 MATLAB 中用分子、分母多项式系数按 s 的降幂次序构成两个向量：

$$\text{num}=[b_1,\ b_2,\ \cdots,\ b_m]$$

$$\text{den}=[a_1,\ a_2,\ \cdots,\ a_n]$$

用函数 tf（ ）来建立控制系统的传递函数模型，其命令调用格式为

```
g = tf(num, den)
```

例 2-16　已知系统传递函数如下，求其传递函数模型。

$$G(s)=\frac{12s^3+24s^2+20}{2s^4+4s^3+6s^2+2s+2}$$

解　MATLAB 程序为

```
num = [12   24   0   20];
den = [2   4   6   2   2];
g = tf(num, den)
```

运行后命令窗口显示：

```
Transfer function:
      12 s^3 + 24 s^2 + 20
-------------------------------
2 s^4 + 4 s^3 + 6 s^2 + 2 s + 2
```

（2）零极点增益模型

零极点模型是传递函数模型的另一种表现形式，其表达形式如下：

$$G(s)=\frac{K(s-z_1)(s-z_2)\cdots(s-z_m)}{(s-p_1)(s-p_2)\cdots(s-p_n)}$$

式中：Z_j——零点，$j=1,\ 2,\ \cdots,\ m$；

p_j——极点，$i=1,\ 2,\ \cdots,\ n$。

在 MATLAB 中，零极点增益模型用［z，p，K］矢量组表示。即

```
z = [z1, z2, ..., zm]
p = [p1, p2, . . . , pn]
k = [K]
```

用函数命令 zpk（ ）来建立系统的零极点增益模型，其调用格式为

```
g = zpk(z, p, k)
```

例 2-17 将例 2.15 的传递函数表示为零极点形式。

解 MATLAB 程序为

```
num = [12  24  0  20];
den = [2  4  6  2  2];
g = tf(num, den)
G1 = zpk(g)
```

运行后命令窗口显示：

```
Zero/pole/gain:
        6 (s + 2.312) (s^2 - 0.3118s + 0.7209)
---------------------------------------------
(s^2 + 0.08663s + 0.413) (s^2 + 1.913s + 2.421)
```

2. 控制系统模型间的相互转化

函数 tf2zp（ ）是将多项式模型转化为零极点模型，其调用格式为

```
[z, p, k] = tf2zp(num, den)
```

函数 zp2tf（ ）是将零极点模型转化为多项式模型，其调用格式为

```
[num, den] = zp2tf(z, p, k)
```

例 2-18 系统传递函数如下，求其等效的零极点模型

$$G(s)=\frac{s^2+5s+6}{s^3+2s^2+s}$$

解 MATLAB 程序为

```
num = [1  5  6];
den = [1  2  1  0];
[z, p, k] = tf2zp(num, den);
g = zpk(z, p, k)
```

运行后命令窗口显示

```
Zero/pole/gain:
(s + 3) (s + 2)
------------------------------------
s(s + 1)^2
```

3. 模型的连接及闭环传递函数求取

1）串联连接

环节串联，其等效传递函数可使用 series（ ）函数实现。注意：series（ ）函数只能实现两个模型的串联，如果串联模型多于两个，则必须多次使用。此函数调用格式为

```
[num, den] = series(num1, den1, num2, den2)
```

2）并联连接

环节并联，其等效传递函数可使用 parallel（ ）函数实现。注意：parallel（ ）函数只能实现两个模型的并联，如果并联模型多于两个，则必须多次使用。此函数调用格式为

```
[num, den] = parallel(num1, den1, num2, den2)
```

3）反馈连接

两个环节反馈连接，其等效传递函数可用 feedback（ ）函数实现。此函数调用格式为

```
[numc, denc] = feedback(num1, den1, num2, den2, sign)
```

其中，sign 是反馈极性，sign 缺省时默认为负反馈，sign = −1；正反馈时，sign = 1。

特殊地，若系统为单位反馈系统，可使用 cloop（ ）函数求得，其调用格式为

```
[numc, denc] = cloop(num, den, sign)
```

同样，sign 是反馈极性，sign 缺省时默认为负反馈，sign = −1；正反馈时，sign = 1。

例 2-19　已知系统框图如图 2-33 所示，求其闭环系统传递函数。

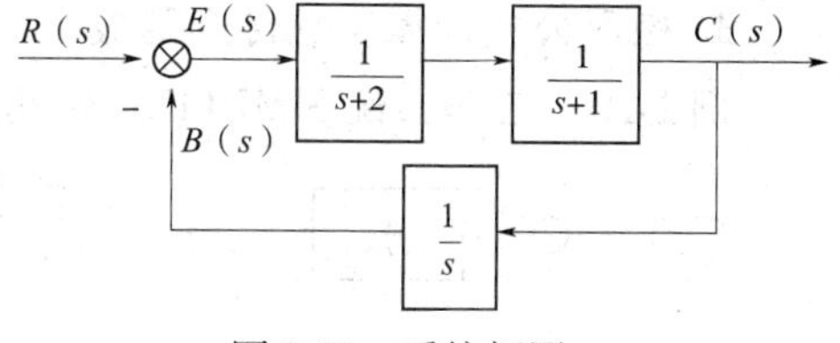

图 2-33　系统框图

解　MATLAB 程序为

```
num1 = 1
den1 = [1   2]
num2 = 1
den2 = [1   1]
[num3, den3] = series(num1, den1, num2, den2)
[num, den] = feedback(num3, den3, [1], [1   0])
G = tf(num, den)
```

运行后命令窗口显示

```
Transfer function:
        s
------------------------
s^3 + 3s^2 + 2s + 1
```

若要得到上述系统的单位阶跃响应，则输入

```
T = 0:0.1:3;
[y, x, t] = step(num, den);
Plot(t, y)
```

执行后，出现图形如图 2-34 所示。

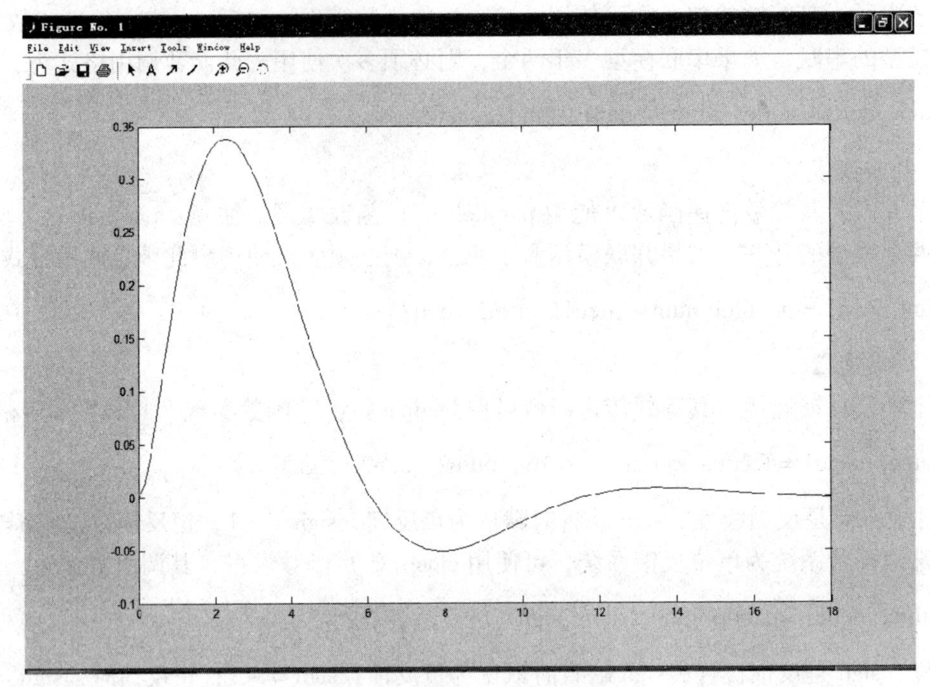

图 2-34 例 2-19 输出波形

3. 梅逊公式计算系统传递函数

例 2-20 已知系统 SIMULINK 结构图模型如图 2-35 所示，求系统闭环传递函数

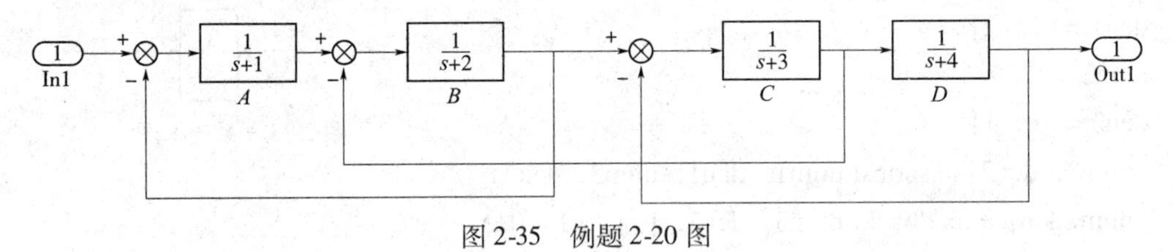

图 2-35 例题 2-20 图

解 MATLAB 程序为

```
A = 1/(s + 1);
B = 1/(s + 2);
C = 1/(s + 3);
D = 1/(s + 4);
g = factor((A * B * C * D)/(1 + A * B + B * C + C * D + A * B * C * D))
```

运行后命令窗口显示：

```
g =
1/(s^4 + 10 * s^3 + 38 * s^2 + 65 * s + 43)
```

2.3　技术支持

在项目1中，我们已经建立了单闭环直流调速系统的系统组成框图，并且也了解到该调速控制系统对电动机转速进行调节的基本工作原理。下面利用其系统组成框图（见图2-36）来建立系统各组成部分在复数域内的数学模型。

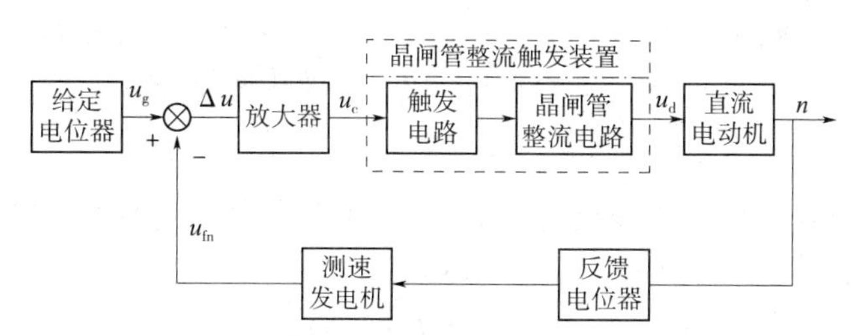

图2-36　单闭环直流调速系统的组成框图

2.4　项目实施

2.4.1　建立单闭环直流调速系统各组成部分的复数域模型（传递函数）

1. 给定电位器

图2-37所示电路为单闭环直流调速系统给定电位器的电路示意图。

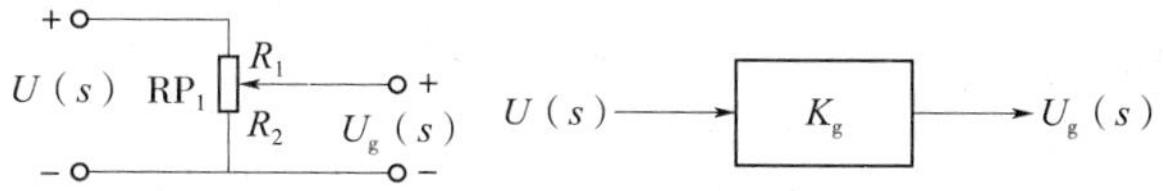

（a）给定电位器电路示意图　　（b）给定电位器的传递函数

图2-37　给定电位器

根据电路分压定理，有

$$U_g(s) = \frac{R_2}{R_1 + R_2}U(s)$$

整理后，其传递函数为$\dfrac{U_g(s)}{U(s)} = \dfrac{R_2}{R_1 + R_2} = K_g$（比例环节），其图形表示如图2-31（b）所示。

2. 晶闸管整流触发电路

晶闸管整流触发电路及其调节特性如图2-38所示。

晶闸管整流电路的调节特性为输出的平均电压u_d与触发电路的控制电压u_c之间的函数关系，即$u_d = f(u_c)$。由图2-38（b）可知，它既有死区，又会饱和，只有中间部分接近线性放大。如果在一定范围内将晶闸管调节特性的非线性问题进行线性化处理，则可以把晶闸管调节特性视为由其死区特性和线性放大特性两部分组成。因此，在对闸管整流电路进行模型建立时，可以将晶闸管整流触发电路按其工作特性和所分的特性区域，分别建立它们各自的数学模型。

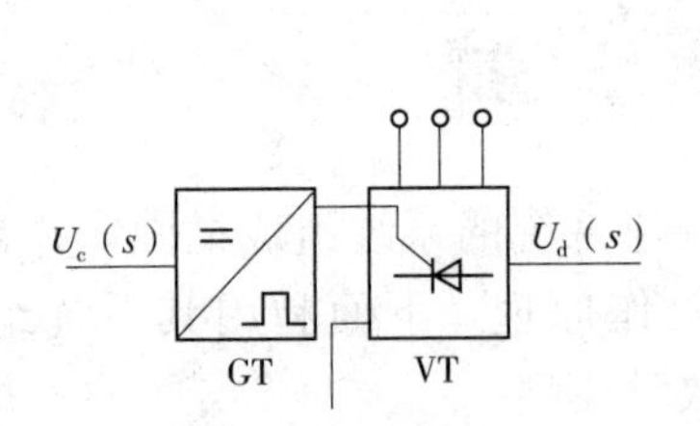

（a）晶闸管整流触发电路

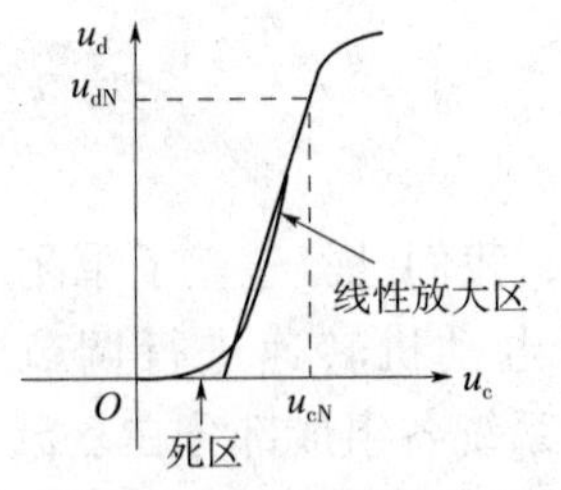

（a）晶闸管整流触发电路的调节特性

图 2-38　晶闸管整流触发电路及其调节特性

（1）线性放大区

在线性放大区域内，其整流输出电压 u_d 基本上与其触发电路的控制电压 u_c 成正比关系，因此有

$$U_d(s) = K_s U_c(s)$$

（2）死区

晶闸管触发装置和整流装置之间是存在滞后作用的，这主要是由于整流装置的失控时间造成的。由电工电子知识可知，晶闸管是一个半控型的电子器件，只有当阳极在正向电压作用下供给门极触发脉冲才能使其导通。晶闸管一旦导通，门极便会失去作用。改变控制电压 u_c，虽然可以使触发脉冲的触发角产生移动，但是也必须等到阳极处于正向电压作用时才能使晶闸管导通。因此，当改变控制电压 u_c 来调节平均整流输出电压 u_d 的大小时，新的脉冲总是要等到阳极处于正向电压时才能实现。而这就造成整流输出电压 u_d 的变化滞后于控制电压 u_c 变化一个 τ_0 时间的情况，如图 2-39（a）所示。因而有

$$u_d = u_c(t - \tau_0)$$

对上式取拉普拉斯变换，则有

$$U_d(s) = e^{-\tau_0 s} U_c(s) \approx \frac{1}{\tau_0 s + 1} \times U_c(s)$$

结合晶闸管两个区域内的特性，可得

$$U_d(s) = K_s e^{-\tau_0 s} U_c(s) \approx \frac{K_s}{\tau_0 s + 1} U_c(s)$$

整理后，其传递函数为 $\dfrac{U_d(s)}{U_c(s)} \approx \dfrac{K_s}{\tau_0 s + 1} = K_s \times \dfrac{1}{\tau_0 s + 1}$（比例与惯性环节的串联），其图形表示如图 2-39（b）所示。

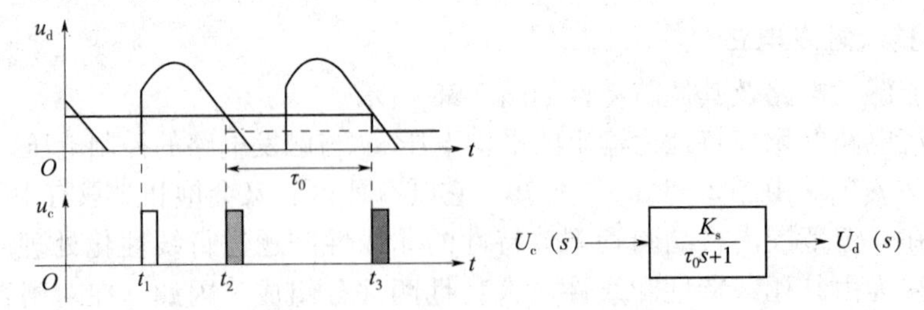

（a）晶闸管整流输出电压的滞后特性　　（b）晶闸管整流装置的传递函数

图 2-39　晶闸管整流输出电压的滞后特性及其传递函数

（3）他励直流电动机

求出从整流输入电压 $U_d(s)$ 到转速输出 $N(s)$ 的传递函数，如图 2-40 所示。直流电动机本身就构成了一个闭环系统，但在单闭环直流调速系统中，它仍是系统前向通道中的一个环节。由其传递函数的构成形式来看，他励直流电动机可视为一个二阶振荡环节。其传递函数的图形表示方式如图 2-40 所示。

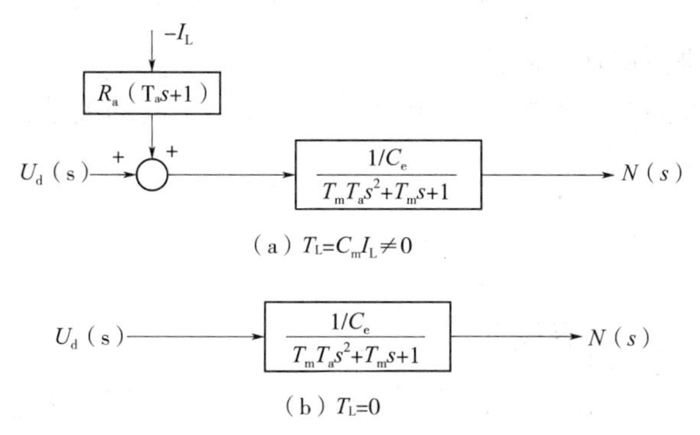

图 2-40 直流电动机的传递函数

（4）测速电动机及其反馈电位器

如图 2-41 所示，测速电动机及其反馈电位器各部分之间的关系如下：

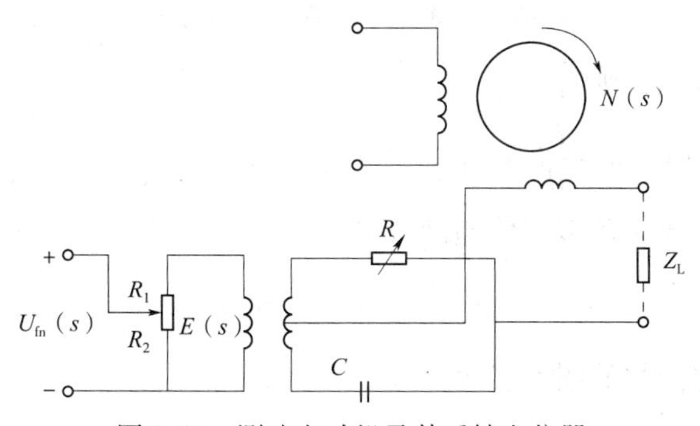

图 2-41 测速电动机及其反馈电位器

测速电动机将他励直流电动机的转速 n 转换为感生电动势 e，其感生电动势 e 与电动机转速 n 成正比，即有

$$E(s) = K_n N(s)$$

反馈电位器是将测速电动机所产生的感生电动势 e 进行分配，转换成可以与给定电压进行比较的反馈电压，即有

$$U_{f_n}(s) = \frac{R_2}{R_1 + R_2} E(s)$$

选择输入量为电动机转速 $N(s)$，输出量为反馈电压 $Uf_n(s)$，则有

$$U_{f_n}(s) = \frac{R_2}{R_1 + R_2} E(s) = \frac{R_2}{R_1 + R_2} \times K_n N(s) = \alpha N(s)$$

整理后，得到测速电动机及其反馈电位器的传递函数是

$$\frac{U_{f_n}(s)}{N(s)}=\alpha$$

测速电动机及反馈装置传递函数的图形表示如图 2-42 所示。

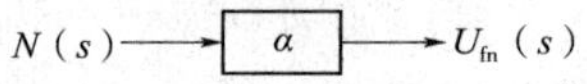

$N(s)\longrightarrow\boxed{\alpha}\longrightarrow U_{fn}(s)$

图 2-42　测速反馈装置的传递函数

（5）给定量与反馈量的比较放大

利用叠加定理，可得如图 2-43 所示电路输入与输出之间的关系：

$$u_c=-\frac{R_1}{R_0}\times(u_g-u_{fn})$$

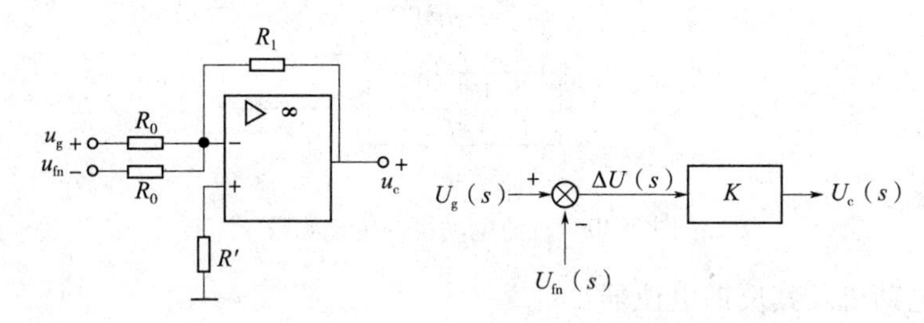

（a）比较放大电路　　（b）比较放大器的传递函数

图 2-43　比较放大电路及其传递函数

两边取拉普拉斯变换，则有

$$U_c(s)=-\frac{R_1}{R_0}\times[U_g(s)-U_{fn}(s)]=-\frac{R_1}{R_0}\times\Delta U(s)$$

整理后，得到比较放大环节的传递函数是

$$\frac{U_c(s)}{\Delta U(s)}=-\frac{R_1}{R_0}=K$$

比较放大电路传递函数的图形表示如图 2-37（b）所示。

2.4.2　将单闭环直流调速系统各组成部分的功能框按信号的传递关系连接成系统框图

按信号的传递关系将单闭环直流调速系统各部分传递函数的图形表示方式连接起来（见图 2-44），就构成了单闭环直流调速系统的系统框图。

2.4.3　简化单闭环直流调速系统的系统框图，求其闭环传递函数

由图 2-44（a）可知，单闭环直流调速系统的输出与输入、扰动之间的关系是

$$N(s)=\frac{\dfrac{K_pK_s/C_e}{(\tau_0s+1)(T_mT_as^2+T_ms+1)}}{1+\dfrac{K_pK_s\alpha/C_e}{(\tau_0s+1)(T_mT_as^2+T_ms+1)}}U_g(s)-\frac{\dfrac{R_a(T_as+1)/C_e}{(T_mT_as^2+T_ms+1)}}{1+\dfrac{K_pK_s\alpha/C_e}{(\tau_0s+1)(T_mT_as^2+T_ms+1)}}I_L(s)\tag{2-118}$$

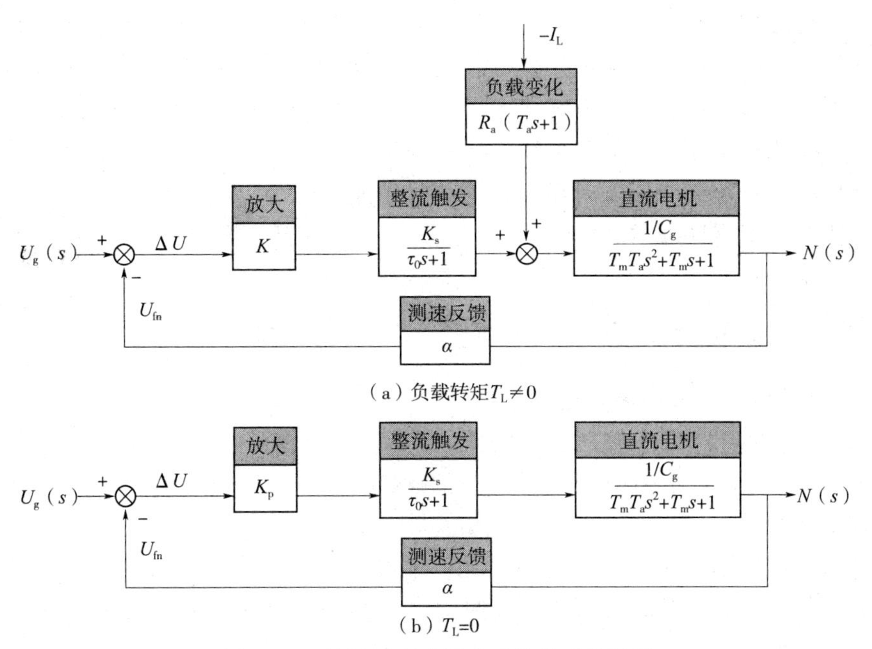

图 2-44　单闭环直流调速系统的系统框图

若设负载力矩 $T_L \neq 0$，则单闭环直流调速系统闭环传递函数是

$$\Phi(s)=\frac{N(s)}{U_g(s)}=\frac{\dfrac{K_pK_s/C_e}{(\tau_0 s+1)(T_mT_as^2+T_ms+1)}}{1+\dfrac{K_pK_s\alpha/C_e}{(\tau_0 s+1)(T_mT_as^2+T_ms+1)}}$$

知识梳理与总结

(1) 大部分单输入单输出的自动控制系统的控制过程可以由微分方程来进行描述，一般把这个描述方法的建立称为自动控制系统的系统建模。因此，求出用来描述自动控制系统微分方程的“解”，就成为定量分析自动控制系统的一个重要问题。拉普拉斯变换正是为了解决自动控制系统微分方程的求解问题而引入的，但它的引入又为自动控制系统用数学方法描述其控制过程引入了一个新的方法，这个方法就是在复数域中用传递函数的方式来建立系统的数学模型。

(2) 自动控制系统的传递函数有如下许多重要的特点。

①传递函数是在零初始条件下，由微分方程变换而来的。因此，它与微分方程之间存在着一一对应的关系。

②传递函数只与系统本身的内部结构和参数有关，代表了系统的固有特性。但作为一种描述性函数，它可以由系统的外部输入与系统所产生的输出来进行描述。不同的输入会造成描述自动控制系统方式的不同，因此也改变了其传递函数的不同表现方式。即有

$$G(s)=\frac{C(s)}{R(s)}\Rightarrow C(s)=G(s)R(s)$$

③传递函数还可以用图形化的方式进行表示。由传递函数结合自动控制系统组成框图而构成的系统框图综合了数学描述及图形描述两方面的优点，从而使得系统框图成为一种既可以用来进行系统变换、简化等数学运算，又可以表示出系统各组成部分之间连接方式、信号传递方式等结构组成的模型化系统分析手段。

④由于自动控制系统一般是闭环控制系统。因此，系统的闭环传递函数对于分析自动控制系统的性能指标具有重要的意义。对于一个已知的闭环传递函数而言，我们有如下概念：

$$\Phi(s)=\frac{G(s)}{1+G(s)H(s)}=K\times\frac{(s-z_1)(s-z_2)\cdots(s-z_m)}{(s-p_1)(s-p_2)\cdots(s-p_n)}$$

式中：K——自动控制系统的闭环增益。

令 $1+G(s)\ H(s)\ =0$，称为自动控制系统的特征方程。

若令 $(s-z_1)\ (s-z_2)\ \cdots\ (s-z_m)\ =0$，则解 $s_1=z_1$，$s_2=z_2$，…，$s_m=z_m$ 称为自动控制系统的闭环零点。

若令 $(s-p_1)\ (s-p_2)\ \cdots\ (s-p_n)\ =0$，则解 $s_1=p_1$，$s_2=p_2$，…，$s_n=p_n$ 称为自动控制系统的闭环极点。由于自动控制系统的闭环极点是由系统的特征方程解出的，所以它也被称为系统的特征根。且系统的“阶数”由其闭环系统特征方程的阶次来确定。

⑤传递函数可以用图形化的方式进行表示，即用“功能框+有向线段”来表示传递函数的功能以及它的输入、输出关系。因此，一个自动控制系统可以按其各部件所要完成的功能及各部件之间的信号传递关系，用传递函数的图形方式来组成它的系统框图。自动控制系统的系统框图是可以直接进行运算的一种图形表示方式，通过各部件功能框的并联、串联，以及引出点或比较点的移动，最终可以方便地求出自动控制系统的闭环传递函数。其公式为

$$\Phi(s)\ =\frac{\text{前向通道各串联环节传递函数的乘积}}{1+\text{系统的开环传递函数}}$$

思考与练习题

2-1　什么是系统的数学模型？系统数学模型有哪些表示方法？

2-2　什么是线性系统？线性系统有什么重要性质？

2-3　求图2-45所示机械系统的微分方程式和传递函数。图中力 $F(t)$ 为输入量，位移 $x(t)$ 为输出量，m 为质量，k 为弹簧的刚度系数，f 为黏滞阻尼系数。

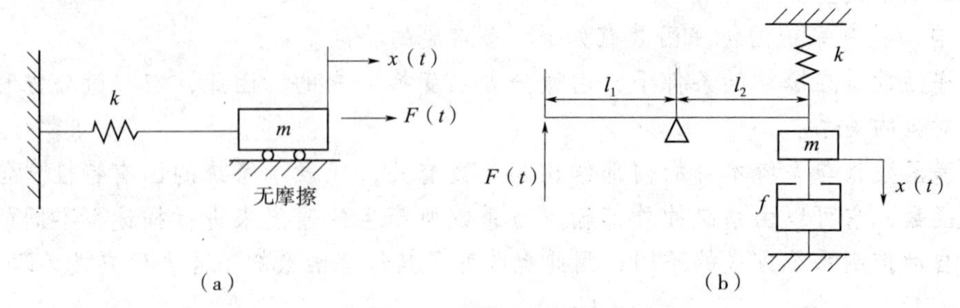

图2-45　题2-3的图

2-4　求图 2-46 所示机械系统的微分方程式和传递函数。图中位移 x_i 为输入量，位移 x_o 为输出量，k 为弹簧的刚度系数，f 为黏滞阻尼系数。图 2-46（a）的重力忽略不计。

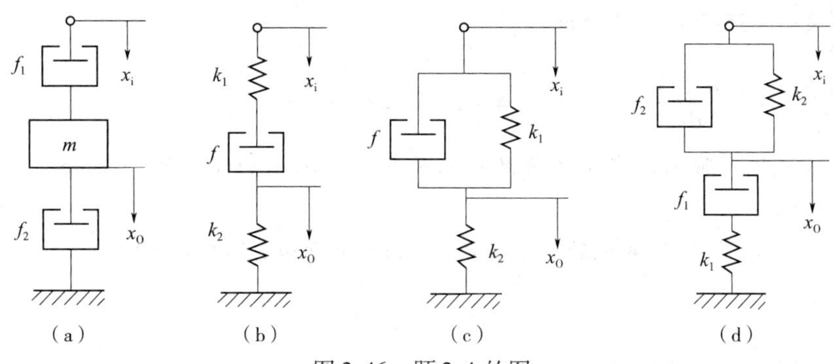

图 2-46　题 2-4 的图

2-5　求图 2-47 所示机械系统的运动方程式，图中力 F 为输入量，位移 y_1、y_2 是输出量，m 为质量，k 为弹簧的刚度系数，f 为黏滞阻尼系数。

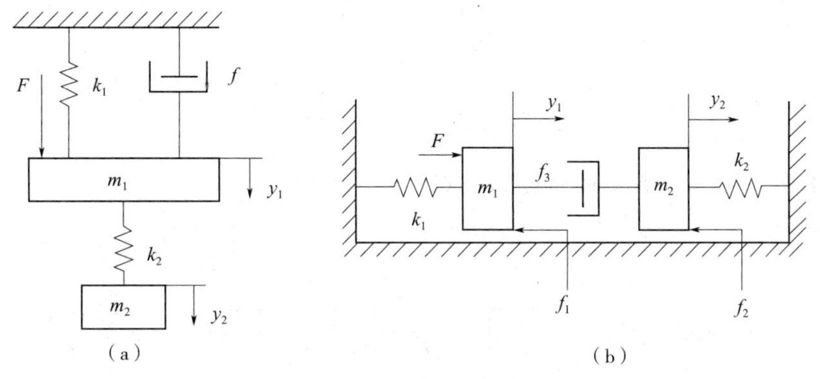

图 2-47　题 2-5 的图

2-6　求图 2-48 所示 RLC 电网络的传递函数。图中 $u_i(t)$ 为输入量，$u_o(t)$ 为输出量。

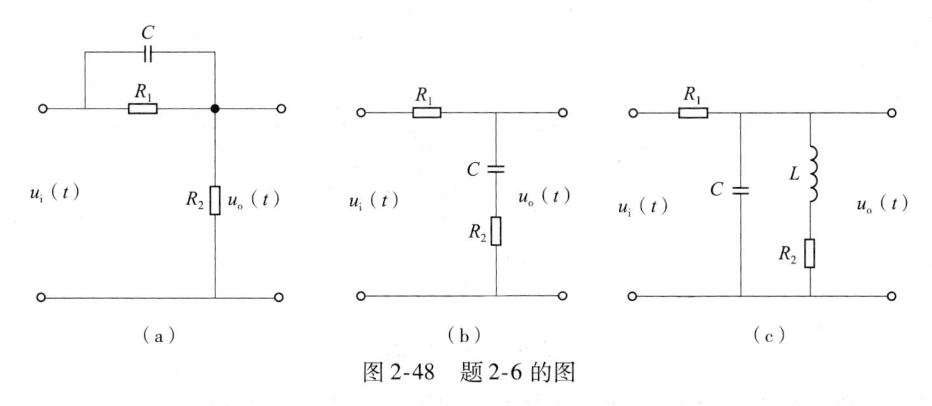

图 2-48　题 2-6 的图

2-7　已知系统的微分方程式，求出系统的传递函数 $C(s)/R(s)$。

（1）$\dfrac{d^3C(t)}{dt^3}+15\dfrac{d^2C(t)}{dt^2}+50\dfrac{dC(t)}{dt}+500C(t)=\dfrac{d^2r(t)}{dt^2}+2r(t)$

（2）$5\frac{d^2C(t)}{dt^2}+25\frac{dC(t)}{dt}=0.5\frac{dr(t)}{dt}$

（3）$\frac{d^2C(t)}{dt^2}+25C(t)=0.5r(t)$

（4）$\frac{d^2C(t)}{dt^2}+3\frac{dC(t)}{dt}+6C(t)+4\int C(t)\,dt=4r(t)$

2-8　已知线性定常系统在单位阶跃输入作用下，输出为 $x_o(t)=1-e^{-2t}+2e^{-t}$，试求系统的传递函数。

2-9　求图 2-49 图所示系统的传递函数 $C(s)/R(s)$ 和 $E(s)/R(s)$。

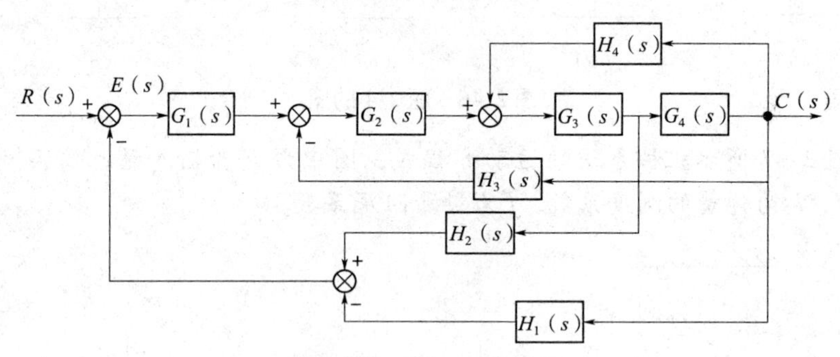

图 2-49　题 2-9 的图

2-10　求图 2-50 所示系统的传递函数 $C(s)/R(s)$。

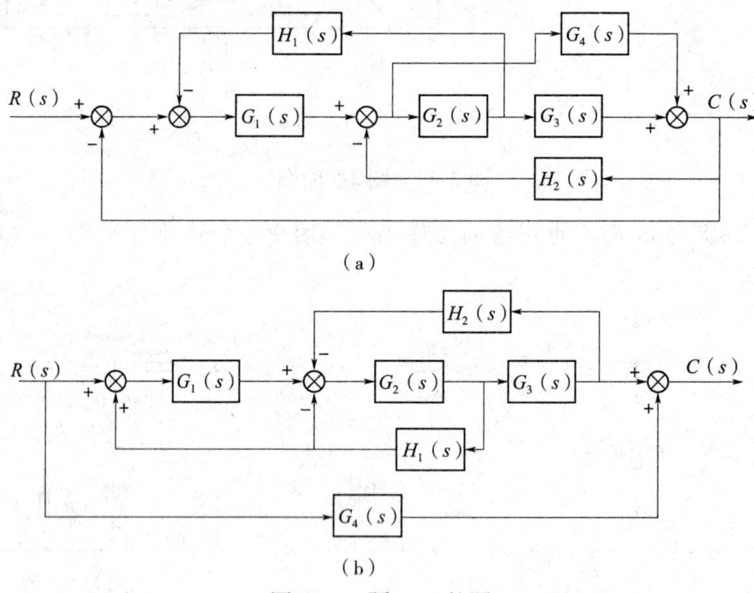

图 2-50　题 2-10 的图

2-11　求图 2-51 所示系统的传递函数 $C(s)/R(s)$ 和 $E(s)/R(s)$。

2-12　将非线性方程 $y=\frac{d^2x}{dt^2}+0.5\frac{dx}{dt}+2x+x^2$ 在 $x=0$ 处线性化。

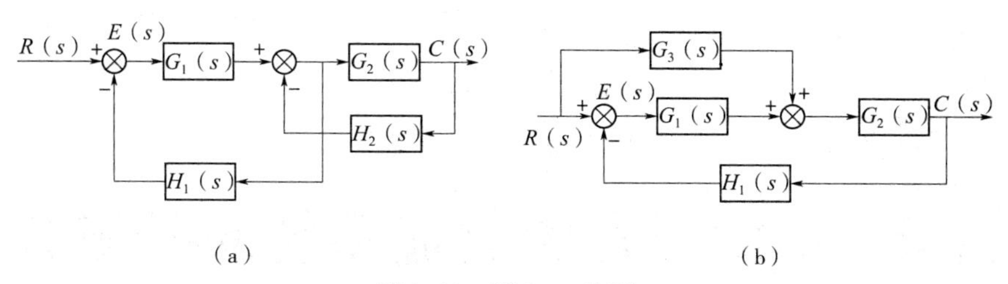

图2-51　题2-11的图

2-13　将非线性方程 $u(t) = a\dfrac{\mathrm{d}^2x(t)}{\mathrm{d}t} + b\cos\theta(t)\dfrac{\mathrm{d}\theta(t)}{\mathrm{d}t} - c\left[\dfrac{\mathrm{d}\theta(t)}{\mathrm{d}t}\right]^2\sin\theta(t)$ 在 $\theta=0$，$\dfrac{\mathrm{d}\theta(t)}{\mathrm{d}t}=0$，$\dfrac{\mathrm{d}^2\theta(t)}{\mathrm{d}t^2}=0$ 附近线性化。

2-14　利用框图简化的方法，求图2-52所示控制系统的传递函数。

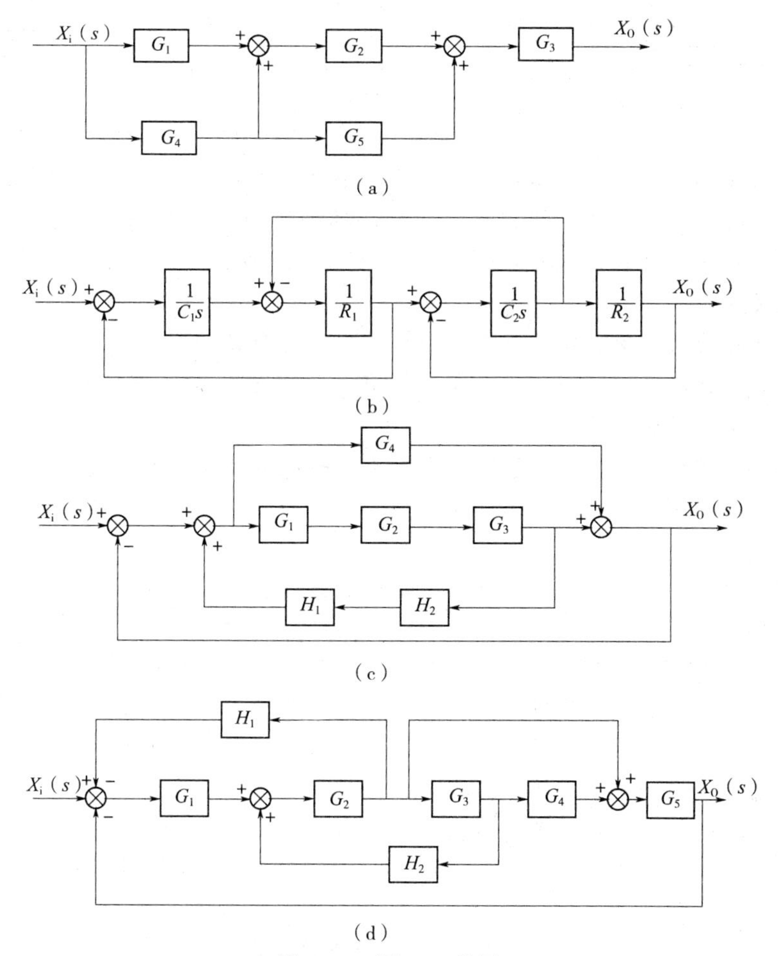

图2-52　题2-14的图

2-15　画出图2-52所示控制系统框图所对应的信号流图，利用梅逊公式求系统的传递函数。

项目3 单闭环直流调速系统的时域分析

项目目标

在建立的自动控制系统数学模型的基础上，学习如何评价该自动控制系统的性能。将本项目所学理论知识应用与对实际问题的分析中，并通过分析学习发现问题的方法。

项目内容

- ❀ 根据单闭环直流调速系统各部分技术参数，计算系统参数及开环增益。
- ❀ 单闭环直流调速系统的稳定性分析：根据单闭环直流调速系统的闭环特征方程，计算劳斯表，初步分析系统的稳定性；调节系统的开环增益使系统成为稳定系统。
- ❀ 单闭环直流调速系统的动态特性及稳定性的分析。
- ❀ 改变系统的开环增益，讨论系统随开环增益变化时所表现出来的动态响应特性及相对稳定性。
- ❀ 结合单闭环直流调速系统的系统型别，讨论系统的稳态特性。

知识点

- ❀ 自动控制系统的响应过程与性能指标之间的关系。
- ❀ 自动控制系统的稳定性及相对稳定性与特征根之间的关系。
- ❀ 自动控制系统的动态特性与特征根之间的关系。
- ❀ 自动控制系统型别与稳态特性之间的关系。

3.1 相关知识

控制系统数学模型建立之后，就可以通过数学工具对控制系统的性能进行分析，本项目着重分析研究控制系统的动态性能和稳态性能。动态性能的研究通常可以用在典型输入信号的作用下控制系统的过渡过程作为评价，一般地由简单的一阶系统、二阶系统的过渡过程的研究推广致高阶系统的过渡过程的研究。同时阐述控制系统的稳定性含义及劳斯稳定判据。

对于稳定的控制系统，其稳态性能一般是根据系统在典型输入信号作用下引起的稳态误差作为评价指标。因此，稳态误差是系统控制准确度的一种度量。对于一个控制系统，只有在满足要求控制精度的前提下，再对它进行过渡过程的分析才有实际价值。

控制系统中元件的不完善，如摩擦、间隙、零点漂移、元件老化等等都会造成系统的误差，这种误差称静差。静差在一般情况下都可以根据具体情况计算出来，故本章不对上述原因造成的静差作为研究对象。只研究由于系统不能很好跟踪输入信号而引起的稳态误差即原理性误差。

本项目将着重建立有关稳态误差的概念，介绍稳态误差的计算方法，讨论消除或减少稳态误差的途径。

3.1.1　典型信号的控制过程

控制系统的时间响应有瞬态响应和稳态响应。首先我们给出瞬态响应和稳态响应的定义。

瞬态响应：系统在某一输入信号的作用下其输出量从初始状态到稳定状态的过程。

稳态响应：当某一信号输入时，系统在时间趋于无穷大时的输出状态。

稳态也称静态，瞬态响应也称为过渡过程。

1. 典型输入信号

控制系统的动态性能，可以通过在输入信号作用下系统的过渡过程来评价。系统的过渡过程不仅取决于系统本身的特性，还与外加输入信号的形式有关。一般情况下，由于控制系统的外加输入信号具有随机的性质而无法预先知道，而且其瞬时函数关系往往又不能以解析形式来表达，只有在一些特殊情况下，控制系统的输入信号才是已知的。因此，在分析和研究控制系统时，要有一个对各种控制性能进行比较的基础。这种基础就是预先规定的一些具有特殊形式的试验信号作为系统的输入，然后比较各种系统对这些输入信号的反应。

选取上述试验信号时应注意：

（1）选取的输入信号的典型形式应反映系统工作的大部分实际情况。如雷达天线、火炮、温控装置等，控制系统的输入量通常是随时间逐渐变化的函数以选择斜坡函数较为合适。

（2）选取外加输入信号的形式应尽可能简单，以便于分析处理。

（3）应选取那些能使系统工作在最不利情况下的输入信号作为典型的试验信号。简言之，这些典型的信号应是众多而复杂的信号的一种近似和抽象。它的选择不仅应使数学运算简单，而且还应便于用实验来验证。理论工作者相信它，是因为它是一种实际情况的分解和近似；实际工作者相信它是因为实验证明它确是一种有效的手段。常用的典型信号有以下4种。

（1）单位阶跃信号 $1(t)$

单位阶跃信号 $1(t)$ 如图 3-1（a）所示。其数学表达式为

$$1(t) = \begin{cases} 0 & t < 0 \\ 1 & t \geqslant 0 \end{cases} \tag{3-1}$$

其拉普拉斯变换式为

$$L\left[1(t)\right] = \frac{1}{s} \tag{3-2}$$

如指令的突然转换，电源的突然接通，开关、继电器接点的突然闭合，负荷的突变等，均可视为阶跃信号。阶跃信号是评价系统动态性能时应用较多的一种典型信号。

（2）单位斜坡信号 $t1(t)$

单位斜坡信号 $t1(t)$ 如图 3-1（b）所示。其数学表达式为

$$t1(t) = \begin{cases} 0 & t < 0 \\ t & t \geqslant 0 \end{cases} \tag{3-3}$$

其拉普拉斯变换式为

$$L\left[t1(t)\right] = \frac{1}{s^2} \tag{3-4}$$

大型船闸的匀速升降，列车的匀速前进，主拖动系统发出的位置信号，数控机床加工斜面时的进给指令等都可看成斜坡信号。

（3）单位脉冲信号 $\delta(t)$

单位脉冲信号 $\delta(t)$ 如图 3-1（c）所示。其数学表达式为

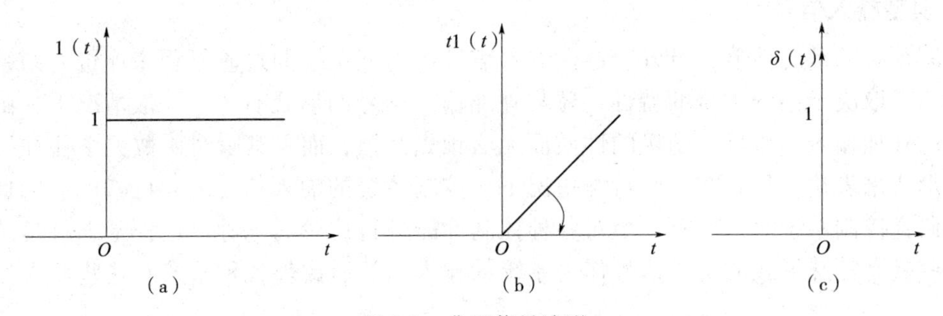

图 3-1　典型信号波形

$$\delta(t) = \begin{cases} \infty & t = 0 \\ 0 & t \neq 0 \end{cases} \tag{3-5}$$

且

$$\int_{-\infty}^{\infty} \delta(t)\,\mathrm{d}t = 1 \tag{3-6}$$

其拉普拉斯变换式为

$$L[\delta(t)] = 1 \tag{3-7}$$

单位脉冲信号 $\delta(t)$ 在现实中是不存在的，只有数学上的意义，但它却是一个重要的数学工具。此外脉动电压信号、冲击力、阵风中大气湍流等都可近似为脉冲信号。

（4）正弦信号 $A\sin\omega_o t$

正弦信号 $A\sin\omega_o t$ 中 A 为振幅，ω_0 为角频率。

其拉普拉斯变换式为

$$L[A\sin\omega_0 t] = \frac{A\omega_0}{s^2 + \omega_0^2} \tag{3-8}$$

在实际控制过程中，如海浪对舰船的扰动力、机车上设备受到的振动力、伺服振动台的输入指令、电源及机械振动的噪声等，均可近似为正弦信号。

一个系统的时间响应 $c(t)$ 除取决于系统本身的结构参数及系统输入信号，还与系统的初始状态有关。这里对系统的初始状态也做一下典型化的处理，即所谓典型初始状态。一般规定：系统的初始状态均为零状态，即在 $t=0^-$ 时

$$c(0^-) = \dot{c}(0^-) = \ddot{c}(0) = \cdots = 0 \tag{3-9}$$

为典型初始状态。这表明在系统输入信号加于系统的瞬时（$t=0^-$）之前，系统是相对静止的，被控制量及其各阶导数相对于平衡工作点的增量为零。

2. 典型时间响应

把初始状态为零的系统，在典型外作用下的输出响应，称为典型时间响应。相应地，典型时间响应也有以下几种类型。

（1）单位阶跃响应

系统在单位阶跃输入［$r(t)=1(t)$］作用下的响应称为单位阶跃响应，常用 $h(t)$ 表示，如图3-2（a）所示。

若系统的闭环传递函数为 $\Phi(s)$，则单位阶跃响应的拉普拉斯变换式为

$$H(s) = \Phi(s)R(s) = \Phi(s)\frac{1}{s} \tag{3-10}$$

故

$$h(t) = L^{-1}[H(s)] \tag{3-11}$$

（2）单位斜坡响应

系统在单位斜坡输入［$r(t)=t1(t)$］作用下的响应称为单位斜坡响应，常用 $c_t(t)$ 表示，如图3-2（b）所示。单位斜坡响应的拉普拉斯变换式为

$$C_t(s) = \Phi(s)R(s) = \Phi(s)\frac{1}{s^2} \tag{3-12}$$

故

$$c_t(t) = L^{-1}[C_t(s)] \tag{3-13}$$

（3）单位脉冲响应

系统在单位脉冲输入［$r(t)=\delta(t)$］作用下的响应称为单位脉冲响应，常用 $k(t)$ 表示，如图3-2（c）所示。单位脉冲响应的拉普拉斯变换式为

$$K(s) = \Phi(s) = \Phi(s)1 = \Phi(s) \tag{3-14}$$

故

$$k(t) = L^{-1}[K(s)] \tag{3-15}$$

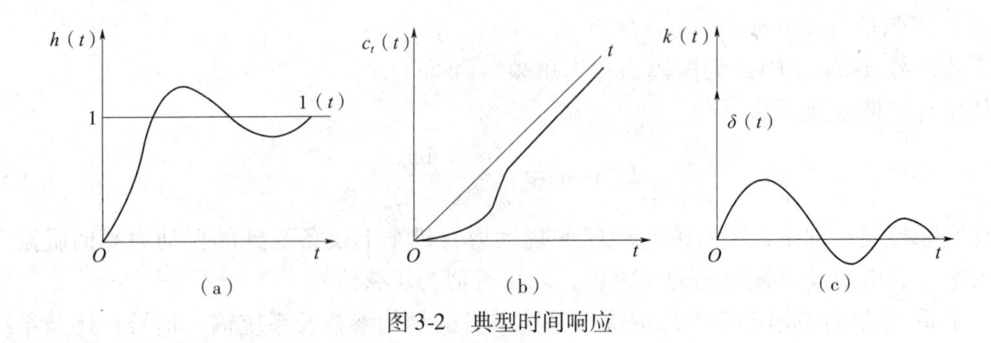

图 3-2 典型时间响应

(4) 三种响应的关系

由式(3-14)、式(3-10)和式(3-12)可改写成

$$K(s)=\Phi(s)=sH(s) \tag{3-16}$$

进而可得

$$H(s)=\Phi(s)\frac{1}{s}=sC_t(s) \tag{3-17}$$

$$C_t(s)=\Phi(s)\frac{1}{s^2}=\frac{1}{s}H(s) \tag{3-18}$$

这几个式子表明，单位脉冲响应积分一次就是单位阶跃响应；单位阶跃响应积分一次又是单位斜坡响应。或者说，单位斜坡响应的一次导数是单位阶跃响应，而单位阶跃响应的一次导数又是单位脉冲响应。因此，根据这三种响应之间的关系，可以由其中任一种换算出另外两种。另外，当三者不特别注意区分关系时响应都可以用 $c(t)$ 来表示。

3.1.2 一阶系统的时域分析

由于计算高阶微分方程的时间解是相当复杂的，因此时域分析法通常用于分析一、二阶系统。另外在工程上，许多高阶系统常常具有一、二系统的时间响应，高阶系统也常常被简化成一、二阶系统。因此深入研究一、二阶系统有着广泛的实际意义。

控制系统的过渡过程，凡可用一阶微分方程描述的，称做一阶系统。一阶系统在控制工程实践中应用广泛。一些控制元部件及简单系统，如 RC 网络、发电机、空气加热器、液面控制系统等都是一阶系统。

1. 一阶系统的数学模型

描述一阶系统动态特性的微分方程式的一般标准形式是

$$T\frac{\mathrm{d}c(t)}{\mathrm{d}t}+c(t)=r(t) \tag{3-19}$$

式中：$c(t)$ ——输出量；

$r(t)$ ——输入量；

T ——时间常数，表示系统的惯性。

由式(3-19)可求得一阶系统的闭环传递函数为

$$\Phi(s)=\frac{C(s)}{R(s)}=\frac{1}{Ts+1}=\frac{1}{\frac{s}{K}+1} \tag{3-20}$$

这里式（3-19）和式（3-20）就称为一阶系统的数学模型。由于时间常数 T 是表征系统惯性的一个主要参数，所以一阶系统有时也被称为惯性环节。应该注意，对不同的环节，时间常数 T 可能具有不同的物理意义，但有一点是共同的，就是它总是具有时间“秒”的量纲。一阶系统的典型结构如图 3-3 所示。

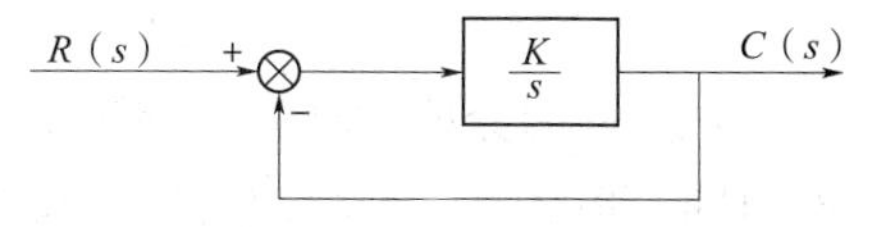

图 3-3 一阶系统的典型结构图

2. 一阶系统的单位阶跃响应

当系统的输入信号为单位阶跃函数，系统输出就是单位阶跃响应。

由 $r(t) = 1(t)$，$R(s) = 1/s$，则系统过渡过程（即系统输出）的拉普拉斯变换式为

$$C(s) = \Phi(s)R(s) = \frac{1}{Ts+1}\cdot\frac{1}{s} \tag{3-21}$$

取 $C(s)$ 的拉普拉斯逆变换，可得单位阶跃响应

$$C(t) = L^{-1}\left[\frac{1}{Ts+1}\cdot\frac{1}{s}\right] = L^{-1}\left[\frac{1}{s} - \frac{1}{s+\frac{1}{T}}\right] = 1 - e^{-\frac{t}{T}}(t \geqslant 0) \tag{3-22}$$

$C(t)$ 还可写成

$$C(t) = c_{ss} + c_{tt} \tag{3-23}$$

式中：$c_{ss} = 1$ 代表稳态分量；

$c_{tt} = -e^{-\frac{t}{T}}$ 代表瞬态分量。

当时间 t 趋于无穷时，c_{tt} 衰减为零。显然，一阶系统的单位阶跃响应曲线是一条由零开始，按指数规律单调上升，最终趋于 1 的曲线，如图 3-4 所示。响应曲线具有非振荡特征，故也称为非周期响应。

时间常数 T 是表征响应特性的唯一参数。当 $t = T$ 时

$$c(T) = 1 - e^{-\frac{1}{T}T} = 1 - e^{-1} \approx 0.632$$

此刻系统输出达到过渡过程总变化量的 63.2%。这时的点 A（如图 3-4）是一阶系统过渡过程的重要特征点。它为用实验方法求取一阶系统的时间常数 T 提供了理论依据。图 3-4 所示曲线的另一个重要特性是在 $t = 0$ 处切线的斜率等于 $\frac{1}{T}$，即

$$\left.\frac{dc(t)}{dt}\right|_{t=0} = \left.\frac{1}{T}e^{-\frac{t}{T}}\right|_{t=0} = \frac{1}{T} \tag{3-24}$$

这说明一阶系统如能保持初始反应速度不变，则在 $t = T$ 时间里，过渡过程便可以完成总变化量。或者说，如果以初始速度等速上升至稳态值 1，所需的时间恰好为 T。但从图3-4中可以看到，一阶系统的单位阶跃响应 $h(t)$ 的斜率，随着时间的推移，实际上是单调下降的。例如：

$t = 0 \qquad c(0) = 1/T$

$t = T \qquad c(T) \approx 0.368/T$

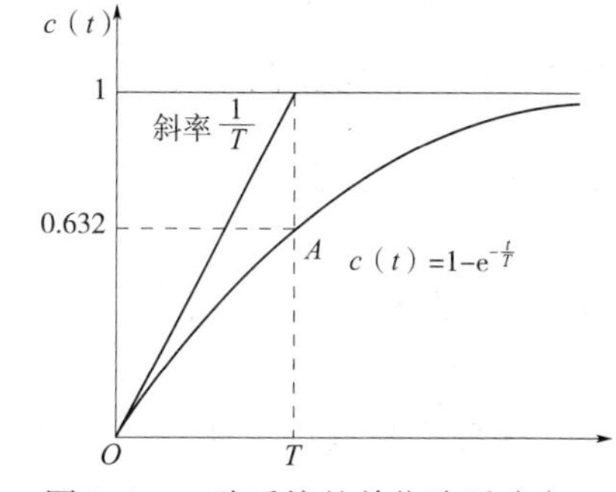

图 3-4 一阶系统的单位阶跃响应

$$t = \infty \qquad c(\infty) = 0$$

从上面的分析知道，在理论上一阶系统的过渡过程要完成全部的变化量，需要无限长的时间，但从式（3-22）可以求得下列数据

$$t = T \qquad c(T) \approx 0.632$$
$$t = 2T \qquad c(2T) \approx 0.865$$
$$t = 3T \qquad c(3T) \approx 0.950$$
$$t = 4T \qquad c(4T) \approx 0.982$$
$$t = 5T \qquad c(5T) \approx 0.993$$

上列数据说明，当 $t > 4T$ 时，一阶系统的过渡过程已完成其全部变化量的 98% 以上。也就是说，此刻的过渡过程在数值上与其应完成的全部变化量间的误差将保持在 2% 以内，从工程实际角度看，这时可以认为过渡过程已经结束。

由于一阶系统的阶跃响应没有超调量，所以其性能指标主要是调节时间 t_s，它表征系统过渡过程进行的快慢。由于 $t = 3T$ 时，输出响应可达稳态值的 95%；$t = 4T$ 时，输出响应可达稳态值的 98%，故一般取

$$t_s = 3T \qquad \text{（对应 5\% 误差带）} \tag{3-25}$$

$$t_s = 4T \qquad \text{（对应 2\% 误差带）} \tag{3-26}$$

显然，系统的时间常数越小，调节时间 t_s 越小，响应过程的快速性也越好。

例 3-1 一阶系统其结构如图 3-5 所示。

（1）试求该系统单位阶跃响应的调节时间 t_s；

（2）若要求 $t_s \leqslant 0.1\text{s}$，问系统的反馈系数应取多少？

解 （1）首先根据系统的结构图，写出闭环传递函数

$$\Phi(s) = \frac{C(s)}{R(s)} = \frac{200/s}{1 + \dfrac{200}{s} \times 0.1} = \frac{10}{1 + 0.05s}$$

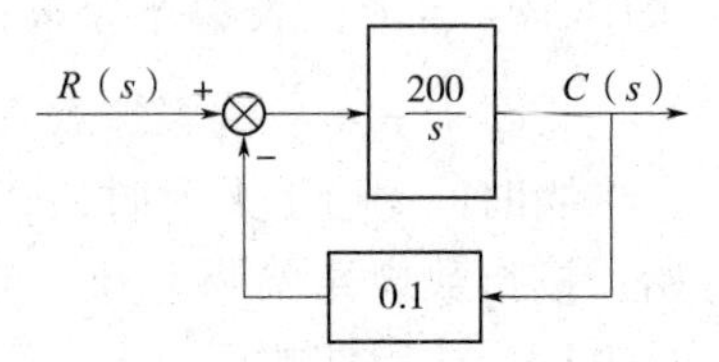

图 3-5 例 3-1 系统结构图

由闭环传递函数可知时间常数 $T = 0.05s$

由式（3-25）或式（3-26）可得

$$t_s = 3T = 0.15\text{s}\ \text{（取 5\% 误差带）}$$

$$t_s = 4T = 0.20\text{s}\ \text{（取 2\% 误差带）}$$

闭环传递函数分子上的数值 10 称为放大系数，相当于串接了一个 $K = 10$ 的放大器，故调节时间 t_s 与它无关，只取决于时间常数 T。

（2）假设反馈系数为 K_i（$K_i > 0$），即在图 3-5 中把反馈回路中的 0.1 换成 K_i，那么同样可由结构图写出闭环传递函数

$$\Phi(s) = \frac{C(s)}{R(s)} = \frac{200/s}{1 + \dfrac{200}{s} \times K_i} = \frac{1/K_i}{1 + \dfrac{0.005}{K_i}s}$$

由闭环传递函数可得

$$T = 0.005/K_i$$

据题意要求 $t_s \leqslant 0.1s$，则

$$t_s = 3T = 0.015/K_i \leqslant 0.1$$

所以反馈系数为

$$K_i \geqslant 0.15$$

3. 一阶系统的单位脉冲响应

当输入信号是单位脉冲时，系统的输出就是单位脉冲响应。

由 $r(t)=\delta(t)$，$R(s)=1$，式（3-21）可写成

$$C(s)=\Phi(s)R(s)=\frac{1}{Ts+1}\cdot R(s)=\frac{1}{Ts+1}$$

取 $C(s)$ 的拉普拉斯逆变换，得一阶系统的单位脉冲响应

$$C(t)=L^{-1}\left[\frac{1}{Ts+1}\right]=\frac{1}{T}\mathrm{e}^{-\frac{1}{T}t} \tag{3-27}$$

由式（3-27）看到，当

$$t=0 \qquad k(0)=\frac{1}{T}$$

$$t=T \qquad k(T)=\frac{1}{T\mathrm{e}}$$

$$t=\infty \qquad k(\infty)=0$$

图3-6表明，一阶系统的单位脉冲响应表现为一条单调下降的指数曲线。输出量的初始值为 $1/T$，时间趋于无穷，输出量趋于零，所以不存在稳态分量。如果定义上述指数曲线衰减到其初值的2%为过渡过程时间 t_s（又称调节时间），则 $t_s=4T$。因此，时间常数 T 同样反映了响应过程的快速性。T 越小（系统的惯性越小），则过渡过程的持续时间便越短，即系统响应输入信号的快速性越好。

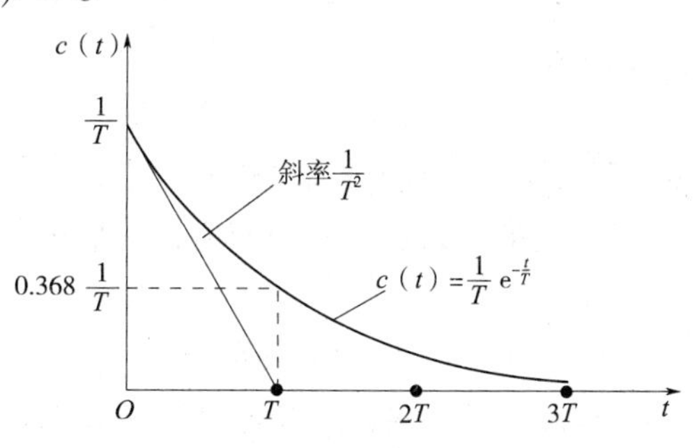

图3-6　一阶系统的单位脉冲响应

鉴于工程上理想的单位脉冲函数不可能得到，而是以具有一定脉宽和有限幅度的脉冲来代替。因此，为了得到近似精度较高的单位脉冲响应，要求实际脉冲函数的宽度 τ 与系统的时间常数 T 相比应足够小，一般要求

$$\tau<0.1T \tag{3-28}$$

4. 一阶系统的单位斜坡响应

当系统的输入信号为单位斜坡信号时，系统输出就是单位斜坡响应。

由 $r(t)=t1(t)$，$R(s)=\frac{1}{s^2}$ 式（3-18）可写成

$$C(s)=\frac{1}{Ts+1}\cdot\frac{1}{s^2}$$

取 $C(s)$ 的拉普拉斯逆变换

$$c(t)=L^{-1}\left[\frac{1}{Ts+1}\cdot\frac{1}{s^2}\right]=L^{-1}\left[\frac{1}{s^2}-\frac{T}{s}+\frac{T}{s+\frac{1}{T}}\right]$$

故得一阶系统的单位斜坡响应

$$c(t) = t - T + T \cdot e^{-\frac{1}{T}t} = c_{ss} + c_{tt} \quad (t \geqslant 0) \tag{3-29}$$

式中：$c_{ss} = t - T$ 为响应的稳态分量；

$c_{tt} = Te^{-\frac{1}{T}t}$ 响应的瞬态分量，时间 t 趋于无穷衰减为零。

一阶系统单位斜坡响应曲线如图 3-7 所示。响应的初始速度

$$\frac{dc(t)}{dt}\bigg|_{t=0} = 1 - e^{-\frac{1}{T}t}\bigg|_{t=0} = 0 \tag{3-30}$$

从图 3-7 可见，一阶系统的单位斜坡响应有误差存在。根据式 3-29 得

$$\varepsilon(t) = r(t) - c(t) = t - (t - T + Te^{-\frac{1}{T}t}) = T(1 - e^{-\frac{1}{T}t}) \tag{3-31}$$

即一阶系统在斜坡输入下输出与输入的斜率相等，只是滞后一个时间 T。或者说总存在着一个跟踪位置误差，其数值与时间常数 T 的数值相等。因此，时间常数 T 越小，则响应越快，误差越小，输出量对输入信号的滞后时间也越小。

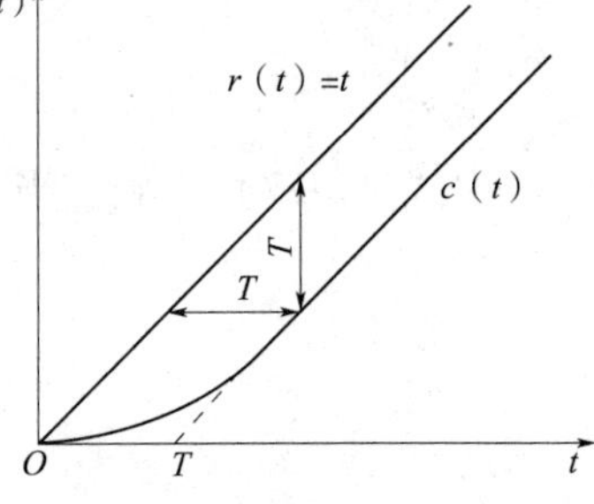

图 3-7　一阶系统的单位斜坡响应

比较图 3-4 和图 3-7 可以发现，在图 3-4 的阶跃响应曲线中，输出量 $h(t)$ 与输入信号之间的位置误差随时间增长而减小，最终趋于零。而在图 3-7 的斜坡响应曲线中，初始状态位置误差最小，随着时间的增长，输出量 $ct(t)$ 与输入信号之间的位置误差逐渐加大，最后趋于常值 T。

5. 三种响应之间的关系

比较一阶系统的单位脉冲、单位阶跃和单位斜坡输入信号的响应，就会发现它们的输入信号之间有如下关系：

$$\delta(t) = \frac{d1(t)}{dt} = \frac{d^2[t1(t)]}{dt^2} \tag{3-32}$$

则一定有如下的时间响应关系与之对应：

$$k(t) = \frac{dh(t)}{dt} = \frac{d^2c_t(t)}{dt^2} \tag{3-33}$$

这种对应关系表明，系统对输入信号导数的响应，等于系统对该输入信号响应的导数。换句话说，系统对输入信号积分的响应，等于系统对该输入信号响应的积分，其积分常数由零输入初始条件确定。这是线性定常系统的一个重要特性，不仅适用于一阶线性系统，而且适用于任意阶线性定常系统。

3.1.3　二阶系统的时域分析

凡可用二阶微分方程描述的系统，称为二阶系统。二阶系统在控制工程中应用极为广泛，典型例子到处可见。例如：*RLC* 网络，忽略了电枢电感 *L* 后的电动机，具有质量的物体的运动等。此外，在分析和设计系统时，二阶系统的响应特性常被视为一种基准。因为

除二阶系统外，三阶或更高阶系统有可能用二阶系统去近似，或者其响应可以表示为一、二阶系统响应的合成。所以，详细讨论和分析二阶系统的特性具有极为重要的实际意义。

1. 二阶系统的数学模型

设有一随动系统如图3-8（a）所示。其闭环传递函数为

$$\Phi(s)=\frac{C(s)}{R(s)}=\frac{K}{s(Ts+1)+K} \tag{3-34}$$

式中：K——系统开环放大倍数；

T——执行电动机的时间常数。

从式（3-34）可求得系统的运动方程式为

$$T\frac{\mathrm{d}^2c(t)}{\mathrm{d}t^2}+\frac{\mathrm{d}c(t)}{\mathrm{d}t}+Kc(t)=Kr(t) \tag{3-35}$$

上述随动系统就是一个二阶系统。

为了分析控制系统的输出信号与输入信号之间的关系方便，常把二阶系统的闭环传递函数写成标准形式，即

$$\frac{C(s)}{R(s)}=\frac{\omega_n^2}{s^2+2\xi\omega_n s+\omega_n^2} \tag{3-36}$$

式中：ξ——阻尼比；

ω_n——无阻尼自振频率。

将上述随动系统的闭环传递函数化为标准形式

$$\frac{C(s)}{R(s)}=\frac{K}{Ts^2+s+K}=\frac{K/T}{s^2+(1/T)s+K/T}=\frac{\omega_n^2}{s^2+2\xi\omega_n s+\omega_n^2}$$

式中：$\omega_n=\sqrt{\dfrac{K}{T}}$；

$\xi=\dfrac{1}{2\sqrt{KT}}$。

此时图3-8（a）可变换成图3-8（b）。这样，二阶系统的响应就可以用 ξ 和 ω 这两个参数加以描述。

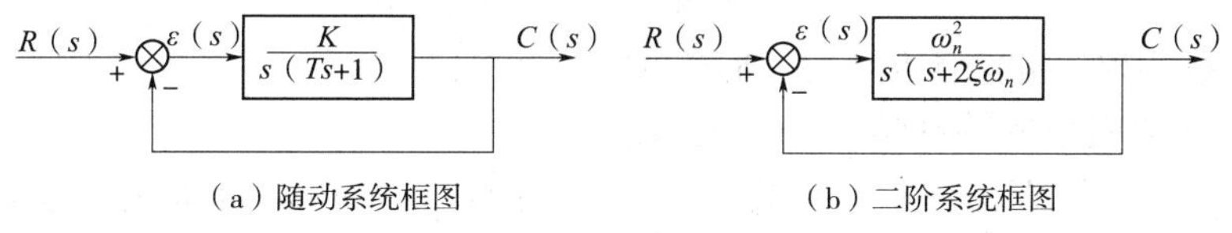

（a）随动系统框图　　（b）二阶系统框图

图3-8 框图

由式3-36求得二阶系统的特征方程

$$s^2+2\xi\omega_n s+\omega_n^2=0 \tag{3-37}$$

由上述解得二阶系统的二个特征根（即闭环极点）为

$$s_{1,2}=-\xi\omega_n\pm\omega_n\sqrt{\xi^2-1} \tag{3-38}$$

式（3-38）说明，随着阻尼比 ξ 取值的不同，二阶系统的特征根（闭环极点）也不相同。下面逐一加以说明。

（1）欠阻尼（$0 < \xi < 1$）

当$0 < \xi < 1$时，两个特征根为

$$s_{1,2} = -\xi\omega_n \pm \mathrm{j}\omega_n\sqrt{1-\xi^2}$$

是一对共轭复数根，如图3-9（a）所示。

（2）临界阻尼（$\xi = 1$）

当$\xi = 1$时，特征方程有两个相同的负实根，即$s_{1,2} = -\omega_n$，此时的s_1、s_2如图3-9（b）所示。

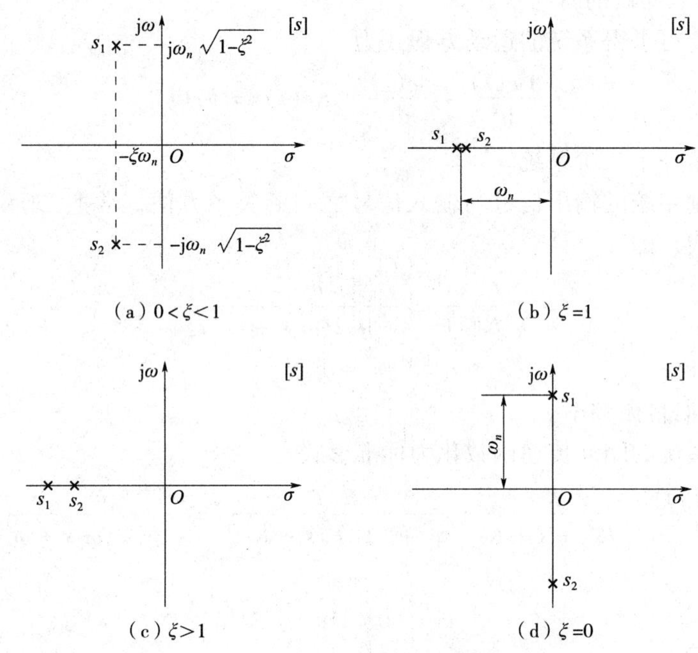

图3-9 [s]平面上二阶系统的闭环极点分布

（3）过阻尼（$\xi > 1$）

当$\xi > 1$时，两个特征根

$$s_{1,2} = -\xi\omega_n \pm \omega_n\sqrt{\xi^2-1}$$

是两个不同的负实根，如图3-9（c）所示。

（4）$\xi = 0$（欠阻尼的特殊情况——无阻尼）

当$\xi = 0$时，特征方程具有一对共轭纯虚根，即$s_{1,2} = \pm \mathrm{j}\omega_n$，如图3-9（d）所示。

根据上述四种情况，下面分别研究在单位阶跃函数、速度函数及脉冲函数作用下二阶系统的过渡过程。无特殊说明时，一律假设系统的初始条件为零，即当控制信号$r(t)$作用于系统之前，系统处于静止状态。

2. 单位阶跃函数作用下二阶系统的响应（简称阶跃响应）

令$r(t) = 1(t)$，则有$R(s) = \dfrac{1}{s}$，由式（3-36）求得二阶系统在单位阶跃函数作用下输出信号的拉普拉斯变换

$$C(s) = \frac{\omega_n^2}{s^2 + 2\xi\omega_n s + \omega_n^2} \cdot \frac{1}{s} \tag{3-39}$$

对上式进行拉普拉斯逆变换，便得二阶系统在单位阶跃函数作用下的响应，即

$$c(t) = L^{-1}[C(s)]$$

（1）欠阻尼状态（$0 < \xi < 1$）

这时，式（3-39）可以展成如下的部分分式

$$\begin{aligned} C(s) &= \frac{1}{s} - \frac{s + 2\xi\omega_n}{(s + \xi\omega_n + j\omega_d)(s + \xi\omega_n - j\omega_d)} \\ &= \frac{1}{s} - \frac{s + \xi\omega_n}{(s + \xi\omega_n)^2 + \omega_d^2} - \frac{\xi\omega_n}{\omega_d} \cdot \frac{\omega_d}{(s + \xi\omega_n)^2 + \omega_d^2} \end{aligned} \tag{3-40}$$

式中：ω_d ——有阻尼自振频率，$\omega_d = \omega_n \sqrt{1 - \xi^2}$。

对式（3-40）进行拉普拉斯逆变换，得

$$\begin{aligned} c(t) &= 1 - e^{-\xi\omega_n t}\cos\omega_d t - \frac{\xi\omega_n}{\omega_d} \cdot e^{-\xi\omega_n t}\sin\omega_d t \\ &= 1 - e^{-\xi\omega_n t}\left(\cos\omega_d t + \frac{\xi}{\sqrt{1 - \xi^2}}\sin\omega_d t\right) \quad (t \geqslant 0) \end{aligned} \tag{3-41}$$

上式还可改写为

$$\begin{aligned} c(t) &= 1 - \frac{e^{-\xi\omega_n t}}{\sqrt{1 - \xi^2}}\left(\sqrt{1 - \xi^2}\cos\omega_d t + \xi\sin\omega_d t\right) \\ &= 1 - \frac{e^{-\xi\omega_n t}}{\sqrt{1 - \xi^2}}\sin(\omega_d t + \varphi) \quad (t \geqslant 0) \end{aligned} \tag{3-42}$$

式中：$\varphi = \arctan\frac{\sqrt{1 - \xi^2}}{\xi}$，如图3-10所示。

从式（3-42）看出，对应 $0 < \xi < 1$ 时的响应，$c(t)$ 为衰减的正弦振荡曲线，如图3-11所示。

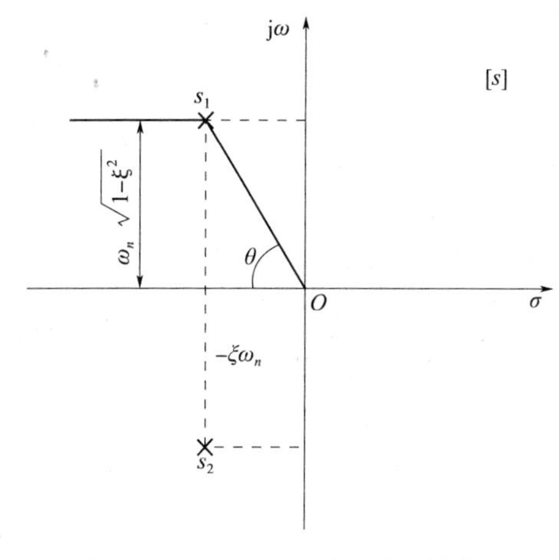

图3-10 $0 < \xi < 1$ 时二阶系统闭环极点颁布及 φ 角的定义

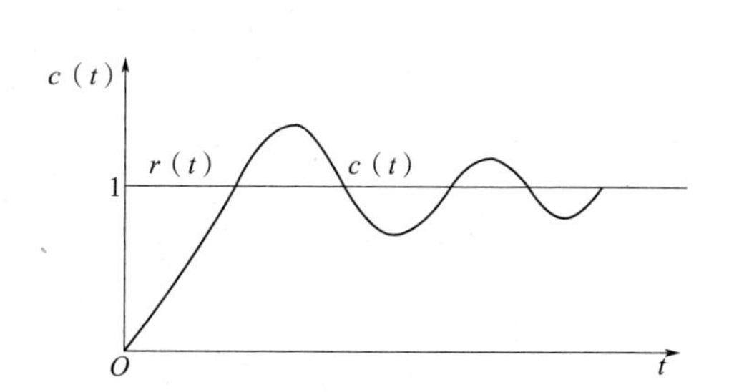

图3-11 二阶系统的响应（欠阻尼状态）

其衰减速度取决于$\xi\omega_n$值的大小，其衰减振荡的频率便是有阻尼自振频率ω_d，即衰减振荡的周期为

$$T_{\mathrm{d}} = \frac{2\pi}{\omega_d} = \frac{2\pi}{\omega_n\sqrt{1-\xi^2}}$$

$\xi = 0$是欠阻尼的一种特殊情况，将$\xi = 0$代入式（3-42），可直接得到

$$c(t) = 1 - \cos\omega_n t \quad (t \geqslant 0) \tag{3-43}$$

从上式可以看出，无阻尼（$\xi = 0$）时二阶系统的阶跃响应是等幅正弦振荡曲线（见图3-12），振荡频率为ω_n。

综上分析，可以看出频率ω_n和ω_d的鲜明物理意义。ω_n是$\xi = 0$时二阶系统响应为等幅正弦振荡的角频率，称为无阻尼自振频率。ω_d是欠阻尼（$0<\xi<1$）时，二阶系统响应为衰减的正弦振荡的角频率，称为有阻尼自振频率。而$\omega_d = \omega_n\sqrt{1-\xi^2}$，显然$\omega_d < \omega_n$，且随着$\xi$值增大，$\omega_d$的值将减小。

（2）临界阻尼状态（$\xi = 1$）

这时，二阶系统具有两个相同的负实根，见图3-9（b）。据此，式（3-39）可以展成如下的部分分式

$$C(s) = \frac{\omega_n^2}{s(s+\omega_n)^2} = \frac{1}{s} - \frac{\omega_n}{(s+\omega_n)^2} - \frac{1}{s+\omega_n} \tag{3-44}$$

对上式进行拉普拉斯逆变换，得

$$c(t) = 1 - (\omega_n t + 1)\mathrm{e}^{-\omega_n t} \tag{3-45}$$

由式（3-45）看出，二阶系统当阻尼比$\xi = 1$时，在单位阶跃函数作用下的响应是一条无超调的单调上升的曲线，如图3-13所示。

（3）过阻尼状态（$\xi > 1$）

这时二阶系统具有两个不相同的负实根，即

$$s_1 = -(\xi + \sqrt{\xi^2-1})\omega_n$$

$$s_2 = -(\xi - \sqrt{\xi^2-1})\omega_n$$

于是式（3-39）可以展成如下的部分分式

$$\begin{aligned}C(s) &= \frac{1}{s} + \frac{A_1}{s-s_1} + \frac{A_2}{s-s_2}\\ &= \frac{1}{s} + \frac{1}{2\sqrt{\xi^2-1}(\xi+\sqrt{\xi^2-1})}\cdot\frac{1}{s+\xi\omega_n+\omega_n\sqrt{\xi^2-1}} - \\ &\quad \frac{1}{2\sqrt{\xi^2-1}(\xi-\sqrt{\xi^2-1})}\cdot\frac{1}{s+\xi\omega_n-\omega_n\sqrt{\xi^2-1}}\end{aligned} \tag{3-46}$$

取上式的拉普拉斯逆变换，得

$$\begin{aligned}c(t) &= 1 + \frac{1}{2\sqrt{\xi^2-1}(\xi+\sqrt{\xi^2-1})}\cdot\mathrm{e}^{-(\xi+\sqrt{\xi^2-1})\omega_n t} - \\ &\quad \frac{1}{2\sqrt{\xi^2-1}(\xi-\sqrt{\xi^2-1})}\cdot\mathrm{e}^{-(\xi-\sqrt{\xi^2-1})\omega_n t}\end{aligned}$$

$$= 1 + \frac{\omega_n}{2\sqrt{\xi^2 - 1}}\left(\frac{e^{s_1 t}}{-s_1} - \frac{e^{s_2 t}}{-s_2}\right) \qquad (t \geqslant 0) \tag{3-47}$$

显然，这时系统的响应 $c(t)$ 包含着两个衰减的指数项，其响应曲线如图 3-12 所示。当 ξ 远大于 1 时，闭环极点 s_1 将比 s_2 距虚轴远得多，在式（3-47）两个衰减的指数项中，包含 s_1 的项要比包含 s_2 的项衰减快得多，所以 s_1 对系统响应的影响比 s_2 对系统响应的影响要小得多。因此，在求取输出信号 $c(t)$ 的近似解时，可以忽略 s_1 对系统的影响，把二阶系统近似看成一阶系统，在这种情况下，近似一阶系统的传递函数是

$$\frac{C(s)}{R(s)} = \frac{\xi\omega_n - \omega_n\sqrt{\xi^2 - 1}}{s + \xi\omega_n - \omega_n\sqrt{\xi^2 - 1}} = \frac{-s_2}{s - s_2} \tag{3-48}$$

这一近似函数形式是根据下述条件直接得到的，即原来的函数 $\frac{C(s)}{R(s)}$ 与近似函数的初始值和最终值，两者是完全相同的。

当 $R(s) = \frac{1}{s}$ 时，由式（3-48）得到

$$C(s) = \frac{\xi\omega_n - \omega_n\sqrt{\xi^2 - 1}}{s + \xi\omega_n - \omega_n\sqrt{\xi^2 - 1}} \cdot \frac{1}{s}$$

以及它的时间特性 $c(t)$

$$c(t) = 1 - e^{-(\xi - \sqrt{\xi^2 - 1})\omega_n t} \qquad (t \geqslant 0) \tag{3-49}$$

当 $\xi = 2$，$\omega_n = 1$ 时，近似时间特性及准确时间特性均画在图 3-12 中。这时系统的近似解为

$$c(t) = 1 - e^{-0.27t} \qquad (t \geqslant 0)$$

系统的准确解为

$$c(t) = 1 + 0.077e^{-3.73t} - 1.077e^{-0.27t} \qquad (t \geqslant 0)$$

准确曲线和近似曲线之间，只是在响应曲线的起始段上有比较显著的差别。这说明只要 $\xi > 2$，应用式（3-49）表示的近似响应都可得到满意的结果。

在单位阶跃函数作用下对应不同阻尼比 $\xi(\xi = 0, 0 < \xi < 1, \xi > 1)$ 时，二阶系统的响应曲线示于图 3-13 中。

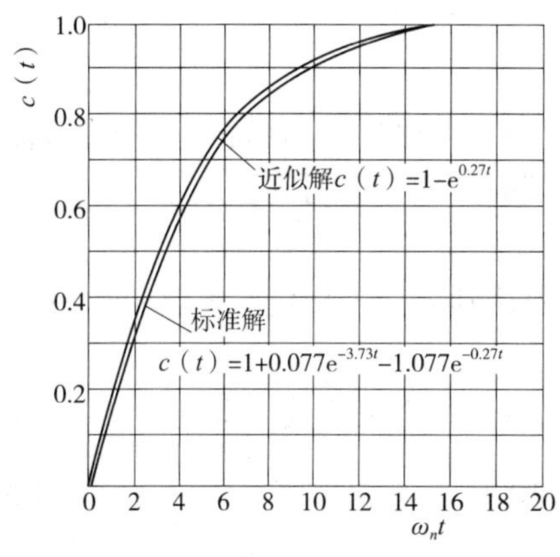

图 3-12 二阶系统的响应（$\xi = 2$）

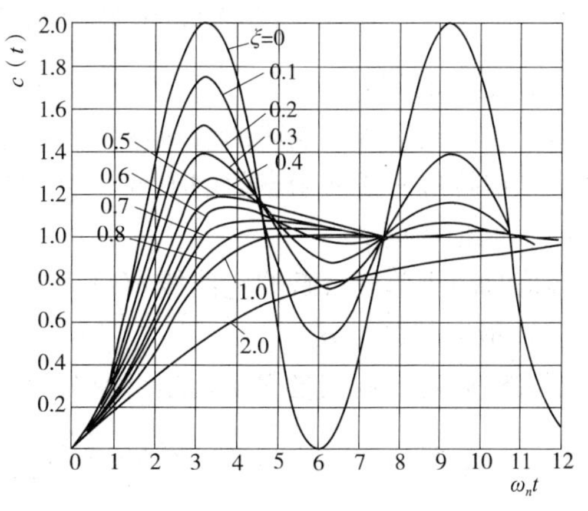

图 3-13 二阶系统在单位阶跃函数作用下的响应

从图3-13看出，二阶系统在单位阶跃函数作用下的响应，随着阻尼比ξ的减小，振荡程度越加严重，以至当$\xi = 0$时出现等幅不衰减振荡。当$\xi = 1$及$\xi > 1$时，二阶系统的过渡过程具有单调上升的特性。就过渡过程持续时间来看，在无振荡、单调上升的特性中，以$\xi = 1$的调节时间t_s为最短。在欠阻尼（$0 < \xi < 1$）特性中，对应$\xi = 0.4 \sim 0.8$时的响应，不仅具有比$\xi = 1$时更短的调节时间，而且振荡程度也不严重。因此，一般来说，希望二阶系统工作在$\xi = 0.4 \sim 0.8$的欠阻尼状态。因为在这种状态下将有一个振荡特性适度、持续时间较短的过渡过程。但并不排除在某些情况下（例如在包含低增益、大惯性的温度控制系统设计中）需要采用过阻尼系统。此外，在有些不允许时域特性出现超调，而又希望过渡过程较快完成的情况下，例如在指示仪表系统和记录仪表系统中，需要采用临界阻尼系统。

3. 二阶系统的性能指标

在许多实际情况中，评价控制系统动态性能的好坏，是通过系统反应单位阶跃函数的响应的特征量来表示的。

在一般情况下，希望二阶系统工作在$\xi = 0.4 \sim 0.8$的欠阻尼状态下。因此，下面有关性能指标的定量关系的推导主要是针对二阶系统的欠阻尼工作状态进行的。

系统在单位阶跃函数作用下的响应与初始条件有关，为了便于比较各种系统的过渡过程的质量，通常假设系统的初始条件为零。

二阶系统在欠阻尼状态下阶跃响应的特征值如图3-14所示。

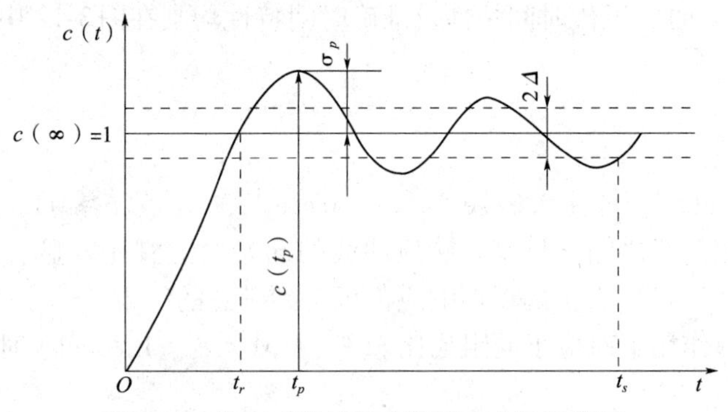

图3-14 控制系统的单位阶跃响应性能指标

（1）上升时间t_r

对于欠阻尼系统，响应曲线从零上升到稳态值所需的时间叫上升时间t_r。若为过阻尼系统，则把响应曲线从稳态值的10%上升到90%所需的时间叫上升时间。

（2）峰值时间t_p

峰值时间指单位阶跃响应曲线$c(t)$超过其稳态值而达到第一个峰值所需要的时间。

（3）最大超调量σ_p

最大超调量指响应过程中，超出稳态值的最大偏离量与稳态值之比，即

$$\sigma\% = \frac{c(t_p) - c(\infty)}{c(\infty)} \times 100\% \tag{3-50}$$

式中：$c(\infty)$——单位阶跃响应的稳态值；

$c(t_p)$——单位阶跃响应的峰值。

（4）调节时间 t_s

在单位阶跃响应曲线的稳态值附近，取 ±5%（有时也取 ±2%）作为误差带，响应曲线达到并不再超出该误差带的最小时间，称为调节时间（或过渡过程时间）。

（5）振荡次数 N

在 $0 \leqslant t \leqslant t_s$ 时间内，响应 $c(t)$ 穿越其稳态值 $c(\infty)$ 次数的一半，定义为振荡次数。振荡次数也是直接反映控制系统阻尼特性的一个特征值。

下面推导 t_r、t_p、σ_p、t_s、N 的计算公式，并分析它们与 ξ、ω_n 之间的关系。

（6）上升时间 t_r 的计算　根据定义，当 $t = t_r$ 时，$c(t_r) = 1$。由式（3-41）得

$$c(t_r) = 1 - \mathrm{e}^{-\xi\omega_n t_r}\left(\cos\omega_d t_r + \frac{\xi}{\sqrt{1-\xi^2}}\sin\omega_d t_r\right) = 1$$

即

$$\mathrm{e}^{-\xi\omega_n t_r}\left(\cos\omega_d t_r + \frac{\xi}{\sqrt{1-\xi^2}}\sin\omega_d t_r\right) = 0$$

因为

$$\mathrm{e}^{-\xi\omega_n t_r} \neq 0$$

所以

$$\cos\omega_d t_r + \frac{\xi}{\sqrt{1-\xi^2}}\sin\omega_d t_r = 0$$

或

$$\tan\omega_d t_r = \tan\frac{\omega_n\sqrt{1-\xi^2}}{-\xi\omega_n}$$

由图3-15得，$\tan\omega_d t_r = \tan(\pi - \theta)$，因此，上升时间为

$$t_r = \frac{\pi - \theta}{\omega_n\sqrt{1-\xi^2}} \tag{3-51}$$

式中：$\theta = \arctan\dfrac{\sqrt{1-\xi^2}}{\xi}$

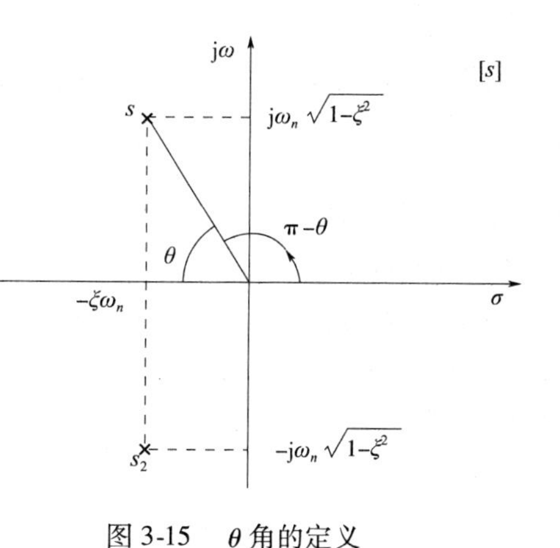

图3-15　θ角的定义

（7）峰值时间 t_p 的计算　将式（3-42）对时间求导，并令其等于零，即

$$\left.\frac{\mathrm{d}c(t)}{\mathrm{d}t}\right|_{t=t_p} = 0$$

得

$$\frac{\xi\omega_n \mathrm{e}^{-\xi\omega_n t_p}}{\sqrt{1-\xi^2}}\sin(\omega_d t_p + \theta) - \frac{\omega_d \mathrm{e}^{-\xi\omega_n t_p}}{\sqrt{1-\xi^2}}\cos(\omega_d t_p + \theta) = 0$$

整理得

$$\sin(\omega_d t_p + \theta) = \frac{\sqrt{1-\xi^2}}{\xi}\cos(\omega_d t_p + \theta)$$

将上式变换为

$$\tan(\omega_d t_p + \theta) = \tan\theta$$

所以

$$\omega_d t_p = 0,\ \pi,\ 2\pi,\ 3\pi,\ 4\pi,\ \cdots$$

由于峰值时间 t_p 是响应 $c(t)$ 达到第一个峰值所对应的时间，故取 $\omega_d t_p = \pi$

即

$$t_p = \frac{\pi}{\omega_d} = \frac{\pi}{\omega_n\sqrt{1-\xi^2}} \tag{3-52}$$

（8）最大超调量 σ_p 的计算　由定义

$$\sigma_p = \frac{c(t_p)-c(\infty)}{c(\infty)} \times 100\% = -\mathrm{e}^{-\xi\omega_n t_p}(\cos\omega_d t_p + \frac{\xi}{\sqrt{1-\xi^2}}\sin\omega_d t_p) \times 100\%$$

$$= -\mathrm{e}^{-\xi\omega_n t_p}\left(\cos\pi + \frac{\xi}{\sqrt{1-\xi^2}}\sin\pi\right) \times 100\% = \mathrm{e}^{-\xi\omega_n t_p} \times 100\%$$

即

$$\sigma_p = \mathrm{e}^{-\frac{\xi\pi}{\sqrt{1-\xi^2}}} \times 100\% = \mathrm{e}^{-\pi\cos\theta} \times 100\% \tag{3-53}$$

（9）调节时间 t_s 的计算

对于欠阻尼阶系统的单位阶跃响应可用式（3-42）表示为

$$c(t) = 1 - \frac{\mathrm{e}^{-\xi\omega_n t}}{\sqrt{1-\xi^2}}\sin(\omega_d t + \arctan\frac{\sqrt{1-\xi^2}}{\xi})\ (t \geqslant 0)$$

从上式看出，$1 \pm \frac{\mathrm{e}^{-\xi\omega_n t}}{\sqrt{1-\xi^2}}$ 是此时系统响应 $c(t)$ 的包络线方程。即响应 $c(t)$ 总是包含在一对包络线内（见图 3-16），包络线的时间常数为 $\frac{1}{\xi\omega_n}$。

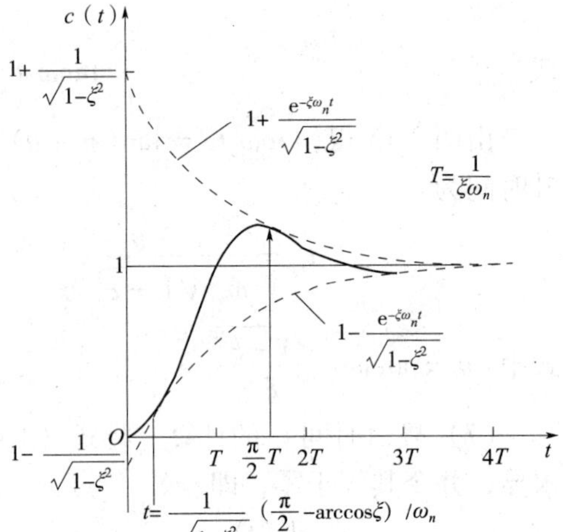

由调节时间 t_s 的定义可知，t_s 是响应曲线进入并永远保持在规定的允许误差（$\Delta=2\%$ 或 $\Delta=5\%$）范围内，进入允许误差范围所对应的时间，可近似认为就是包络线衰减到 Δ 区域所需的时间，则有

$$\frac{\mathrm{e}^{-\xi\omega_n t_s}}{\sqrt{1-\xi^2}} = \Delta$$

图 3-16　二阶系统单位阶跃响应的一对包络线

解得

$$t_s = \frac{1}{\xi\omega_n}\left(\ln\frac{1}{\Delta} + \ln\frac{1}{\sqrt{1-\xi^2}}\right) \tag{3-54}$$

若取 $\Delta = 5\%$，并忽略 $\ln\frac{1}{\sqrt{1-\xi^2}}$　（$0 < \xi < 0.9$）时，则得

$$t_s \approx \frac{3}{\xi\omega_n} \tag{3-55}$$

若取 $\Delta = 2\%$，并忽略 $\ln\frac{1}{\sqrt{1-\xi^2}}$ 项，可得

$$t_s \approx \frac{4}{\xi\omega_n} \tag{3-56}$$

从式（3-51）和式（3-55）看出，上升时间 t_r、峰值时间 t_p、调节时间 t_s 均与阻尼比 ξ 和无阻尼比 ξ 自振频率 ω_n 有关，而最大超调 σ_p 只是阻尼比 ξ 的函数，与 ω_n 无关。当二阶系统的阻尼比 ξ 确定后，即可求得所对应的超调量 σ_p。反之，如果给出了超调量 σ_p 的要求值，也可求出相应的阻尼比 ξ 的数值。图 3-17 给出了 σ_p 与 ξ 的关系曲线。一般为了获得良好的过渡过程，阻尼比 ξ 最好为 0.4～0.8，相应的超调量为 $\sigma_p=25\%\sim2.5\%$。小的 ξ 值，例如 $\xi<0.4$ 时会造成系统响应严重超调，而大的 ξ 值，例如 $\xi>0.8$ 时，将使系统的调节时间变长。图 3-18 表示 t_s 与 ξ 的关系，当 ω_n 一定时，$\xi=0.7$ 附近，σ_p 较小，平稳性也好，因此，在设计二阶系统时一般取 $\xi=0.707$ 为最佳阻尼。

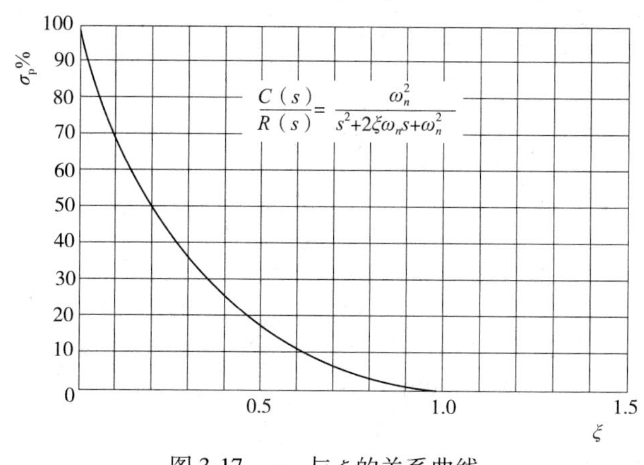

图 3-17　σ_p 与 ξ 的关系曲线

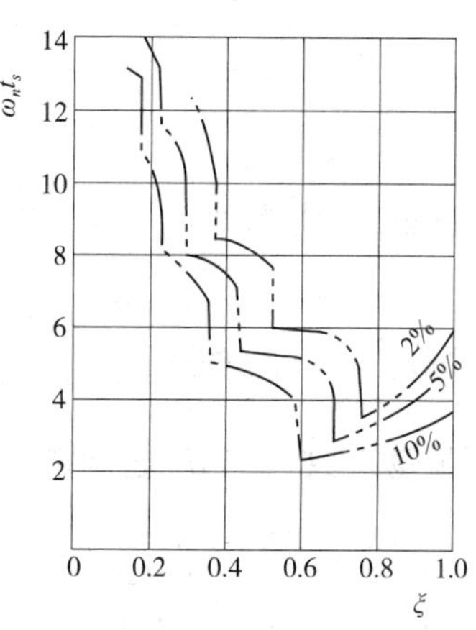

图 3-18　对应于不同误差带的 t_s 与 ξ 的关系曲线

阻尼比 ξ 通常根据对最大超调量 σ_p 的要求来确定，这样调节时间 t_s（或 t_r、t_p）就可以主要依据无阻尼自振频率来确定。也就是说，在不改变最大超调量的情况下，通过调整无阻尼自振频率可以改变控制系统的快速性。如图 3-19 所示，曲线①对应无阻尼自振频率为 ω_{n1}，曲线②对应无阻尼自振频率为 ω_{n2}，而 $\omega_{n1}>\omega_{n2}$，所以 $t_{s1}<t_{s2}$，但两条响应曲线的超调量是相同的。从图 3-19 中还可看出曲线①与曲线②的有阻尼自振频率 ω_d 亦不相同。

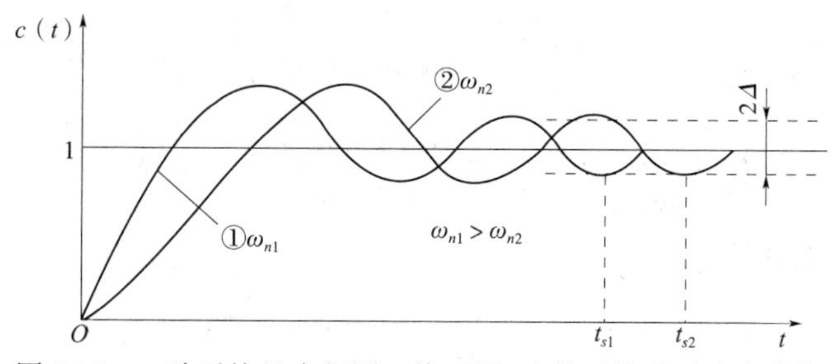

图 3-19　二阶系统具有相同 ξ 值不同 ω_n 值时的阶跃响应曲线

（10）振荡次数 N 的计算

根据振荡次数的定义，有 $N=\dfrac{t_s}{T_d}$　式中 $T_d=\dfrac{2\pi}{\omega_n\sqrt{1-\xi^2}}$ 是系统的有阻尼振荡周期。

当 $\Delta=2\%$ 时

$$t_s = \frac{4}{\xi\omega_n}$$

则有

$$N = \frac{2\sqrt{1-\xi^2}}{\pi\xi} \tag{3-57}$$

当 $\Delta=5\%$ 时

$$t_s = \frac{3}{\xi\omega_n}$$

则有

$$N = \frac{1.5\sqrt{1-\xi^2}}{\pi\xi} \tag{3-58}$$

若已知 σ_p，考虑到 $\sigma_p = e^{-\frac{\pi\xi}{\sqrt{1-\xi^2}}}$

即

$$\ln\sigma_p = -\frac{\pi\xi}{\sqrt{1-\xi^2}}$$

求得振荡次数 N 与 σ_p 超调量的关系为

$$N = \frac{-2}{\ln\sigma_p} \quad (\Delta = 2\%) \tag{3-59}$$

$$N = \frac{-1.5}{\ln\sigma_p} \quad (\Delta = 5\%) \tag{3-60}$$

振荡次数 N 只与 ξ 有关，N 与 ξ 的关系曲线见图 3-20。

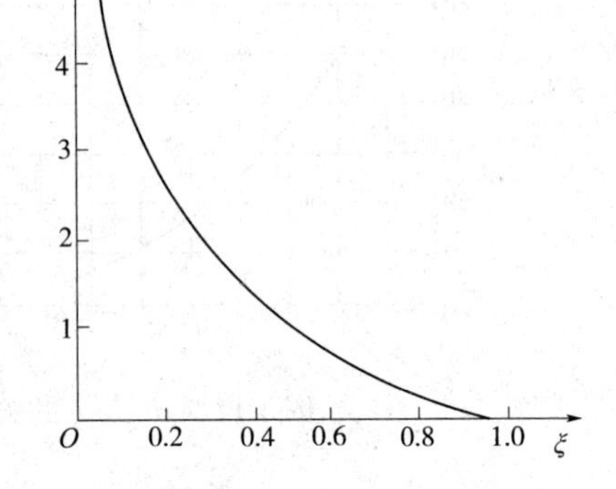

图 3-20 振荡次数 N 与 ξ 的关系曲线

4. 二阶系统计算举例

例 3-2 二阶系统如图 3-8（b）所示，其中 $\xi=0.6$，$\omega_n=5$ rad/s。当 $r(t)=1(t)$ 时，求响应特征量 t_r、σ_p、t_p、t_s 和 N 的数值。

解 因为 $r(t)=1(t)$，所以可直接应用二阶系统阶跃响应特征值的计算公式求之。据式（3-51），上升时间 t_r 为

因为
$$\varphi = \arctan\frac{\sqrt{1-\xi^2}}{\xi} = \arctan\frac{\sqrt{1-0.6^2}}{0.6} = 0.93$$

所以
$$t_r = \frac{\pi-\varphi}{\omega_n\sqrt{1-\xi^2}} = \frac{3.14-0.93}{5\sqrt{1-0.6^2}} = 0.55 \text{ s}$$

根据式（3-52），峰值时间 t_p 为

$$t_p = \frac{\pi}{\omega_n\sqrt{1-\xi^2}} = \frac{3.14}{4} = 0.785 \text{ s}$$

根据式（3-53），最大超调量 σ_p 为

$$\sigma_p = e^{-\frac{\pi\xi}{\sqrt{1-\xi^2}}} \times 100\% = e^{-\frac{3.14\times0.6}{0.8}} \times 100\% = 9.5\%$$

根据式（3-55）及式（3-56）有

$$t_s \approx \frac{3}{\xi\omega_n} = 1 \text{ s} \qquad (\Delta=5\%)$$

$$t_s \approx \frac{4}{\xi\omega_n} = 1.33\ \text{s} \qquad (\Delta = 2\%)$$

根据式（3-57）及式（3-58）有

$$N = \frac{2\sqrt{1-\xi^2}}{\pi\xi} = \frac{2 \times 0.8}{3.14 \times 0.6} = 0.8 \qquad (\Delta = 2\%)$$

$$N = \frac{1.5\sqrt{1-\xi^2}}{\pi\xi} = \frac{1.5 \times 0.8}{3.14 \times 0.6} = 0.6 \qquad (\Delta = 5\%)$$

注意，振荡次数 $N < 1$，说明响应只存在一次超调现象。这是因为过渡过程在一个有阻尼振荡周期内便可结束。即

$$t_s < T_d = \frac{2\pi}{\omega_d}$$

例 3-3　设一个带速度反馈的随动系统，其框图如图 3-21 所示。要求系统的性能指标为 $\sigma_p = 20\%$，$t_p = 1\ \text{s}$。试确定系统的 K 值和 K_A 值，并计算响应的特征值 t_r、t_s 及 N 的值。

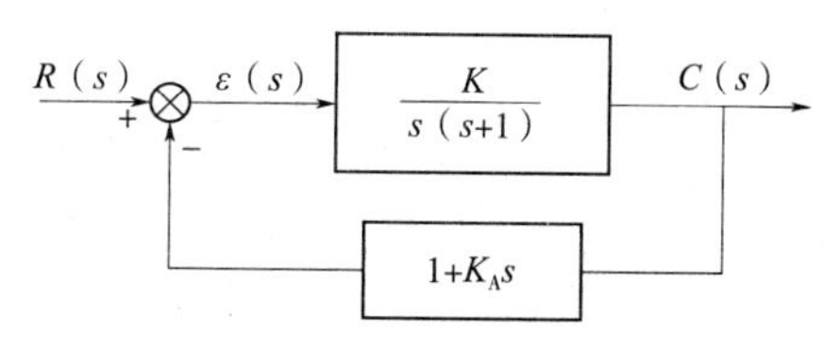

图 3-21　控制系统框图

解　首先，根据要求的 σ_p 求取相应的阻尼比 ξ 的值，即

$$\sigma_p = e^{-\frac{\pi\xi}{\sqrt{1-\xi^2}}}$$

$$\ln\sigma_p = -\frac{\pi\xi}{\sqrt{1-\xi^2}}$$

$$\frac{\pi\xi}{\sqrt{1-\xi^2}} = \ln\frac{1}{\sigma_p} = \ln\frac{1}{0.2} = \ln 5$$

解得

$$\xi = 0.456$$

其次，由已知条件 $t_p = 1\text{s}$ 及已求出的 $\xi = 0.456$ 求无阻尼自振频率 ω_n，即

$$t_p = \frac{\pi}{\omega_n\sqrt{1-\xi^2}}$$

解得

$$\omega_n = \frac{\pi}{t_p\sqrt{1-\xi^2}} = 3.53(\text{rad/s})$$

再次，将此二阶系统的闭环传递函数与标准形式进行比较，求 K 及 K_A 值。由图 3-21 求得

$$\frac{C(s)}{R(s)} = \frac{K}{s^2 + (KK_A)s + K} = \frac{\omega_n^2}{s^2 + 2\xi\omega_n s + \omega_n^2}$$

比较上式两端，得

$$\omega_n = \sqrt{K};\ 2\xi\omega_n = (1 + KK_A)$$

所以

$$K = \omega_n^2 = (3.53)^2 = 12.5$$

$$K_A = \frac{2\xi\omega_n - 1}{K} = 0.178$$

最后计算 t_r、t_s 及 N

$$t_r = \frac{\pi - \varphi}{\omega_n \sqrt{1 - \xi^2}}$$

式中

$$\varphi = \arctan \frac{\sqrt{1 - \xi^2}}{\xi} = 1.1\ \text{rad}$$

解得

$$t_r = 0.65\ \text{s}$$

$$t_s \approx \frac{3}{\xi\omega_n} = 1.86\text{s} \qquad (\Delta = 5\%)$$

$$N = \frac{1.5\sqrt{1 - \xi^2}}{\pi\xi} = 0.93 \qquad (\Delta = 5\%)$$

$$t_s \approx \frac{4}{\xi\omega_n} = 2.48\text{s} \qquad (\Delta = 2\%)$$

$$N = \frac{2\sqrt{1 - \xi^2}}{\pi\xi} = 1.2 \qquad (\Delta = 2\%)$$

例 3-4 图 3-22（a）是一个机械平移系统，当有 3 N 的力（阶跃输入）作用于系统时，系统中的质量 M 作图 3-22（b）所示的运动，试根据这个过渡过程曲线，确定质量 M、黏性磨擦因数 f 和弹簧刚度系数 k 的数值。

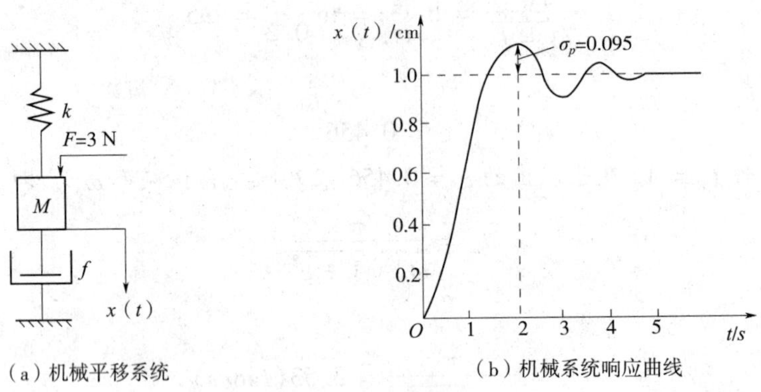

图 3-22 机械平移系统

解 根据牛顿第二定律可得系统的微分方程为

$$M\frac{\mathrm{d}^2x}{\mathrm{d}t^2} + f\frac{\mathrm{d}x}{\mathrm{d}t} + Kx = P$$

上式经拉普拉斯变换求得系统的传递函数为

$$\frac{X(s)}{P(s)} = \frac{1}{Ms^2 + fs + K}$$

当输入信号 $P(t) = 3 \cdot 1(t)$ 时，输出量的拉普拉斯变换式为

$$X(s)=\frac{1}{Ms^2+fs+K}\cdot\frac{3}{s}$$

用终值定理求 $x(t)$ 的稳态值，有

$$x(\infty)=\lim_{t\to\infty}x(t)=\lim_{s\to 0}sX(s)=\lim_{s\to 0}s\frac{1}{Ms^2+fs+K}\cdot\frac{3}{s}=\frac{3}{K}$$

由图3-22（b）知，$x(\infty)=1\ \text{cm}=0.01\ \text{m}$

所以

$$\frac{3}{K}=0.01\ ,\ K=300\ \text{N/m}$$

由题中条件已知 $\sigma_p=9.5\%$，相应于 $\xi=0.6$。又由图3-22（b）知 $t_p=2\text{s}$，即

$$t_p=\frac{\pi}{\omega_n\sqrt{1-\xi^2}}=2$$

即

$$\omega_n=\frac{\pi}{2\sqrt{1-\xi^2}}=1.96(\text{rad/s})$$

将 $K=300$ 代入 $\frac{X(s)}{P(s)}=\frac{1}{Ms^2+fs+K}$ 中得

$$\frac{X(s)}{P(s)}=\frac{1}{Ms^2+fs+300}=\frac{1}{300}\cdot\frac{\frac{300}{M}}{s^2+\frac{f}{M}s+\frac{300}{M}}$$

故有

$$\omega_n^2=300/M\ ,\ 2\xi\omega_n=f/M$$

所以

$$\omega_n^2=300/M=1.96$$

得

$$M=78\ \text{kg}$$

$$f=2\xi\omega_nM=2\times0.6\times1.96\times78=180(\text{N}\cdot\text{s/m})$$

5. 二阶系统的脉冲响应函数（过渡函数）

令 $r(t)=\delta(t)$，则有 $R(s)=1$。因此，对于具有标准形式闭环传递函数的二阶系统，输出信号的拉普拉斯变换式为

$$C(s)=\frac{\omega_n^2}{s^2+2\xi\omega_ns+\omega_n^2}$$

取上式的拉普拉斯逆变换，便可得到下列各种情况下的脉冲响应函数。

欠阻尼（$0<\xi<1$）时的脉冲响应函数为

$$c(t)=\text{e}^{-\xi\omega_nt}\frac{\omega_n}{\sqrt{1-\xi^2}}\sin\omega_n\sqrt{1-\xi^2}t\qquad(t\geqslant 0)\tag{3-61}$$

无阻尼（$\xi=0$）时的脉冲响应函数为

$$c(t)=\omega_n\sin\omega_nt\qquad(t\geqslant 0)\tag{3-62}$$

临界阻尼（$\xi=1$）时的脉冲响应函数为

$$c(t)=\omega_n^2 \mathrm{e}^{-\omega_n t} t \qquad (t \geqslant 0) \tag{3-63}$$

过阻尼（$\xi>1$）时的脉冲响应函数为

$$c(t)=\frac{\omega_n}{2\sqrt{\xi^2-1}}\left[\mathrm{e}^{-(\xi-\sqrt{\xi^2-1})\omega_n t}-\mathrm{e}^{-(\xi+\sqrt{\xi^2-1})\omega_n t}\right] \qquad (t \geqslant 0) \tag{3-64}$$

上述各种情况下的脉冲响应函数曲线示于图 3-23 中。

应当指出，因为单位脉冲函数是单位阶跃函数对时间的导数，所以脉冲响应函数，除了从 $C(s)=G(s)$ 的拉普拉斯逆变换求得外，还可以通过单位阶跃函数作用下的响应对时间求导数而得到。

从图 3-23 可见，临界阻尼和过阻尼时的脉冲响应函数总是正值，或者等于零。对于欠阻尼情况，脉冲响应函数是围绕横轴振荡的函数，它有正值，也有负值。因此，可以得到如下结论：如果系统脉冲响应函数不改变符号，系统或处于临界阻尼状态或处于过阻尼状态。这时，相应的反应阶跃函数的响应过程不具有超调现象，而是单调地趋于某一常值。

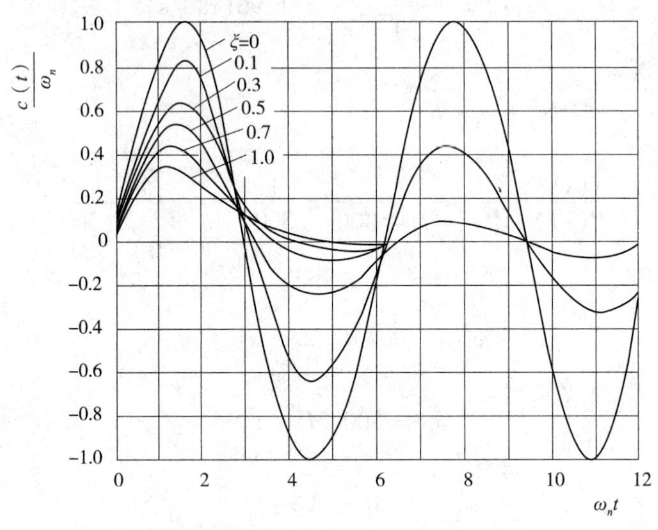

图 3-23　二阶系统的脉冲响应函数

对于欠阻尼系统，对式（3-61）求导，并令其导数等于零，可求得脉冲响应函数的最大超调量发生的时间 t'_p，即令

$$\left.\frac{\mathrm{d}c(t)}{\mathrm{d}t}\right|_{t=t'_p}=\left.\frac{\mathrm{d}}{\mathrm{d}t}\left(\frac{\omega_n}{\sqrt{1-\xi^2}}\mathrm{e}^{-\xi\omega_n t}\sin\omega_n\sqrt{1-\xi^2}t\right)\right|_{t=t'_p}=0$$

求得

$$t'_p=\frac{\arctan\dfrac{\sqrt{1-\xi^2}}{\xi}}{\omega_n\sqrt{1-\xi^2}} \qquad (0<\xi<1) \tag{3-65}$$

将 t'_p 代入式（3-61）得最大超调量为

$$c(t)\big|_{\max}=\omega_n \mathrm{e}^{-\frac{\xi}{\sqrt{1-\xi^2}}\arctan\sqrt{\frac{1-\xi^2}{\xi}}} \qquad (0<\xi<1) \tag{3-66}$$

反应单位阶跃函数响应的峰值时间 t_p 等于图3-24所示脉冲响应函数与时间轴第一次相交处的时间。这可从式（3-61）直接求得。

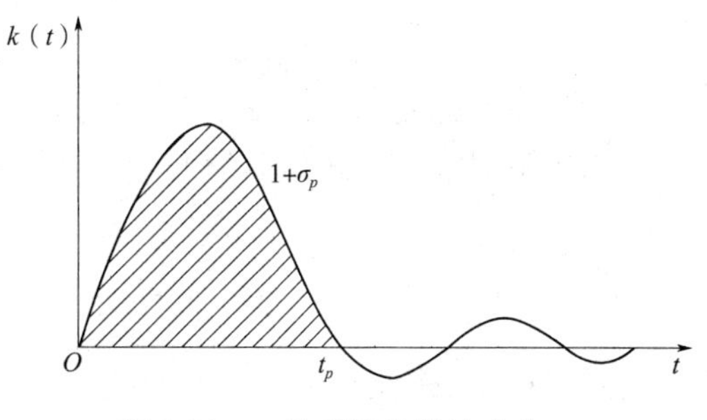

图3-24　二阶系统的脉冲响应

当 $t = t_p$ 时，

$$c(t) = 0$$

即

$$e^{-\xi\omega_n t_p}\frac{\omega_n}{\sqrt{1-\xi^2}}\sin\omega_n\sqrt{1-\xi^2}t_p = 0$$

得

$$\sin\omega_n\sqrt{1-\xi^2}t_p = 0$$

$$\omega_n\sqrt{1-\xi^2}t_p = \pi$$

所以

$$t_p = \frac{\pi}{\omega_n\sqrt{1-\xi^2}}$$

由此求得的值与反应单位阶跃函数时响应的峰值时间 t_p 完全相同。

因为系统的脉冲响应函数是反应单位阶跃函数响应对时间的导数，所以反应单位阶跃函数响应的最大超调量 σ_p 也可从系统的脉冲响应函数求得。在图（3-24）中，由 $t=0$ 到 $t=t_p$，脉冲响应函数与横轴所包围的面积等于 $1+\sigma_p$。

即

$$\int_0^{t_p}c(t)\mathrm{d}t = \int_0^{t_p}\frac{\omega_n}{\sqrt{1-\xi^2}}\cdot e^{-\xi\omega_n t}\sin\omega_n\sqrt{1-\xi^2}t\mathrm{d}t$$

$$= 1 + e^{-\frac{\pi\xi}{\sqrt{1-\xi^2}}} = 1+\sigma_p \tag{3-67}$$

6. 单位斜坡函数作用下二阶系统的响应

令 $r(t) = t$，则有 $R(s) = \frac{1}{s^2}$，对应输出信号的拉普拉斯变换式为

$$C(s) = \frac{\omega_n^2}{s^2+2\xi\omega_n s+\omega_n^2}\cdot\frac{1}{s^2} \tag{3-68}$$

（1）欠阻尼（$0<\xi<1$）时的响应

这时式（3-68）可以展成如下的部分分式

$$C(s) = \frac{1}{s^2} - \frac{\frac{2\xi}{\omega_n}}{s} + \frac{\frac{2\xi}{\omega_n}(s+\xi\omega_n)+(2\xi^2-1)}{s^2+2\xi\omega_n s+\omega_n^2}$$

取上式的拉普拉斯逆变换得

$$c(t) = t - \frac{2\xi}{\omega_n} + e^{-\xi\omega_n t}\left(\frac{2\xi}{\omega_n}\cos\omega_d t + \frac{2\xi^2-1}{\omega_n\sqrt{1-\xi^2}}\sin\omega_d t\right)$$

$$= t - \frac{2\xi}{\omega_n} + \frac{e^{-\xi\omega_n t}}{\omega_n\sqrt{1-\xi^2}}\sin\left(\omega_d t + \arctan\frac{2\xi\sqrt{1-\xi^2}}{2\xi^2-1}\right)\ (t\geqslant 0) \tag{3-69}$$

式中：$\omega_d = \omega_n \sqrt{1-\xi^2}$。有

$$\arctan \frac{2\xi \sqrt{1-\xi^2}}{2\xi^2 - 1} = 2\arctan \frac{\sqrt{1-\xi^2}}{\xi}$$

（2）临界阻尼（$\xi = 1$）时的响应

对于临界阻尼情况，式（3-68）可以展成如下的部分分式

$$C(s) = \frac{1}{s^2} - \frac{\frac{2}{\omega_n}}{s} + \frac{1}{(s+\omega_n)^2} + \frac{\frac{2}{\omega_n}}{s+\omega_n}$$

对上式取拉普拉斯逆变换得

$$c(t) = t - \frac{2}{\omega_n} + \frac{2}{\omega_n}\left(1 + \frac{\omega_n}{2}t\right)e^{-\omega_n t} \quad (t \geqslant 0) \tag{3-70}$$

（3）过阻尼（$\xi > 1$）时的响应

$$c(t) = t - \frac{2\xi}{\omega_n} + \frac{2\xi^2 - 1 - 2\xi\sqrt{\xi^2-1}}{2\omega_n\sqrt{\xi^2-1}} \cdot e^{-(\xi+\sqrt{\xi^2-1})\omega_n t} + \frac{2\xi^2 - 1 + 2\xi\sqrt{\xi^2-1}}{2\omega_n\sqrt{\xi^2-1}} \cdot e^{-(\xi-\sqrt{\xi^2-1})\omega_n t} \quad (t \geqslant 0) \tag{3-71}$$

二阶系统反应单位速度函数的响应还可以通过对反应单位阶跃函数的响应积分求得，其中积分常数可根据 $t = 0$ 时响应 $c(t)$ 的初始条件来确定。

在单位速度函数作用下的二阶系统工作在欠阻尼及过阻尼状态时的偏差信号 $\varepsilon(t)$ 分别为

$$\begin{aligned}\varepsilon(t) &= r(t) - c(t) \\ &= \frac{2\xi}{\omega_n} - \frac{e^{-\xi\omega_n t}}{\omega_n\sqrt{1-\xi^2}}\sin\left(\omega_d t + \arctan\frac{2\xi\sqrt{1-\xi^2}}{2\xi^2-1}\right) \quad (0 < \xi < 1)\end{aligned} \tag{3-72}$$

及

$$\begin{aligned}\varepsilon(t) &= r(t) - c(t) \\ &= \frac{2\xi}{\omega_n} + \frac{2\xi^2 - 1 - 2\xi\sqrt{\xi^2-1}}{2\omega_n\sqrt{\xi^2-1}} \cdot e^{-(\xi+\sqrt{\xi^2-1})\omega_n t} - \\ &\quad \frac{2\xi^2 - 1 + 2\xi\sqrt{\xi^2-1}}{2\omega_n\sqrt{\xi^2-1}} \cdot e^{-(\xi-\sqrt{\xi^2-1})\omega_n t} \quad (\xi > 1)\end{aligned} \tag{3-73}$$

上述偏差信号 $\varepsilon(t)$ 就是系统的误差信号 $e(t)$。对于上述两种状态下的误差信号，分别求取 t 趋于无穷大时的极限，将得到完全相同的稳态误差 $e(\infty)$，即

$$e(\infty) = \frac{2\xi}{\omega_n} \tag{3-74}$$

式（3-74）说明，二阶系统在跟踪单位速度函数时，稳态误差 $e(\infty)$ 是一个常数，其值与 ω_n 成反比，与 ξ 成正比。于是，欲减少系统的稳态误差值，需要增大 ω_n 或减小 ξ，但减小 ξ 值会使反应单位阶跃函数响应的超调量 σ_p 增大。因此，设计二阶系统时，需要在速度函

数作用下的稳态误差与反应单位阶跃函数响应的超调量之间进行折中考虑，以便确定一个合理的设计方案。二阶系统反应速度函数的响应曲线示于图3-25中，图中 K_1 、K_2 、K_3 为同一系统的不同开环放大倍数。

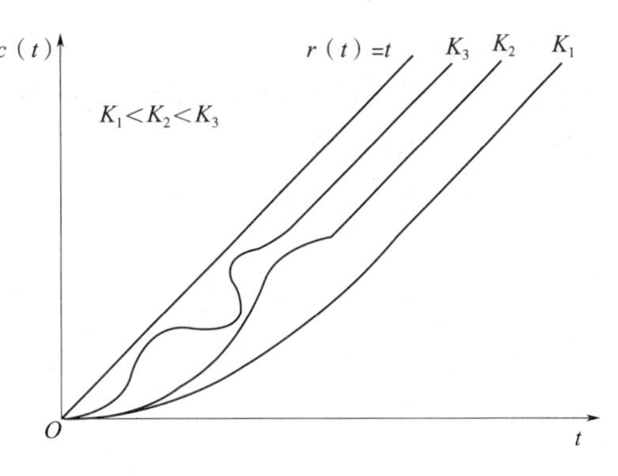

图3-25　二阶系统反应斜坡函数的响应曲线

3.1.4　控制系统的稳定性

稳定是对控制系统最基本的要求。本节介绍关于稳定的初步概念、线性定常系统稳定的条件和劳思稳定判据。

1. 稳定的概念

下面以力学系统为例，首先说明平衡位置的稳定性。

力学系统中，位移保持不变的位置（点）称为平衡位置（点），此时位移对时间的各阶导数是零。当所有的外部作用力为零时，位移保持不变的位置又称为原始平衡位置。

图3-26（a）表示一个悬挂的单摆，其垂直位置 a 是原始平衡位置。若在外力作用下，摆偏离了原始平衡位置 a 到达新位置 b 或 c 。当外力去掉后，在系统内部作用力（重力）作用下，摆将向原始平衡位置 a 运动。由于有摩擦力、空气阻力等作用，摆最后将回到原始平衡位置 a 。这时，a 为稳定平衡位置。图3-26（b）表示的摆的支撑点在下方，称倒立的摆。垂直位置 d 也是一个原始平衡位置。但是，若外力 f 使其偏离垂直位置，当外力消失时，依靠自身的能力，摆不可能回到原始平衡位置 d 。这样的平衡位置称为不稳定平衡位置。

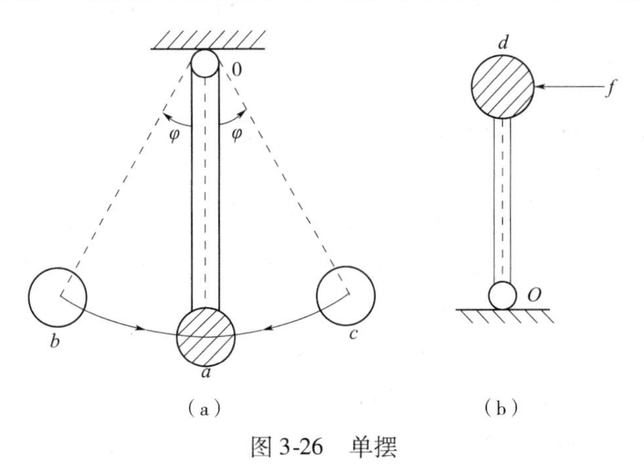

图3-26　单摆

图3-27表示一个曲面和小球装置。对于小球来说，b,c 为不稳定平衡点，a 为稳定平衡点。

与上述力学系统相似，一般的自动控制系统中也存在平衡位置。平衡位置的稳定性取决于输入信号为零时的系统在非零初始条件作用下是否能自行返回到平衡位置。

对于一个控制系统，当所有的输入信号为零，而系统输出信号保持不变的点（位置）称为平衡点（位置）。设线性系统有一个平衡点，并取平衡点时系统的输出信号为零。当系统所有的输入信号为零时，在非零初始条件作用下，如果系统的输出信号随时间的推移而趋于零（即系统能够自行回到原平衡点），则称系统是稳定的。否则，称系统是不稳定的。或者说，如果系统时间响应中的初始条件分量（零输入响应）趋于零，则系统是稳定的，否则系统是不稳定的。

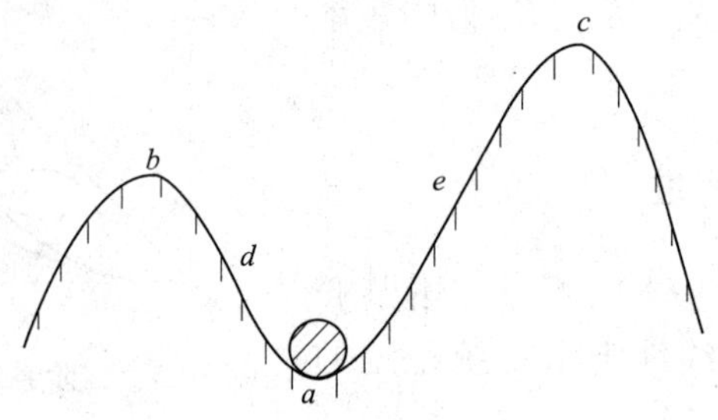

图 3-27　曲面和小球

2. 线性系统稳定的充要条件

线性系统的微分方程可表示成下述一般形式：

$$c^{(n)}(t)+a_1c^{(n-1)}(t)+a_2c^{(n-2)}(t)+\cdots+a_{n-1}\dot{c}(t)+a_nc(t)$$
$$=b_0r^{(m)}(t)+b_1r^{(m-1)}(t)+\cdots+b_{m-1}\dot{r}(t)+b_mr(t) \tag{3-75}$$

设输入信号 $r(t)=0$ 且保持不变，若输出信号 $c(t)$ 也保持不变，则有 $c(t)=0$ 。可见 $c(t)=0$ 是该系统唯一的平衡点。

考虑初始条件，对上式取拉普拉斯变换后得

$$C(s)=\frac{b_0s^m+b_1s^{m-1}+\cdots+b_{m-1}s+b_m}{s^n+a_1s^{n-1}+a_2s^{n-2}+\cdots a_{n-1}s+a_n}R(s)+$$
$$\frac{N_0(s)}{s^n+a_1s^{n-1}+a_2s^{n-2}+\cdots+a_{n-1}s+a_n} \tag{3-76}$$

$N_0(s)$ 是由初始条件 $c^{(i)}(0)$ 及系数 a_i 决定的 s 的多项式。该系统的闭环传递函数为

$$\Phi(s)=\frac{C(s)}{R(s)}=\frac{b_0s^m+b_1s^{m-1}+\cdots+b_{m-1}s+b_m}{s^n+a_1s^{n-1}+\cdots+a_{n-1}s+a_n} \tag{3-77}$$

根据系统稳定性的定义，应研究 $r(t)=0$ 时系统的响应 $c_0(t)$ 。由式（3-76）得

$$C_0(s)=\frac{N_0(s)}{s^n+a_1s^{n-1}+a_2s^{n-2}+\cdots+a_{n-1}s+a_n} \tag{3-78}$$

$C_0(s)$ 的分母就是系统闭环传递函数的分母，$C_0(s)$ 的极点就是闭环传递函数的极点，也就是系统的特征根。$c_0(t)$ 是系统闭环极点（特征根）所对应的运动模态的线性组合，它包括以下 4 种形式：$\mathrm{e}^{\sigma t}$ ，$t^i\mathrm{e}^{\sigma t}$ ，$\mathrm{e}^{\sigma t}\sin(\omega t+\varphi)$ ，$\mathrm{e}^{\sigma t}t^i\sin(\omega t+\varphi_{i+1})$ 。

其中，σ 和 ω 表示闭环极点（特征根）的实部和虚部。当 $t\to\infty$ 时，上述各项趋于零的充要条件是 $\sigma<0$ 。由此可知，线性定常系统稳定的充分必要条件是，系统的闭环极点（特征根）全都具有负实部，它们全都分布在 [s] 平面的左半部。

对于系统的稳定性有下面几点推论和说明：

（1）线性系统的稳定性是其本身固有的特性，与外界输入信号无关，而非线性系统则不同，常常与外界信号有关。

（2）由于单位脉冲响应和输出信号中的瞬态分量都是由闭环极点所决定的运动模态的线性组合，对于稳定的系统，这些运动模态随时间的推移而趋于零。所以稳定的系统，单位脉冲响应及输出信号中的瞬态分量都趋于零。

（3）对于线性系统的数学模型而言，若系统不稳定，其输出信号将随时间的推移而无限增大。对于实际物理系统而言，如系统不稳定，其物理变量不会无限增大，而是要受到非线性限制因素的影响和限制，往往形成大幅值的等幅振荡，或趋于所能达到的最大值。

（4）闭环极点（特征根）中，如果有的极点实部为零（位于虚轴上），而其余的极点都具有负实部，这时称系统为临界稳定。此时系统的输出信号将出现等幅振荡，振荡的角频率就是纯虚根的正虚部。或者，这个极点是零，输出信号将是常数。在工程上，临界稳定属于不稳定，因为参数的微小变化就会使极点具有正实部而导致系统不稳定。

3. 劳思稳定判据

应用上述关于系统稳定的充要条件时需要求解系统特征方程的根，但特征方程往往是高次代数方程，手工求解比较困难。采用劳思稳定判据，不用求解方程，只要根据方程的系数做简单的运算，就可确定方程是否有（以及有几个）正实部的根，从而判定系统是否稳定。

下面介绍劳思稳定判据的具体内容。设控制系统的特征方程式为

$$D(s) = a_0s^n + a_1s^{n-1} + a_2s^{n-2} + \cdots + a_{n-1}s + a_n = 0 \tag{3-79}$$

首先，劳思稳定判据给出控制系统稳定的必要条件是：控制系统方程式（3-79）的所有系数 $a_i(i = 0,1,2,\cdots,n)$ 均为正值，且特征方程式不缺项。

其次，劳思稳定判据要求将多项式的系数排成下面形式的劳思表：

$$\begin{array}{cccccc}
s^n & a_0 & a_2 & a_4 & a_6 & \cdots \\
s^{n-1} & a_1 & a_3 & a_5 & a_7 & \cdots \\
s^{n-2} & b_1 & b_2 & b_3 & b_4 & \cdots \\
s^{n-3} & c_1 & c_2 & c_3 & c_4 & \cdots \\
s^{n-4} & d_1 & d_2 & d_3 & d_4 & \cdots \\
\cdots & \cdots & \cdots & & & \\
s^2 & e_1 & e_2 & & & \\
s^1 & f_1 & & & & \\
s^0 & g_1 & & & &
\end{array}$$

其中，b_1，b_2，b_3 等系数可以根据下列公式进行计算：

$$b_1 = \frac{a_1a_2 - a_0a_3}{a_1};\ b_2 = \frac{a_1a_4 - a_0a_5}{a_1};\ b_3 = \frac{a_1a_6 - a_0a_7}{a_1};\ \cdots$$

系数 b 的计算，一直进行到其余的 b 值全部等于零时为止，同样用上面两行系数交叉相乘的方法，可以计算 c，d，e 等各行的系数，即

$$c_1 = \frac{b_1a_3 - a_1b_2}{b_1};\ c_2 = \frac{b_1a_5 - a_1b_3}{b_1};\ c_3 = \frac{b_1a_7 - a_1b_4}{b_1};\ \cdots$$

$$d_1 = \frac{c_1b_2 - b_1c_2}{c_1};\ d_2 = \frac{c_1b_3 - b_1c_3}{c_1};\ \cdots$$

这种过程一直进行到第 $n+1$ 行算完为止。其中第 $n+1$ 行仅第 1 列有值，且正好是方程最后一项系数 a_n。劳思表呈三角形。列表中为了简化数值运算，可以用一个正数去除或乘某一整行，这时并不改变结论。

劳思稳定判据的结论是，由特征方程式（3-96）所表示的系统稳定的充分必要条件是：劳思表第 1 列各项元素均为正数，并且方程中实部为正数的根的个数，等于劳思表中第一列的元素符号改变的次数。

例 3-5 设控制系统的特征方程为

$$D(s) = s^4 + 2s^3 + 3s^2 + 4s + 5 = 0$$

应用劳思稳定判据判断系统的稳定性。

解 方程中各项系数均为正值，满足稳定的必要条件。列劳思表：

$$\begin{array}{llll}
s^4 & 1 & 3 & 5 \\
s^3 & 2 & 4 & 0 \\
s^2 & 1 & 5 & \\
s^1 & -6 & & \\
s^0 & 5 & &
\end{array}$$

劳思表第 1 列不全是正数，符号改变两次（$+1 \to -6 \to +5$），说明闭环系统有两个正实部的根，即在 [s] 右半平面有两个闭环极点，所以系统不稳定。

例 3-6 已知控制系统的框图如图 3-28 所示，确定使系统稳定时 K 的取值范围。

解 系统的闭环传递函数为

$$\frac{C(s)}{R(s)} = \frac{K}{s(s^2+s+1)(s+2)+K}$$

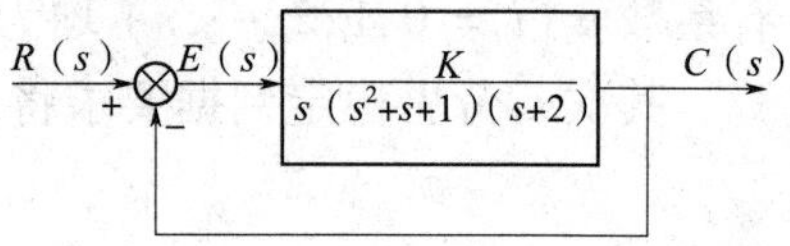

图 3-28 控制系统框图

由上式得系统的特征方程为

$$D(s) = s^4 + 3s^3 + 3s^2 + 2s + K = 0$$

欲满足稳定的必要条件，必须使 $K > 0$。排列劳思表如下：

$$\begin{array}{llll}
s^4 & 1 & 3 & K \\
s^3 & 3 & 2 & 0 \\
s^2 & \frac{7}{3} & K & \\
s^1 & 2-\frac{9}{7}K & & \\
s^0 & K & &
\end{array}$$

要满足稳定的条件，必须使

$$\begin{cases} K > 0 \\ 2 - \dfrac{9}{7}K > 0 \end{cases}$$

由此，求得欲使系统稳定，K 的取值范围是

$$0 < K < \frac{14}{9}$$

当 $K=\frac{14}{9}$ 时，系统处于临界稳定状态，出现等幅振荡。

运用劳思稳定判据分析系统的稳定性时，有时会遇到下列两种特殊情况：

(1) 在劳思表的任一行中，出现第一个元素为零，而其余各元素均不为零，或部分不为零的情况；

(2) 在劳思表的任一行中，出现所有元素均为零的情况。

在这两种情况下，表明系统在 [s] 平面内存在正实部根或存在两个大小相等符号相反的实根或存在两个共轭虚根，系统处在不稳定状态或临界稳定状态。

下面通过实例说明这时应如何排劳思表。若遇到第一种情况，可用一个很小的正数 ε 代替为零的元素，然后继续进行计算，完成劳思表。

例如，系统的特征方程为

$$D(s)=s^4+2s^3+3s^2+6s+1=0$$

其劳思表为

$$\begin{array}{llll} s^4 & 1 & 3 & 1 \\ s^3 & 2 & 6 & \\ s^2 & 0\to\varepsilon & 1 & \\ s^1 & \frac{6\varepsilon-2}{\varepsilon}\to-\infty & & \\ s^0 & 1 & & \end{array}$$

因为劳思表第一列元素符号改变两次，所以系统不稳定，且有两个正实部的特征根。

若遇到第二种情况，表明方程中存在一对大小相等、符号相反的实根，或一对纯虚根，或对称于 s 平面原点的共轭复根。此时，先用全零行的上一行元素构成一个辅助方程，它的次数总是偶数，它的根就是这些特殊根。再将上述辅助方程对 s 求导，用求导后的方程系数代替全零行的元素，继续完成劳思表。

例如，系统的特征方程为

$$D(s)=s^3+2s^2+s+2=0$$

劳思表为

$$\begin{array}{llll} s^3 & 1 & 1 & \\ s^2 & 2 & 2 & \to \text{辅助方程 } 2s^2+2=0 \\ s^1 & 4 & 0 & \leftarrow \text{辅助方程求导后的系数} \\ s^0 & 2 & & \end{array}$$

由上看出，劳思表第一列元素符号相同，故系统不含具有正实部的根，而含一对纯虚根，可由辅助方程 $2s^2+2=0$ 解出 $\pm \mathrm{j}$。

例 3-7 已知系统的特征方程为

$$D(s)=s^5+2s^4+3s^3+6s^2-4s-8=0$$

试根据辅助方程求特征根。

解 劳思表为

$$\begin{array}{llll}
s^5 & 1 & 3 & -4 \\
s^4 & 2 & 6 & -8 \\
s^3 & 8 & 12 & 0 \\
s^2 & 3 & -8 & \\
s^1 & 33.3 & 0 & \\
s^0 & -8 & &
\end{array}$$

s^4 行 → 辅助方程 $2s^4+6s^2-8=0$；s^3 行 ← 辅助方程求导后的系数

第一列变号一次，说明有一个正实部的根，可根据辅助方程

$$2s^4+6s^2-8=(2s^2-2)(s^2+4)=0$$

解得

$$s=\pm 1\ ;\ s=\pm \mathrm{j}2$$

4. 古尔维茨稳定判据

下面再简单介绍另一种代数稳定判据——古尔维茨（Horwitz）稳定判据。

设系统的特征方程

$$D(s)=a_0s^n+a_1s^{n-1}+\cdots+a_{n-1}s+a_n=0$$

则系统稳定的充分必要条件为特征方程的古尔维茨行列式全部为正。

各阶古尔维茨行列式为

$$D_1=a_1 \qquad D_2=\begin{vmatrix} a_1 & a_3 \\ a_0 & a_2 \end{vmatrix}$$

$$D_3=\begin{vmatrix} a_1 & a_3 & a_5 \\ a_0 & a_2 & a_4 \\ 0 & a_1 & a_3 \end{vmatrix}\cdots \qquad D_n=\begin{vmatrix} a_1 & a_3 & \cdots & a_{2n-1} \\ a_0 & a_2 & \cdots & a_{2n-2} \\ \vdots & \vdots & & \vdots \\ 0 & 0 & \cdots & a_n \end{vmatrix} \tag{3-80}$$

例 3-8 系统特征方程为 $2s^4+s^3+3s^2+5s+10=0$，试用古尔维茨判据判断系统的稳定性。

解 由特征方程已知各项系数为 $a_0=2$，$a_1=1$，$a_2=3$，$a_3=5$，$a_4=10$，稳定的充分必要条件为

$$D_1=a_1=1>0$$

$$D_2=\begin{vmatrix} a_1 & a_3 \\ a_0 & a_2 \end{vmatrix}=a_1a_2-a_0a_3=1\times 3-2\times 5<0$$

由于 D_2 小于 0，不满足古尔维茨行列式全部为正的条件，所以系统不稳定。D_3，D_4 可以不必再进行计算。

5. 控制系统的稳态误差

1）稳态误差的基本概念

控制系统的框图如图 3-29 所示。图中 $G_1(s)$ 代表放大元件、补偿元件的传递函数，$G_2(s)$ 代表功率放大元件、执行元件和控制对象的传递函数，$F(s)$ 代表扰动信号。$R(s)$ 为参考输入信号，$C(s)$ 为输出信号，也是被控变量。另外，设 $c_r(t)$ 表示被控变量的希望值。

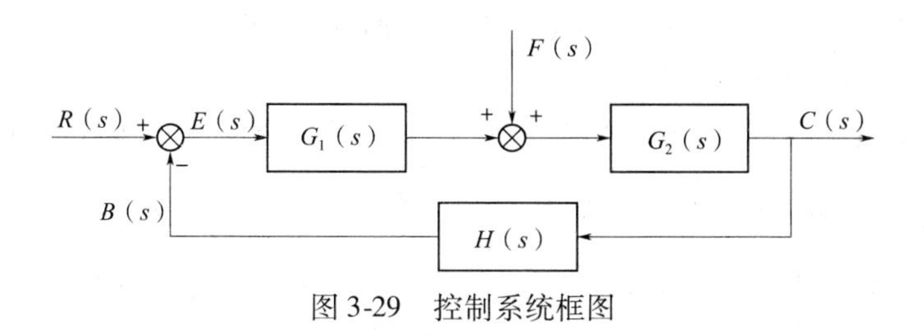

图3-29　控制系统框图

（1）误差

系统的误差有多种一般定义为希望值与实际值之差。记为 $e(t)$ ，即

$$误差值 = 希望值 - 实际值 \tag{3-81}$$

①从输入端定义误差

$$e(t) = e_{入}(t) = r(t) - b(t)$$

$$E_{入}(s) = R(s) - H(s)C(s) = R(s) - \frac{G(s) \cdot H(s)}{1 + G(s)H(s)} \cdot R(s)$$

$$= \frac{1}{1 + G(s)H(s)} \cdot R(s)$$

式中：$G(s) = G_1(s)G_2(s)$ 。

此误差不一定反映输出量的实际值与期望值之间的误差，但是这个误差是可以实测的，因此它在工程上更有意义。该误差也常常称为偏差。

②从输出端定义误差

$$e(t) = e_{出}(t) = c_r(t) - c(t)$$

$$E_{出}(s) = C_r(s) - C(s)$$

因为　$C_r(s) \cdot H(s) = R(s) \quad C_r(s) = \frac{1}{H(s)} \cdot R(s)$

所以

$$E_{出}(s) = \frac{R(s)}{H(s)} - \frac{G(s)}{1 + G(s)H(s)}R(s)$$

$$= \frac{1}{1 + G(s)H(s)} \cdot \frac{1}{H(s)} \cdot R(s)$$

$$= E_{入}(s) \cdot \frac{1}{H(s)} \tag{3-82}$$

式中：$G(s) = G_1(s)G_2(s)$ 。

此误差是系统输出量的实际值与期望值之间的误差，容易理解，但是在实际系统中有时是无法实测的。

$e(t)$ 也常被称为系统的误差响应，它反映了系统在跟踪输入信号和干扰信号的整个过程中的精度。求解误差响应与系统输出一样，对于高阶比较困难，然而，我们只关切系统控制平稳下来以后的误差，即系统误差响应的瞬态分量消失后的稳态误差。

（2）稳态误差

稳定的系统在 $t > t_s$ 瞬态过程结束后系统的希望值和实际值之差称为稳态误差，记为 $e_{ss}(t)$ 。对应于 $e_{入}(t)$ 的稳态误差用 $e_{入ss}(t)$ 来表示（ $e_{入ss}(t)$ 也可称为稳态偏差）。对应于 $e_{出}(t)$ 的稳态误差用 $e_{出ss}(t)$ 来表示（ $e_{出ss}(t)$ 有时直接称为稳态误差）。

对于不稳定的系统，误差的瞬态分量很大，这时研究和减小稳态误差就没有实际意义。所以只研究稳定系统的稳态误差。

当系统为单位负反馈系统，即 $H(s)=1$ 时，$E_{出}(s)=E_{入}(s)$。对于非单位负反馈系统，$H(s)\neq 1$。求稳态误差时，一般先求 $E_{入}(s)$，再由 $E_{出}(s)=E_{入}(s)\cdot\dfrac{1}{H(s)}$ 求 $E_{出}(s)$。当参考输入信号 $R(s)$ 和扰动信号 $F(s)$ 都存在时，可以采用叠加原理求总的误差。

2）利用终值定理求稳态误差

求稳态误差时，常常只求稳态误差的终值 $e_{ss}=e_{ss}(\infty)=\lim\limits_{t\to\infty}e(t)$。这时可利用拉普拉斯变换的终值定理。

设 $E(s)$ 为误差信号，若 $\lim\limits_{t\to\infty}e(t)$ 存在，或当 $sE(s)$ 的全部极点（除原点外）都具有负实部，根据拉普拉斯变换的终值定理，有

$$e_{ss}=e_{ss}(\infty)=e(\infty)=\lim_{t\to\infty}e(t)=\lim_{s\to 0}sE(s) \tag{3-83}$$

例 3-9 系统如图 3-30 所示，已知 $r(t)=t$，$f(t)=-1(t)$，试计算系统的稳态误差终值。

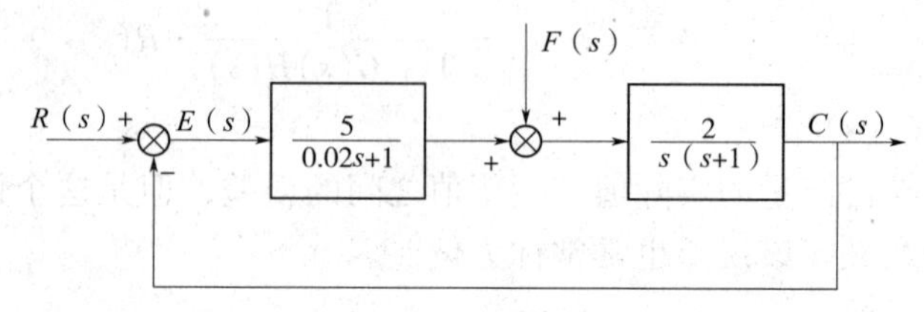

图 3-30 系统框图

解 系统是单位负反馈系统，所以 $E_{出}(s)=E_{入}(s)=E(s)$。设 $E_R(s)$ 和 $E_F(s)$ 分别为 $R(s)$、$F(s)$ 产生的误差信号，则有

$$E_R(s)=\frac{1}{1+\dfrac{5}{0.02s+1}\cdot\dfrac{2}{s(s+1)}}\cdot R(s)=\frac{s(0.02s+1)(s+1)}{s(0.02s+1)(s+1)+10}R(s)$$

$$E_F(s)=\frac{-\dfrac{2}{s(s+1)}}{1+\dfrac{5}{0.02s+1}\cdot\dfrac{2}{s(s+1)}}F(s)=\frac{-2(0.02s+1)}{s(0.02s+1)(s+1)+10}F(s)$$

按题意

$$R(s)=\frac{1}{s^2},\ F(s)=-\frac{1}{s}$$

$$E(s)=E_R(s)+E_F(s)$$

$$\begin{aligned}sE(s)&=sE_R(s)+sE_F(s)\\&=s\cdot\frac{s(0.02s+1)(s+1)}{s(0.02s+1)(s+1)+10}\cdot\frac{1}{s^2}+s\cdot\frac{-2(0.02s+1)}{s(0.02s+1)(s+1)+10}\left(-\frac{1}{s}\right)\\&=\frac{(0.02s+1)(s+1)}{s(0.02s+1)(s+1)+10}+\frac{2(0.02s+1)}{s(0.02s+1)(s+1)+10}\end{aligned}$$

$sE(s)$ 的极点就是系统的闭环极点，用劳斯稳定判据可知系统是稳定的，$sE(s)$ 的极点全都具有负实部，按照终值定理有

$$e_{ss} = e_{ss}(\infty) = \lim_{s\to\infty} sE(s) = \frac{1}{10} + \frac{2}{10} = 0.3$$

3）系统的型别与参考输入的稳态误差

设系统的开环传递函数 $G(s)$ 为

$$G(s) = \frac{KN(s)}{s^v D(s)} \tag{3-84}$$

式中：$N(0) = D(0) = 1$。

v 是开环传递函数所含 $s = 0$ 的极点的个数，也是所含的积分环节的数目。当 $v = 0,\ 1,\ 2,\ \cdots$ 时，系统就称为0型系统、Ⅰ型系统、Ⅱ型系统……之所以按 v 的数值进行分类，是因为 v 的数值反映了系统跟踪参考输入信号的能力。$v > 2$ 的系统很少使用，因为使它们稳定相当困难。系统型别的另一种定义是，系统误差信号 $E_{入}(s)$ 对参考输入信号 $R(s)$ 的闭环传递函数中 $\Phi_e(s)$，$s = 0$ 的零点的个数 v 就是系统型别数。因为

$$\Phi_e(s) = \frac{1}{1 + G(s)} = \frac{s^v D(s)}{s^v D(s) + KN(s)}$$

可见，开环传递函数 $G(s)$ 中 $s = 0$ 的极点个数 v 就是 $\Phi_e(s)$ 中 $s = 0$ 的零点个数。

下面的推导针对单位负反馈系统，如图3-31所示。于是 $e(t) = e_{入}(t) = e_{出}(t)$。

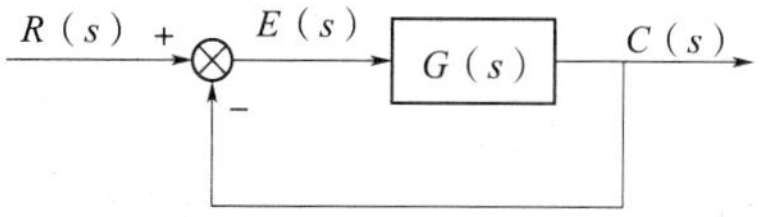

R(s)　E(s)　G(s)　C(s)

图3-31　单位反馈系统

因为

$$E(s) = \frac{1}{1 + G(s)} R(s) \tag{3-85}$$

所以

$$sE(s) = s\frac{1}{1 + G(s)} R(s) \tag{3-86}$$

下面用拉普拉斯变换终值定理分析三种典型输入信号作用下系统稳态误差终值 e_{ss}。设系统是稳定的。

（1）单位阶跃输入作用下的稳态误差

由于 $r(t) = 1(t), R(s) = \frac{1}{s}$，由式（3-103）得

$$sE(s) = s\frac{1}{1 + G(s)} \cdot \frac{1}{s} = \frac{1}{1 + G(s)} \tag{3-87}$$

只要系统是稳定的，$1 + G(s) = 0$ 的根全都具有负实部，故有

$$e_{ss} = e_{ss}(\infty) = \lim_{s\to 0} sE(s) = \frac{1}{1 + \lim\limits_{s\to 0} G(s)} = \frac{1}{1 + K_p} \tag{3-88}$$

$K_p = \lim\limits_{s\to 0} G(s)$ 称为稳态位置误差系数。由式（3-84）可知

$$K_p = \begin{cases} K & 当\ v = 0 \\ \infty & 当\ v \geqslant 1 \end{cases} \tag{3-89}$$

故有

$$e_{ss} = \begin{cases} \dfrac{1}{1 + K} = 常数 & 当\ v = 0 \\ 0 & 当\ v \geqslant 1 \end{cases} \tag{3-90}$$

如果要求系统对于阶跃输入信号不存在稳态误差，则必须选用Ⅰ型及Ⅰ型以上的系统。0型系统也称为有差系统。

（2）单位斜坡输入作用下的稳态误差

由于 $r(t)=t$, $R(s)=\frac{1}{s^2}$，由式（3-86）得

$$sE(s)=s\frac{1}{1+G(s)}\cdot\frac{1}{s^2}=\frac{1}{s(1+G(s))}=\frac{1}{s+sG(s)} \tag{3-91}$$

只要系统稳定，就有

$$e_{ss}=e_{ss}(\infty)=\lim_{s\to 0}sE(s)=\frac{1}{\lim\limits_{s\to 0}sG(s)}=\frac{1}{K_v} \tag{3-92}$$

$K_v=\lim\limits_{s\to 0}sG(s)$ 称为稳态速度误差系数，且有

$$K_v=\begin{cases}0 & 当 v=0\\ K & 当 v=1\\ \infty & 当 v\geqslant 2\end{cases} \tag{3-93}$$

$$e_{ss}=\begin{cases}\infty & 当 v=0\\ 1/K=常数 & 当 v=1\\ 0 & 当 v\geqslant 2\end{cases} \tag{3-94}$$

（3）单位加速度输入作用下的稳态误差

由于 $r(t)=t^2/2$，$R(s)=1/s^3$

由式（3-86）得

$$sE(s)=s\cdot\frac{1}{1+G(s)}\cdot\frac{1}{s^3}=\frac{1}{s^2[1+G(s)]}=\frac{1}{s^2+s^2G(s)} \tag{3-95}$$

系统稳定时有

$$e_{ss}=e_{ss}(\infty)=\lim_{s\to 0}sE(s)=\frac{1}{\lim\limits_{s\to 0}s^2G(s)}=\frac{1}{K_a} \tag{3-96}$$

$K_a=\lim\limits_{s\to 0}s^2G(s)$ 称为稳态加速度误差系数，且有

$$K_a=\begin{cases}0 & 当 v=0,1\\ K & 当 v=2\\ \infty & 当 v\geqslant 3\end{cases} \tag{3-97}$$

$$e_{ss}=\begin{cases}\infty & 当 v=0,1\\ 1/K & 当 v=2\\ 0 & 当 v\geqslant 3\end{cases} \tag{3-98}$$

以上的分析结果列于表3-1中。对于单位负反馈系统，$e_{ss}=e_{入ss}=e_{出ss}$，对于非单位反馈系统，只是 $e_{ss}=e_{入ss}$。

采用上述稳态误差系数求稳态误差的方法适用于求误差的终值，适用于输入信号是阶跃函数、斜坡函数、加速度函数及它们的线性组合的情况。

表 3-1　参考输入的稳态误差

系统类型 \ e_{ss} \ $r(t)$	$1(t)$	t	$\frac{1}{2}t^2$
0	$\frac{1}{1+K_p}=\frac{1}{1+K}$	∞	∞
Ⅰ	0	$\frac{1}{K_v}=\frac{1}{K}$	∞
Ⅱ	0	0	$\frac{1}{K_a}=\frac{1}{K}$

由以上的分析可知，减小或消除参考输入信号引起的稳态误差的有效方法是：提高系统的开环放大系数和提高系统的型别数，但这两种方法都影响甚至破坏系统的稳定性，因而受到系统稳定性的限制。

例 3-10　单位负反馈系统的开环传递函数 $G(s)=\frac{1}{Ts}$，求输入 $r(t)=t$ 时系统的稳态误差终值 $e_{出ss}(\infty)$。

解　系统是Ⅰ型单位负反馈稳定系统。

$$K_v=\lim_{s\to0}sG(s)=\lim_{s\to0}s\cdot\frac{1}{Ts}=\frac{1}{T}$$

$$e_{出ss}(\infty)=e_{ss}(\infty)=\frac{1}{K_v}=T$$

该系统的闭环传递函数是

$$\Phi_e(s)=\frac{1}{Ts+1}$$

例 3-11　单位负反馈的开环传递函数为 $G(s)=\frac{\omega_n^2}{s(s+2\xi\omega_n)}$，求输入 $r(t)=t$ 时系统的稳态误差终值 $e_{出ss}(\infty)$。

解　系统是Ⅰ型单位负反馈稳定系统，$K_v=\lim_{s\to0}sG(s)=\frac{\omega_n}{2\xi}$，则

$$e_{出ss}(\infty)=e_{ss}(\infty)=\frac{1}{K_v}=\frac{2\xi}{\omega_n}$$

例 3-12　已知单位负反馈系统的开环传递函数为

$$G(s)=\frac{10}{(0.1s+1)(0.5s+1)}$$

分别求出输入信号 $r(t)=1(t)$，t 时的稳态误差终值 e_{ss}。

解　该系统是稳定的，系统为 0 型系统，$K_p=\lim_{s\to0}G(s)=10$

因为系统为单位负反馈系统，所以 $e_{ss}=e_{入ss}=e_{出ss}$

当 $r(t)=1(t)$ 时，

$$e_{ss}=e_{ss}(\infty)=\frac{1}{1+K_p}=\frac{1}{1+10}=\frac{1}{11}=0.091$$

当 $r(t)=t$ 时，

$$e_{ss}=e_{ss}(\infty)=\infty$$

例 3-13 单位负反馈系统的开环传递函数 $G(s)=\dfrac{5}{s(s+1)(s+2)}$，分别求输入信号 $r(t)=1(t)$，$10t$，$3t^2$ 时的稳态误差终值 e_{ss}。

解 采用劳思稳定判据可知闭环系统是稳定的。

因为系统为单位负反馈系统，所以 $e_{ss}=e_{入ss}=e_{出ss}$。

(1) Ⅰ型系统，故当 $r(t)=1(t)$ 时，$e_{ss}=e_{ss}(\infty)=0$；

(2) $K_v=\lim\limits_{s\to0}sG(s)=\lim\limits_{s\to0}s\dfrac{5}{s(s+1)(s+2)}=2.5$。

当 $r(t)=10(t)$ 时，$e_{ss}=e_{ss}(\infty)=10\times\dfrac{1}{K_v}=10\times\dfrac{1}{2.5}=4$。

(3) 这是Ⅰ型系统，当 $r(t)=3t^2$ 时，$e_{ss}=e_{ss}(\infty)=\infty$。

例 3-14 调速系统的框图如图 3-32 所示。输出信号为 $c(t)$（单位：r/min）。$k_c=0.05$ V/（r/min）。求 $r(t)=1(t)$（单位：V）时的稳态误差 $e_{出ss}$。

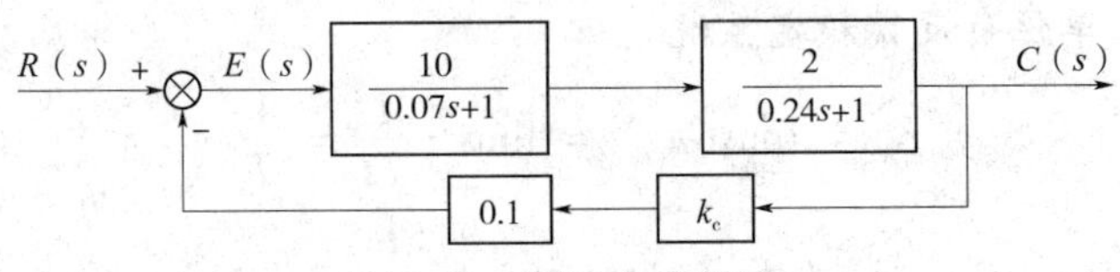

图 3-32 调速系统框图

解 系统开环传递函数为

$$G(s)=\frac{10}{0.07s+1}\times\frac{2}{0.24s+1}\times0.1\times0.05=\frac{0.1}{(0.07s+1)(0.24s+1)}$$

系统是 0 型稳定系统，$K_p=\lim\limits_{s\to0}G(s)=0.1$

当 $r(t)=1(t)$ 时，系统 $e_{入ss}$ 为

$$e_{入ss}=e_{入ss}(\infty)=\frac{1}{1+K_p}=\frac{1}{1+0.1}=\frac{1}{1.1}$$

系统反馈通路传递函数为常数，$H=0.1\times0.05=0.005$。

系统稳态误差 $e_{出ss}(\infty)$ 为

$$e_{出ss}(\infty)=\frac{e_{入ss}(\infty)}{H}=\frac{1}{0.005\times1.1}=181.8\ \text{(r/min)}$$

4）振动信号的稳态误差

对于图 3-29 所示系统，误差信号 $E_入(s)$ 对于扰动信号 $F(s)$ 的闭环传递函数 $\Phi_{EF}(s)$ 为

$$\Phi_{EF}(s)=\frac{E_入(s)}{F(s)}=\frac{-G_2(s)H(s)}{1+G_1(s)G_2(s)H(s)}\tag{3-99}$$

设

$$G_1(s)=\frac{K_1N_1(s)}{s^{v_1}D_1(s)}\qquad G_2(s)=\frac{K_2N_2(s)}{s^{v_2}D_2(s)}$$

$$N_1(0) = N_2(0) = D_1(0) = D_2(0) = 1$$

$H(s)$ 是常数 H，则有

$$\Phi_{EF}(s) = \frac{E_{入}(s)}{F(s)} = \frac{-K_2 s^{v_1} N_2(s) D_1(s) H}{s^{v_1+v_2} D_1(s) D_2(s) + K_1 K_2 N_1(s) N_2(s) H} \tag{3-100}$$

误差信号 $E_{出}(s) = E(s)_{入}/H$，当 $H = 1$ 时有 $E_{出}(s) = E_{入}(s)$，式（3-100）的系统被称为是对扰动信号的 v_1 型系统。

由式（3-100）可见，提高 K_1 和 v_1（输入误差信号和扰动信号之间的前向通路的放大系数和积分环节个数）可以减小扰动信号引起的稳态误差。这种方法同样受到系统稳定性的限制。

例 3-15 系统框图如图 3-29 所示。设 $G_1(s) = \frac{K_1}{T_1 s + 1}$，$G_2(s) = \frac{K_2}{T_2 s + 1}$，$H(s) = 1$。若 $f(t) = 1(t)$，求扰动信号引起的稳态误差终值 $e_{出ssf}$。

解 由于扰动信号 $F(s)$ 引起的误差信号为 $E_{入F}(s)$，$F(s) = \frac{1}{s}$，故有

$$E_{入F}(s) = \frac{-G_2(s)}{1 + G_1(s)G_2(s)} F(s) = \frac{-K_2(T_1 s + 1)}{(T_1 s + 1)(T_2 s + 1) + K_1 K_2} \cdot \frac{1}{s}$$

此二阶系统是单位负反馈的稳定系统，故稳态误差为

$$e_{出ssf} = e_{出ssf}(\infty) = e_{入ssf}(\infty) = \lim_{s \to 0} s E_F(s) = -\frac{K_2}{1 + K_1 K_2}$$

可见，提高 K_1 可以减小系统的稳态误差。

3.1.5 改善稳态误差精度的方法

复合控制是减小和消除稳态误差的有效方法，在高精度伺服系统中有着广泛的应用。复合控制是在负反馈控制的基础上增加了前（顺）馈补偿环节，形成了由输入信号或扰动信号到被控变量的前（顺）馈通路。所以复合控制是反馈控制与前（顺）馈控制的结合，而其中的前馈控制属于开环控制方法。复合控制的优点是不改变系统的稳定性，缺点是要使用微分环节。复合控制包括按输入补偿和按扰动补偿两种情况。

（1）按输入补偿的复合控制

图 3-33 是按输入补偿的复合控制系统框图。

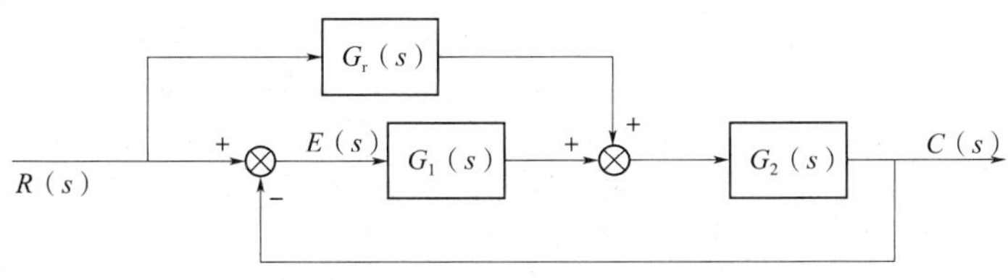

图 3-33 复合控制系统框图

图中 $G_r(s)$ 是前馈补偿环节。$G_r(s)R(s)$ 称为前馈补偿信号。$G_1(s)G_2(s)$ 是反馈回路的前（正）向通路传递函数。系统采用单位负反馈，系统的输入误差信号 $E_{入}(s) = E(s)$ 也就是它的输出误差信号 $E_{出}(s)$。系统的误差传递函数为

$$\Phi_E(s) = \frac{E(s)}{R(s)} = \frac{1 - G_r(s)G_2(s)}{1 + G_1(s)G_2(s)} \tag{3-101}$$

当取

$$G_r(s) = \frac{1}{G_2(s)} \tag{3-102}$$

$\Phi_E(s) = 0$，从而 $E(s) = 0$。系统的误差为零，这就是对输入信号的误差全补偿，式(3-102)就是对应的全补偿条件。

前馈信号也可加到系统的输入端，如图 3-34 所示。此时误差传递函数为

$$\Phi_E(s) = \frac{E(s)}{R(s)} = \frac{1 - G_r(s)G(s)}{1 + G(s)} \tag{3-103}$$

全补偿条件为

$$G_r(s) = \frac{1}{G(s)} \tag{3-104}$$

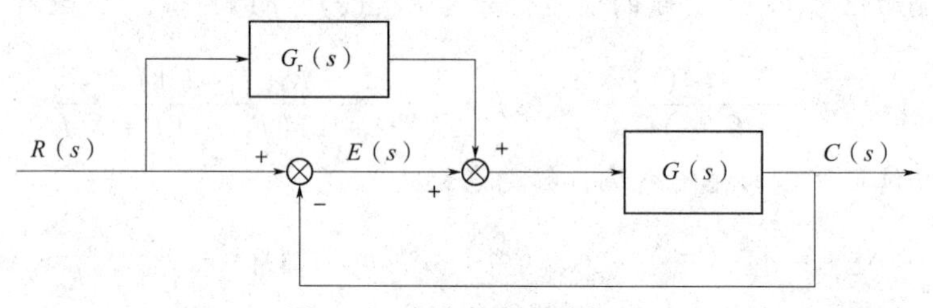

图 3-34　复合控制系统框图

从前馈补偿环节传递函数看，在实现全补偿时，框图 3-33 的结构对应的传递函数简单。但从功率角度看，需要前馈补偿装置具有较大的输出功率，因而补偿装置的结构较复杂。如果采用图 3-34 的结构，并采用下面所述的简单的部分补偿的前馈环节，可以使前馈装置简单。

式（3-102）和式（3-104）中的 $G_2(s)$ 和 $G(s)$ 都是实际元部件的传递函数，分母阶次高于分子阶次。因此 $G_r(s)$ 分子阶次高于分母阶次，具有微分环节，实现困难，同时也容易把高频噪声信号带进系统中。

由于全补偿的前馈环节结构复杂，不易实现，实践中常常采用部分补偿方法。下面举例说明。

设系统框图如图 3-34 所示，并设

$$G(s) = \frac{K}{s(a_n s^n + a_{n-1}s^{n-1} + \cdots + a_1 s + 1)} \tag{3-105}$$

不采用前馈控制时，系统是 I 型系统。取前馈环节为

$$G(s) = \lambda_1 s \tag{3-106}$$

则由式（3-103）得

$$\Phi_E(s) = \frac{1 - \lambda_1 s \dfrac{K}{s(a_n s^n + a_{n-1}s^{n-1} + \cdots + a_1 s + 1)}}{1 + \dfrac{K}{s(a_n s^n + a_{n-1}s^{n-1} + \cdots + a_1 s + 1)}}$$

$$= \frac{s^2(a_n s^{n-1} + a_{n-1}s^{n-2} + \cdots + a_2 s + a_1) + (1 - K\lambda_1)s}{s(a_n s^n + a_{n-1}s^{n-1} + \cdots + a_1 s + 1) + K} \quad (3\text{-}107)$$

若取

$$\lambda_1 = \frac{1}{K} \quad (3\text{-}108)$$

则有

$$\Phi_E(s) = \frac{s^2(a_n s^{n-1} + a_{n-1}s^{n-2} + \cdots + a_2 s + a_1)}{s(a_n s^n + a_{n-1}s^{n-1} + \cdots + a_1 s + 1) + K} \quad (3\text{-}109)$$

可见，系统的型号由Ⅰ型提高到Ⅱ型。

若取

$$G_r(s) = \lambda_2 s^2 + \lambda_1 s \quad (3\text{-}110)$$

此时，误差传递函数为

$$\Phi_E(s) = \frac{s^3(a_n s^{n-2} + a_{n-1}s^{n-3} + \cdots + a_2) + (a_1 - K\lambda_2)s^2 + (1 - K\lambda_1)s}{s(a_n s^n + a_{n-1}s^{n-1} + \cdots + a_1 s + 1) + K} \quad (3\text{-}111)$$

若取

$$\lambda_1 = \frac{1}{K} \quad (3\text{-}112)$$

$$\lambda_2 = \frac{a_1}{K} \quad (3\text{-}113)$$

则有

$$\Phi_E(s) = \frac{s^3(a_n s^{n-2} + a_{n-1}s^{n-3} + \cdots + a_2)}{s(a_n s^n + a_{n-1}s^{n-1} + \cdots + a_1 s + 1) + K} \quad (3\text{-}114)$$

可见，系统的型别由Ⅰ型提高到Ⅲ型。

式（3-106）和式（3-110）都是前馈补偿中常用的部分补偿方案。

（2）按扰动补偿的复合控制

若扰动信号可以测量到，也可以采用前馈补偿方法减小和消除误差。图3-35表示按扰动补偿的复合控制系统框图。由图3-35可见，误差对扰动的传递函数为

$$\Phi_{EF}(s) = \frac{-G_2(s) - G_1(s)G_2(s)G_f(s)}{1 + G_1(s)G_2(s)} \quad (3\text{-}115)$$

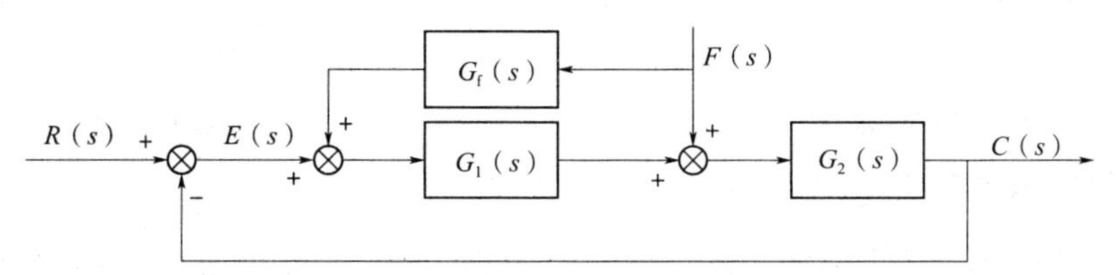

图3-35 复合控制系统框图

若取

$$G_f(s) = -\frac{1}{G_1(s)} \quad (3\text{-}116)$$

则 $\Phi_E(s) = 0$，$E(s) = 0$，实现了对扰动的误差全补偿。

由式（3-101）、式（3-103）、式（3-107）、式（3-111）、式（3-115）可知，前馈控制不改变系统闭环传递函数的分母，不改变特征方程。这是因为前馈环节处于原系统各回路之外，也没有形成新的闭合回路。因此采用前馈补偿的复合控制不改变系统的稳定性。

3.2 拓展知识

许多控制系统命令在没有引用左面变量（即输出变量）情况下，会自动绘制图形。基于极点与零点的位置，自动选取算法会找到最佳的时间或频率。然而自动绘图的结果不会生成数据，这种命令适用于初始的分析与设计。对于深入问题的分析，应该使用带有输出变量形式的命令。

单输入单输出 SISO 系统 $G(s) = num(s)/den(s)$ 的阶跃响应 $y(t)$ 可以由 step 命令得到。命令格式如下：

```
y = step( num, den, t)
```

注意： 时间 t 轴是事先定义的矢量。阶跃响应矢量与矢量 t 有相同的维数。对于单输入多输出（SIMO）系统，输出结果将是一个矩阵，该矩阵应有与输出数量相同数量的列。对于这样情况，setp 将有其他命令格式。

例 3-16 计算并绘制下面传递函数的阶跃响应

$$G(s) = \frac{1}{s^2 + 0.4s + 1}$$

试求其单位阶跃响应曲线。

解 MATLAB 程序代码如下：

```
num = [1]
den = [1, 0. 4, 1]
T = [0: 0. 1: 10]
[ y, x, t] = step( num, den, t)
plot( t, y)
grid
xlabel( 'Time[ sec] t')
ylable( 'y')
```

运行结果如图 3-36 所示。

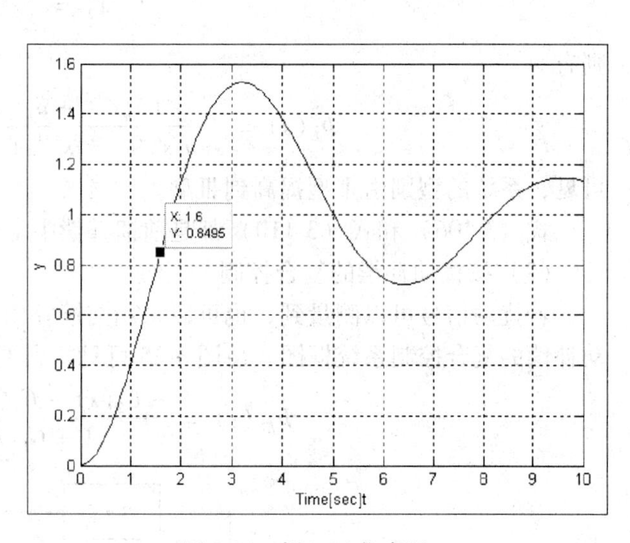

图 3-36 例 3-16 仿真图

二阶系统时域响应举例：

例 3-17 已知一个二阶系统，其开环传递函数 $G(s) = \dfrac{k}{s(Ts + 1)}$，其中 $T = 1$，试绘制 k 分别为 0.1，0.2，0.5，0.8，1.0，2.4 时其单位负反馈系统的单位阶跃响应曲线。

解 MATLAB 程序代码如下。

```
T = 1
k = [0. 1, 0. 2, 0. 5, 0. 8, 1. 0, 2. 4]
```

```
t = linspace(0, 20, 200)′
num = 1;
den = conv([1, 0], [T, 1]);
for j = 1:6 ;
    s1 = tf(num * k(j), den)
  sys = feedback(s1, 1)
    y(:, j) = step(sys, t);
end
plot(t, y(:, 1:6))
grid
gtext('k = 0. 1')
gtext('k = 0. 2')
gtext('k = 0. 5')
gtext('k = 0. 8')
gtext('k = 1. 0')
gtext('k = 2. 4')
```

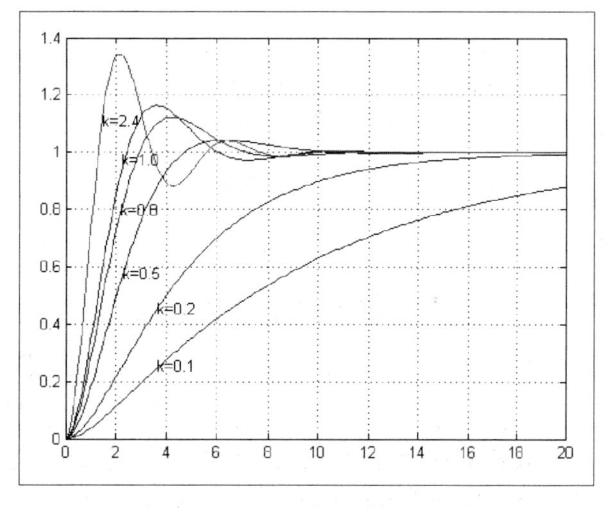

图 3-37　例 3-17 仿真图

运行结果如图 3-37 所示。

例 3-18　$G_0(s)$ 为三阶对象：

$$G(s) = \frac{1}{(s+1)(s+2)(s+5)}$$

$H(s)$ 为单位反馈，采用比例微分控制，比例系数 $K_p = 2$，微分系数分别取 $\tau = 0$，0.3，0.7，1.5，3，试求各比例微分系数下系统的单位阶跃响应，并绘制响应曲线。

解　MATLAB 程序代码如下：

```
G = tf(1, conv(conv([1, 1], [2, 1]), [5, 1]));
kp = 2
tou = [0, 0. 3, 0. 7, 1. 5, 3]
for i = 1:5;
     G1 = tf([kp * tou(i), kp], 1)
     sys = feedback(G1 * G, 1);
     step(sys)
     hold on
end
gtext('tou = 0')
gtext('tou = 0. 3')
gtext('tou = 0. 7')
gtext('tou = 1. 5')
gtext('tou = 3')
```

单位阶跃响应曲线如图 3-38 所示。

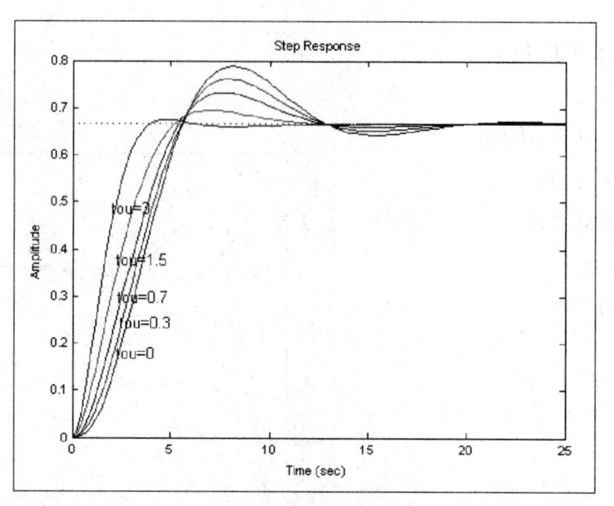

图 3-38 例 3-18 仿真图

从图 3-37 中可以看出，仅有比例控制时系统阶跃响应有相当大的超调量和较强烈的振荡，随着微分作用的加强，系统的超调量减小，稳定性提高，上升时间减小，快速性提高。

3.3 技术支持

项目 2 已经建立了单闭环直流调速系统的系统框图。在这一基础上，开始对单闭环直流调速系统的性能进行时域分析，通过分析找出单闭环直流调速系统所在的问题，并就这些问题进行分析。

为了分析方便，将直流调速系统的系统框图重录于此，如图 3-39 所示。

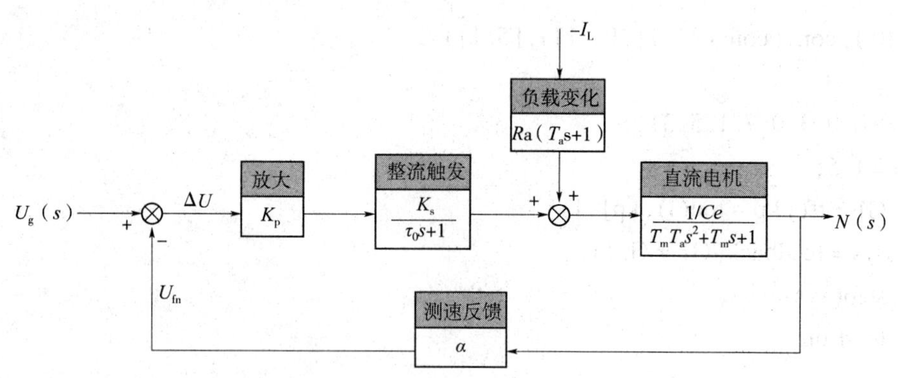

图 3-39 单闭环直流调速系统的系统框图

如果要求该调速系统的性能指标为：最大超调量 $\sigma \leqslant 10\%$，调速范围 $D=15$，静差率 $s \leqslant 5\%$，则分析该单闭环直流调速系统是否能满足要求。

1. 调速系统对转速的控制要求与系统性能指标之间的关系

有大量的生产机械对电力拖动系统提出了不同的转速控制要求，归纳起来有三个方面。

（1）调速

在一定的最高转速和最低转速的范围内分挡（有级）或平滑（无级）地调节电动机转速。

（2）稳速

以一定的精度稳定在所需要的转速上，尽量不受负载变化、电网电压变化等外部因素干扰。

（3）加速减速控制

频率启动、制动的生产机械要求尽量缩短启动与制动时间，以提高生产效率，不宜经受剧烈速度变化机械则要求启动、制动的过程越平稳越好。

以上三个方面，除调速反应了调速系统的调速控制方法之外，其余两个方面分别反应了调速系统对系统稳态性能及动态性能的要求。在实际生产过程中，调速控制要求并不都是必须具备的，有时可能只要求其中的一项或两项能够满足。

2. 调速指标与系统性能指标之间的关系

（1）调速范围

生产机械要求电动机能提供的最高转速 n_{max} 和最低转速 n_{min} 之比叫做调速范围，通常用字母 D 表示，既有

$$D = \frac{n_{max}}{n_{min}} \tag{3-117}$$

式中，最高转速 n_{max} 和最低转速 n_{min} 一般都指额定负载时的转速，对于少数负载很轻的机械设备来说也可以用实际负载时的转速。

（2）静差率

电动机在某一转速下运行时，负载由理想空载转速变到满载时所产生的转速降落 Δn 与理想空载转速 n_0 之比，称为静差率 s，常用百分数表示，既有

$$s = \frac{\Delta n}{n_0} \times 100\% \tag{3-118}$$

显然静差率与电动机的机械特性的硬度有关，特性越硬，静差率越小，则稳速率越小，则稳速精度越高。然而静差率和机械特性硬度又有区别。如图3-39所示，特性①与特性②相互平行，硬度一样，两者之间在额定转矩下的转速降落相等，$\Delta n_1 = \Delta n_2$，但它们的静差率却不一样。这就是因为两条机械特性的理想空载转速不同，既有 $n_{01} > n_{02}$。所以由静差率的定义公式可知

$$s_2 = \frac{\Delta n_1}{n_0} < s_2 = \frac{\Delta n_2}{n_{02}}$$

因此，调速范围和静差率这两项指标不是相互孤立的，必须同时提出才有意义。对于一个调速系统所提出的静差率要求，主要是对最低速时的静差率要求，即

$$s = \frac{\Delta n}{n_{0min}} \times 100\%$$

如果最低速时的静差率能够通过的话，那么高速时就不会有任何问题了。静差率与调速范围之间存在以下关系，如图3-40所示，即

$$D = \frac{n_N \times s}{\Delta n(1-s)} \tag{3-119}$$

由此可见：调速范围与静差率都是调速系统的静态指标。换而言之，就是说这两个指标都反映了调速系统对稳态性能的要求。这两个指标对确定调速系统的控制方案非常重要。但是，如果要具备确定调速控制方案的类型与参数，还必须考虑系统的动态指标，关于这些问题将在项目4中进一步讨论。

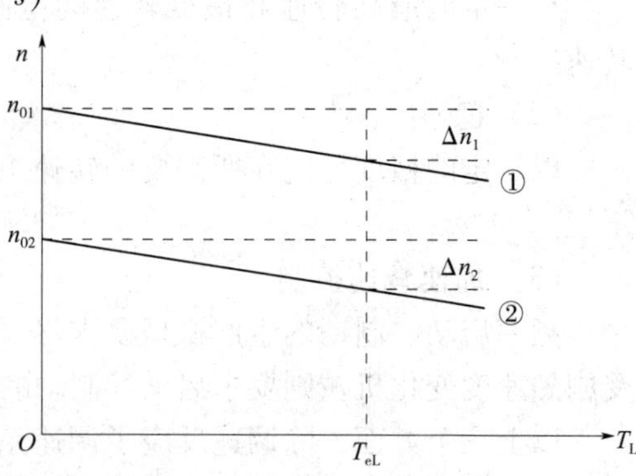

图3-40 不同转速下的静差率

(3) 时域分析的一般方法

时域分析的基本特征：所有分析全部都是建立在控制系统闭环传递函数基础上的。为此，首先要找到单闭环直流调速系统的闭环传递函数。由单闭环直流调速系统的系统框图（图3-39）可得

$$N(s) = \frac{\dfrac{K_pK_s/C_e}{(\tau_0 s+1)(T_mT_as^2+T_ms+1)}}{1+\dfrac{K_pK_s\alpha/C_e}{(\tau_0 s+1)(T_mT_as^2+T_ms+1)}}U_g(s) - \frac{\dfrac{R_a(T_as+1)/C_e}{T_mT_as^2+T_ms+1}}{1+\dfrac{K_pK_s\alpha/C_e}{(\tau_0 s+1)(T_mT_as^2+T_ms+1)}}I_\alpha(s) \tag{3-120}$$

从给定的调速系统的性能指标来看，单闭环直流系统给出的性能指标是稳态指标。因此，可以首先对给定系统进行稳态特性方面的分析。

利用拉普拉斯变换的终值定理，并设 $U_g(s) = U_g/s$，$I_a(s) = I_a/s$ 时，则有

$$N(s) = \lim_{s\to 0} s\left(\frac{\dfrac{K_pK_s/C_e}{(\tau_0 s+1)(T_mT_as^2+T_ms+1)}}{1+\dfrac{K_pK_s\alpha/C_e}{(\tau_0 s+1)(T_mT_as^2+T_ms+1)}}\times\frac{U_g}{s} - \frac{\dfrac{R_a(T_as+1)/C_e}{T_mT_as^2+T_ms+1}}{\dfrac{K_pK_s\alpha/C_e}{(\tau_0 s+1)(T_mT_as^2+T_ms+1)}}\times\frac{I_a}{s}\right)$$

$$= \frac{K_pK_s/C_e}{1+K_pK_s\alpha/C_e}U_g - \frac{R_a/C_e}{1+K_pK_s\alpha/C_e}I_a \tag{3-121}$$

若令该闭环系统的开环增益为 $K = K_pK_s\alpha/C_e$，则式（3-121）可调理成

$$n = \frac{K_pK_sU_g}{C_e(1+K)} - \frac{I_aR_a}{C_e(1+K)} = n_{0close} - \Delta n_{close} \tag{3-122}$$

由于电动机的机械特性公式是

$$n = \frac{U_a}{C_e} - \frac{I_aR_a}{C_e} = n_{0open} - \Delta n_{open} \tag{3-123}$$

比较式（3-122）和式（3-123）不难发现：直流调速系统在开环时的稳态特性与闭环时的稳态特性是相类似的。但引入闭环后，系统的转速降落却得到了有效的抑制，即闭环时系统的转速降落为开环时的$\frac{1}{1+K}$。单闭环直流调速系统的稳态系统的稳态系统框图如图3-41所示。

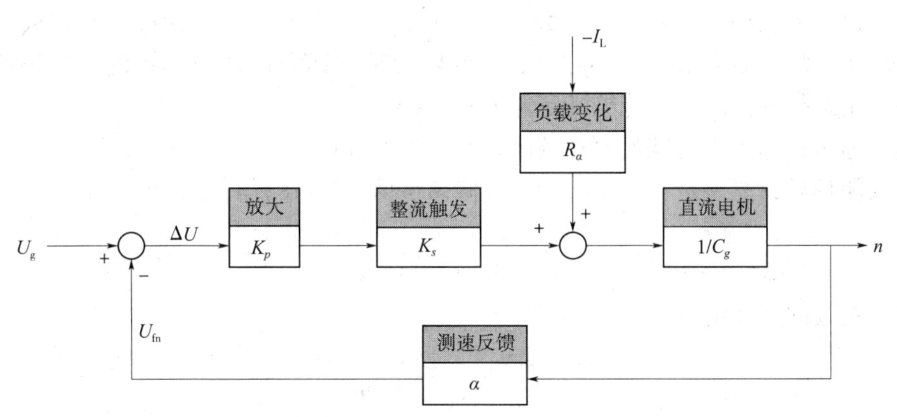

图3-41　单闭环直流调速系统的稳态系统框图

这样，当已知调速系统部分电路参数时，就可以很方便地判断给定系统是否满足给定要求，并知道通过何种方法来使之满足要求了。

3.4　项目实施

3.4.1　给定单闭环直流调速系统各部件参数及开环增益的计算

现假设给定的单闭环直流调速系统各部件参数如下：

1. 三相桥式晶闸管触发整流装置参数

三相桥式晶闸管触发整流装置的放大系数是________。

平均失控时间是________。

2. 直流电动机参数

$P_N=2.2$ kW，$n_N=1\ 500$ rad/s，$U_N=220$ V，$I_N=12.5$ A。电枢电阻 $R_a=2.9\ \Omega$，M-V 系统电枢回路的总电感 $L=16.73$ mH。系统运动部分的飞轮转矩 $GD^2=1.5\ \text{N}\cdot\text{m}^2$。

3. 测速发电动机

测速发电动机采用永磁式，反馈系数 $\alpha=0.006\ 5\ \text{V}\cdot\text{s/rad}$。

4. 给定参数

给定电压为 $U=10$ V 时，所对应的电动机转速为额定转速。

通过以上给定的系统参数，可以计算出在电动机电流连续情况下，开环时，系统在额定负载下的转速降落 $\Delta n_{open}=\dfrac{I_N R_a}{C_g}$。

因为 $C_e=\dfrac{U_N-I_N R_a}{n_N}=0.138$ (V · min/rad)，所以可以求得调速系统在开环时的额定转速降落为 $\Delta n_e\approx 263$ rad/s。

由式（3-117），可求得此时系统在额定转速下的静差率是

$$s=\frac{\Delta n_{open}}{n_N+\Delta n_{open}}=\frac{263}{1\ 500+263}\approx 14.9\%$$

这个值已经大大超出了静差率 $s \leqslant 5\%$ 的要求，这就更不用谈调到最低转速或考虑电流断续的情况了。那么如果采用闭环控制，则问题就是怎样来选择闭环系统的开环增益，以使系统在稳定运行的情况下，能够满足静差率 $s \leqslant 5\%$ 的要求。

下面，通过计算来找到满足要求的闭环系统的开环增益。

当引入闭环后，要满足调速指标的转速降落可由（3-118）计算得到，即

$$D=\frac{n_{\mathrm{N}}s}{\Delta n(1-s)} \Rightarrow \Delta n_{\mathrm{close}}=\frac{n_{\mathrm{N}}s}{D(1-s)}=\frac{1\,500\times 0.05}{15\ (1-0.05)} \approx 5.26\ \mathrm{rad/s}$$

则闭环系统的开环增益应为

$$K=\frac{\Delta n_{\mathrm{e}}-\Delta n_{\mathrm{close}}}{\Delta n_{\mathrm{close}}}=\frac{263-5.26}{5.26}=49$$

当给定调速系统参数为 $C_{\mathrm{e}}=0.138\ \mathrm{V \cdot min/rad}$，$K_{\mathrm{s}}=44$，$\alpha=0.006\,5\ \mathrm{V \cdot rad/s}$，$\alpha=0.006\,5\ \mathrm{V \cdot rad/s}$ 时，则有

$$K=K_{\mathrm{p}}K_{\mathrm{s}}\alpha/C_{\mathrm{e}} \Rightarrow K_{\mathrm{p}}=\frac{C_{\mathrm{e}}K}{K_{\mathrm{s}}\mathrm{s}}=\frac{0.138\times 49}{44\times 0.006\,5} \approx 23.5$$

即只要设置电压放大倍数大于23.5的放大器，就可以使单闭环直流调速系统满足所提出的调速指标要求。但事实上，系统的情况并没有这样简单。因为我们知道增加系统的开环增益会使系统的稳定性有所下降，所以在准备调整系统的开环增益时，首先应该检查系统的稳定性如何。

3.4.2 单闭环直流调速系统的稳定性分析

由式（3-119）可知，单闭环调速系统的特征方程为

$$1+\frac{K}{(\tau_0 s+1)(T_{\mathrm{m}}T_{\mathrm{a}}s^2+T_{\mathrm{m}}s+1)}=0$$

整理后可得

$$T_{\mathrm{m}}T_{\mathrm{a}}\tau_0 s^3+(T_{\mathrm{m}}\tau_{\mathrm{s}}+T_{\mathrm{m}}T_{\mathrm{a}})s^2+(T_{\mathrm{m}}+\tau_0 C_{\mathrm{e}})s+(1+K)=0$$

又由于

$$T_{\mathrm{m}}=\frac{CD^2R_{\mathrm{a}}}{375C_{\mathrm{e}}C_{\mathrm{m}}}=\frac{1.5\times 2.9\times \pi}{375\times 0.138^2\times 30}=0.065\ \mathrm{s}$$

$$T_{\mathrm{a}}=\frac{L}{R_{\mathrm{a}}}\approx 0.013\,8\ \mathrm{s}$$

将以上参数代入特征方程后，有 $1.5\times 10^{-6}s^3+0.001s^2+0.067s+49.801=0$ 成立,列劳斯表,可得

$$\begin{array}{llll}
s^3 & 1.5\times 10^{-6} & & 0.067 \\
s^2 & 0.001 & & 49.801 \\
s^1 & \dfrac{6.7\times 10^{-5}-1.6\times 10^{-6}}{10^{-3}}=-0.007 & & 0 \\
s^0 & 49.801 & &
\end{array}$$

由劳斯稳定判据，可知系统不稳定。

如果是不稳定的系统，那么，讨论单闭环直流调速系统的稳定性及动态性就没有了实际意义。因此，首先因该想办法让单闭环直流调速系统稳定。

从单闭环直流调速系统的系统框图（见图3-28）中各环节的组成结构来看，方便调节参数的物理器件只有进行比较的运算放大器 $K=R_1/R_0$（见图3-28）；而造成劳斯表 S^1 行第一列元素为负值的原因也在于特征方程中（$1+K$）项太大。因此，利用已经学过的知识可以通过调整运算放大器的比例系数来使系统稳定。

首先利用劳斯表确定运算放大器的取值范围。

重新设单闭环直流调速系统的特征方程为

$$1.5\times10^{-6}s^3+0.001s^2+0.067s+(1+K_p\times44\times0.0065/0.138)=0$$

再列劳斯表，有

$$\begin{array}{lll}
S^3 & 1.5\times10^{-6} & 0.067 \\
S^2 & 0.001 & 1+2.072K \\
S^1 & \dfrac{6.7\times10^{-6}-1.5\times10^{-6}(1+2.072K_p)}{10^{-3}} & 0 \\
S^0 & 1+2.072K &
\end{array}$$

由劳斯稳定判据，可知如要控制系统稳定，则需要 $\dfrac{6.7\times10^{-5}-1+2.072K_p}{10^{-3}}>0$，由此解得 $K_p<21$。

由此可见：在保证给定单闭环直流调速系统稳定时，通过调节系统开环增益的方法很难满足系统所提出的指标要求。

3.4.3　单闭环直流调速系统的动态特征及稳态特征性分析（设 $T_L=0$）

当 $T_L=0$ 时系统的闭环传递函数可简化为

$$\Phi(s)\frac{N(s)}{U_g(s)}=\frac{\dfrac{K_pK_s/C_e}{(\tau_0s+1)(T_mT_as^2+T_ms+1)}}{1+\dfrac{K_pK_s\alpha/C_e}{(\tau_0s+1)(T_mT_as^2+T_ms+1)}}$$

$$=\frac{K}{T_mT_a\tau_0s^3+(T_m\tau_s+T_m\tau_a)s^2+(T_m+\tau_0C_e)s+(1+K)} \tag{3-124}$$

若取 $K=20$，则此时单闭环直流调速系统的闭环传递函数为

$$\Phi(s)=\frac{K}{T_mT_a\tau_0s^3+(T_m\tau_s+T_m\tau_a)s^2+(T_m+\tau_0C_e)s+(1+K)}$$

$$=\frac{6377}{1.5\times10^{-6}s^3+0.0001s^2+0.067s+21.72} \tag{3-125}$$

解此闭环传递函数的特征方程，可以得到三个极点，他们分别是

$$s_{1,2}=-0.899\pm j208\qquad s_3=-669 \tag{3-126}$$

由此，可将式（3-125）化成如下式：

$$\Phi(s)=\frac{6\ 377}{1.5\times10^{-6}s^3+0.000\ 1s^2+0.067s+41.449}$$

$$=\frac{6\ 377}{(s+699)(s+0.899-\mathrm{j}208)(s+0.899+\mathrm{j}208)}$$

然后利用待定系数法并查拉普拉斯变化表，就可以求出单闭环直流调速系统在给定电压 $U_g=10$ V 时的阶跃响应。其阶跃响应曲线如图 3-42 所示。

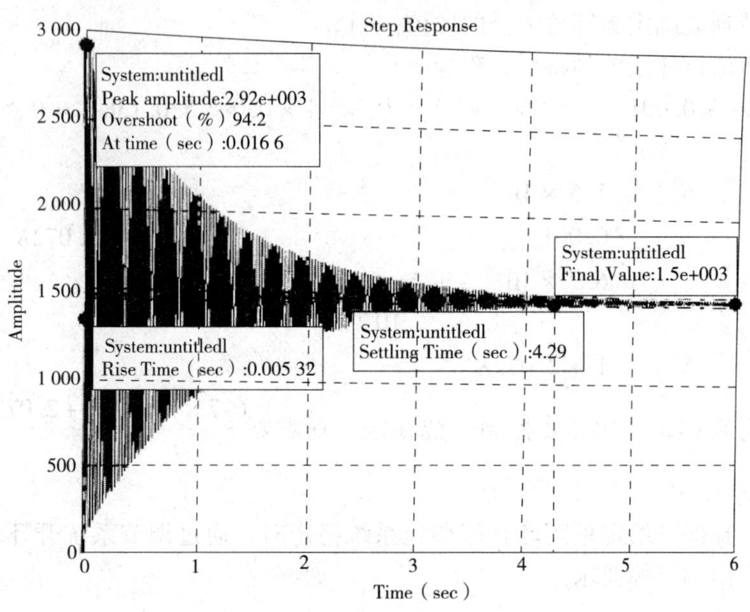

图 3-42 单闭环直流调速系统的阶跃响应

1. 动态性能

由响应曲线（见图 3-42）不难发现，当 $K=20$ 时，虽然单闭环直流调速系统绝对稳定，但其相对稳定性很差，最大超调 $\sigma=94.2\%$，振荡剧烈，很难满足控制系统要求 $\sigma\leqslant10\%$ 的要求；从系统的快速性来看，当 $K=20$ 时，单闭环直流调速系统的响应跟踪性能较好，$t_r=0.005\ 3$ s，而调整时间 t_s 因为振荡剧烈而需为 4.29 s。

2. 稳态性能

由图 3-38 可见，单闭环直流调速系统的前向通道没有积分环节，为 0 型系统。显然，该调整系统在输入阶跃信号时，一定存在稳态误差。

由式（3-125），可得

$$N(s)=\Phi(s)U_g(s)=\frac{6\ 377}{1.5\times10^{-6}s^3+0.000\ 1s^2+0.067s+42.45}\times U_g(s)\quad(3\text{-}127)$$

由于给定 $U_g=10$ V，所以取拉普拉斯变换后有 $U_g(s)=10$ V/s。代入式（3-127），则有

$$N(s)=\Phi(s)U_g(s)=\frac{6\ 377}{1.5\times10^{-6}s^3+0.000\ 1s^2+0.067s+42.45}\times\frac{10}{s}$$

对式（3-127）用拉普拉斯变换的终值定理，则有

$$n=\lim_{s\to0}sN(s)=\lim_{s\to0}s\times\frac{6\ 377}{1.5\times10^{-6}s^3+0.000\ 1s^2+0.067s+42.45}\times\frac{10}{s}\approx1\ 502\ \mathrm{rad/s}$$

由图 3-41 可见，虽然此时单闭环直流调速系统的动态响应（相对稳定性）较差，但其稳态响应却比较好。当输入为 $U_g=10$ V 的阶跃信号时，其稳态转速为 1 502 rad/s。这也就是说，单闭环直流调速系统此时的稳态误差 $e_{ss}=n_N-n=1\ 500-1\ 502=-2$ rad/s。

3. 系统参数调整

如前所述，单闭环直流调速系统在设计参数下，其性能指标是无法满足要求的，而在其所组成的环节中，只有实现输入信号与反馈信号进行比较的运算放大器参数是可调的。因此，在满足系统稳定的前提下，可以通过调整运算放大器的比例系数，来试验它能不能使系统的性能指标满足要求。

若减小比例系数（$K=10$），这时单闭环直流调速系统的闭环传递函数为

$$\Phi(s)=\frac{K}{T_mT_a\tau_0s^3+(T_m\tau_s+T_mT_a)s^2+(T_m+\tau_0C_e)s+(1+K)}=\frac{318.8}{1.5\times10^{-6}s^3+0.000\ 1s^2+0.067s+21.72} \tag{3-128}$$

解此闭环传递函数的特征方程，可以得到三个极点，即

$$s_{1,2}=-16.7\pm j152 \qquad s_3=-638 \tag{3-129}$$

此时在 $U_g=10$ V 的阶跃信号作用下，单闭环直流调速系统的阶跃响应曲线如图 3-43 所示。由响应曲线可知：当运算放大器的比例系数减小到 $K=10$ 时，系统的开环增益也由原来的 6 377 降至 3 188。系统的相对稳定性好于 $K=20$ 时，但系统超调量仍然很大，$\sigma=68.4\%$，不能满足系统的性能指标。同时，由于开环增益减小，单闭环直流调速系统的响应时间减少 $t_r=0.007\ 5$ s，而调整时间因为振荡减弱而有了明显改善 $t_s=0.232$。

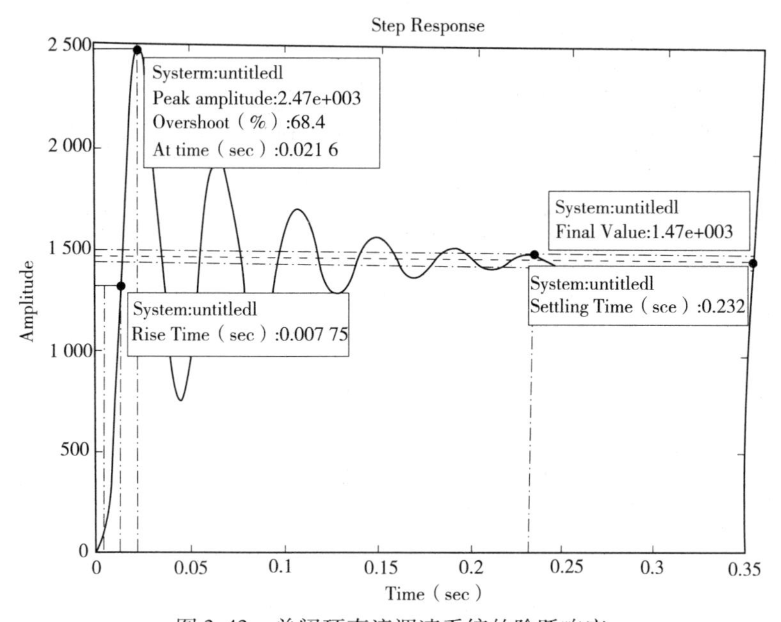

图 3-43　单闭环直流调速系统的阶跃响应

同样由式（3-127）并利用拉普拉斯变换的终值定理，可得此时单闭环直流调速系统的稳态转速为

$$n = \lim_{s \to 0} sN(s) = \lim_{s \to 0} s \times \frac{318.8}{1.5 \times 10^{-6} s^3 + 0.0001 s^2 + 0.067 s + 21.72} \times \frac{10}{s} \approx 1\,470 \text{ rad/s}$$

由此可见，降低系统的开环增益 K，虽然可以提高闭环直流调速系统的相对稳定性，但却降低了控制系统的稳态特性，即有

$$e_{ss} = n_{\mathrm{N}} - n = 1\,500 - 1\,470 = 30 \text{ rad/s}$$

如果再进一步降低开环增益（使运算放大器的比例系数 $K=1$），则此时单闭环直流调速系统的闭环传递函数为

$$\begin{aligned} \Phi(s) &= \frac{K}{T_{\mathrm{m}} T_{\mathrm{a}} \tau_0 s^3 + (T_{\mathrm{m}} \tau_s + T_{\mathrm{m}} \tau_\alpha) s^2 + (T_{\mathrm{m}} + \tau_0 C_{\mathrm{e}}) s + (1+K)} \\ &= \frac{318.8}{1.5 \times 10^{-6} s^3 + 0.0001 s^2 + 0.067 s + 2.172} \end{aligned} \tag{3-130}$$

解此闭环传递函数的特征方程，可以得到三个极点，即

$$s_{1,2} = -34 \pm \mathrm{j}48.2, \quad s_3 = -603 \tag{3-131}$$

此时，在 $U_{\mathrm{g}} = 10$ V 的阶跃信号作用下，单闭环直流调速系统的阶跃响应曲线如图 3-44 所示。由响应曲线可知：当 $K=1$ 时，系统的相对稳定性比较理想，系统超调量 $\sigma = 10.8\%$，接近系统提出的性能指标。但系统的稳态误差却进一步扩大，有

$$n = \lim_{s \to 0} sN(s) = \lim_{s \to 0} s \times \frac{318.8}{1.5 \times 10^{-6} s^3 + 0.0001 s^2 + 0.067 s + 2.172} \times \frac{10}{s} \approx 1\,040 \text{ rad/s}$$

稳态误差为

$$e_{ss} = n_N - n = 1\,500 - 1\,040 = 460 \text{ rad/s}$$

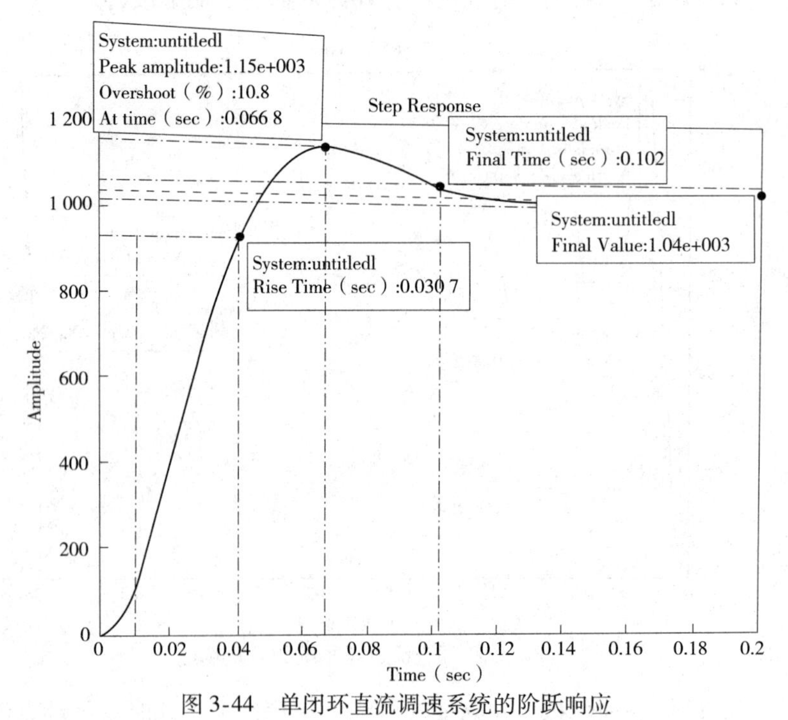

图 3-44　单闭环直流调速系统的阶跃响应

3.4.4　任务结论

从本次任务中可得如下结论。

（1）自动控制系统闭环特征方程的根（极点）决定了控制系统输出响应的动态及稳态响应结果。对于一个稳定的控制系统来说，如果存在复数形式的特征根（极点），则该特征根越靠近复数平面的虚数轴，则响应所产生的振荡就越激烈（对比实例中的式（3-125）、式（3-128）和式（3-130），以及它们的响应曲线，就可得出相应的结论）。

（2）控制系统中的实极点不会产生振荡。观察本任务三种情况下的极点分布，不难发现，随着开环增益的变化，单闭环直流调速系统的两个复数极点的位置发生了比较大的移动，但系统的实极点变化并不大。对照系统动态响应，可以说这个实极点对单闭环直流调速系统的动态响应所产生的实际影响不大。因此，在控制理论中，一般把靠近虚数轴的极点称为主导极点。通常来说，一个实际的自动控制系统总是通过忽略远离虚数轴的极点来达到降低系统阶数的目的。在本例中，如将远离虚数轴的实极点忽略，其时域响应基本与原来一致，但系统的阶数却由原来的三阶系统降至二阶系统。

在图3-45中，未忽略离轴较远的极点时，系统的闭环传递函数为

$$\Phi(s)=\frac{6\ 377}{(s+699)(s+0.899-\mathrm{j}208)(s+0.899+\mathrm{j}208)}$$

如果将 $s_3=-669$ 略去，并保证整个系统的开环增益不变，则系统的闭环传递函数为

$$\Phi(s)=\frac{6\ 377}{(s+0.899-\mathrm{j}208)(s+0.889+\mathrm{j}208)}$$

此时，系统的单位阶跃响应如图3-44所示。

从图3-45与图3-42比较可见：降阶后，单闭环直流调速系统的动态特征、稳态响应与降阶前基本一致。但简化后，系统性能指标就可以通过二阶系统性能指标的公式计算得到，而不必再借助计算机仿真了。这种方法在工程调试中有着较为广泛的应用。

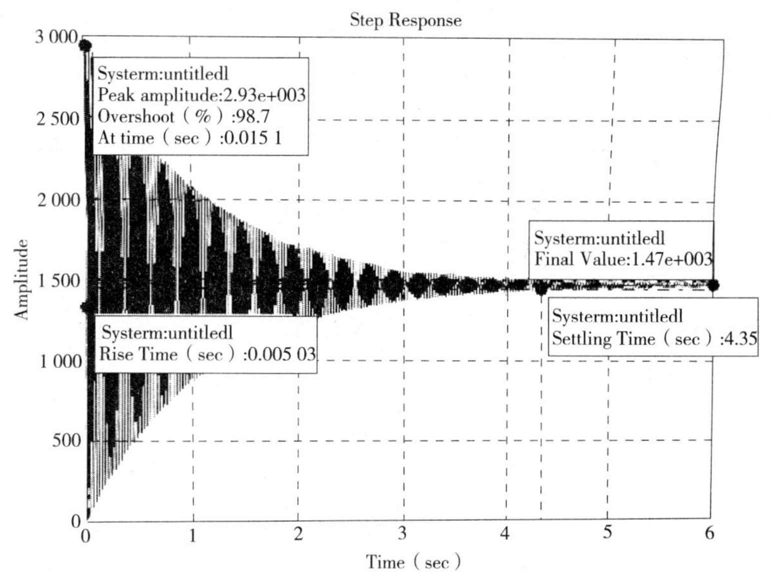

图3-45　单闭环直流调速系统近似二阶系统的时域响应（阶跃信号输入）

需要注意的是，降阶后，单闭环直流调速系统为二阶系统，而二阶系统总是稳定的系统，进行降阶处理后，单闭环直流调速系统的稳定性也就无从谈起了。因此，在实际调试过程中，首先调整系统的开环增益，使系统绝对稳定是对系统进行调试与维护的先决条件。

（3）通过对本例的分析还可以知道：自动控制系统的稳定性、动态特性与稳态特性是相互矛盾的。提高自动控制系统的动态特性，会对系统的稳定性产生不利影响。对于一个自动控制系统而言，综合考虑系统动态与稳态特性是非常重要的。

（4）提高系统的开环增益可提高控制系统的快速响应能力和稳态精度，但却会降低系统的稳定性。

知识梳理与总结

（1）自动控制系统的时域分析法是在一定的输入条件下，使用拉普拉斯变换直接求解自动控制系统的“时域解”，从而得到控制系统直观而精确的时域输出响应曲线和性能指标的一种方法。

（2）系统稳定与否用系统的绝对稳定性来衡量。本项目介绍了稳定性判据。反馈控制系统稳定的充要条件是：控制系统闭环传递函数的极点均处于复数平面的左半平面。同时通过一些相应的实例分析还可以知道，反馈控制系统的相对稳定性也与系统闭环传递函数极点在复数平面上的位置有关。

（3）自动控制系统的性能指标包括稳态指标和动态指标。自动控制系统输入量与扰动量的作用点不同，系统相应的闭环传递函数也不同。但两种指标的求解方法却是一样的。

（4）控制系统的跟随误差与前向通道中的积分环节的个数，以及开环增益有关。

思考与练习题

3-1　设系统的初始条件为零，其微分方程式如下：

（1）$0.2\dot{c}(t)=2r(t)$；

（2）$0.04\ddot{c}(t)+0.24\dot{c}(t)+c(t)=r(t)$。

试求：（1）系统的单位脉冲响应；

（2）在单位阶跃函数作用下系统的响应及最大超调 σ_{p}、峰值时间 t_{p}、调节时间 t_{s}。

3-2　典型二阶系统的单位阶跃响应为

$$c(t)=1-1.25\mathrm{e}^{-1.2t}\sin(1.6t+1.2)$$

试求系统的最大超调 σ_p、峰值时间 t_p、调节时间 t_s。

3-3　控制系统的微分方程为

$$T\frac{\mathrm{d}c(t)}{\mathrm{d}t}+c(t)=Kr(t)$$

式中：$T=2$ s，$K=10$。

试求：

（1）系统在单位阶跃函数作用下，$c(t_1)=9$ 时的 t_1 的值；

（2）系统在单位脉冲函数作用下，$c(t_1)=1$ 时的 t_1 的值。

3-4　二阶系统的闭环传递函数为

$$\Phi(s)=\frac{25}{s^2+6s+25}$$

求单位阶跃响应的各项指标：t_r、t_p、t_s 和 $\sigma\%$。

3-5　已知单位负反馈系统的开环传递函数为

$$G(s)=\frac{50}{s(s+10)}$$

试求：

（1）系统的单位脉冲响应；

（2）当初始条件 $c(0)=1$，$\dot{c}(0)=0$ 时系统的输出信号的拉普拉斯变换；

（3）当 $r(t)=1(t)$ 时的响应；

（4）当 $c(0)=1$，$\dot{c}(0)=0$ 与 $r(t)=1(t)$ 同时加入时系统的响应。

3-6　图3-46所示的结构中，确定使固有频率为6，阻尼比为1的 K_1 和 K_t 值。如果输入信号 $r(t)=1(t)$，试计算该系统的各项性能指标。

3-7　设系统的闭环传递函数为

$$\frac{C(s)}{R(s)}=\frac{\omega_n^2}{s^2+2\xi\omega+\omega_n^2}$$

为使系统阶跃有5%的最大超调和2 s的调节时间，试求 ξ 和 ω_n。

3-8　对由如下闭环传递函数表示的三阶系统

$$\frac{C(s)}{R(s)}=\frac{810}{(s+2.74)(s+0.2+j0.3)(s+0.2-j0.3)}$$

说明该系统是否有主导极点。如有，求出该极点。

3-9　由实验测得二阶系统的单位阶跃响应曲线 $c(t)$ 如图3-47所示，试计算系统参数 ξ 及 ω_n。

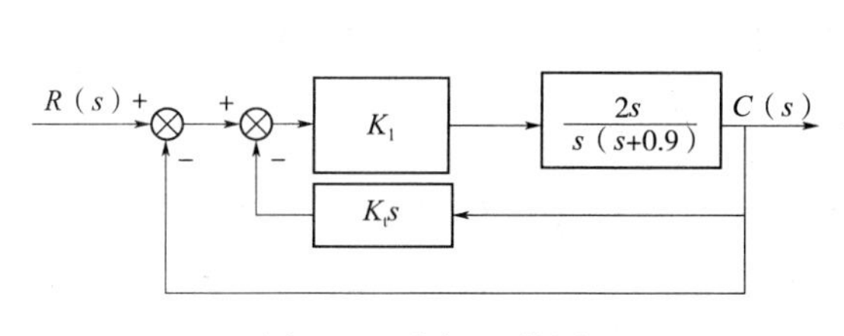

图3-46　题3-6的图

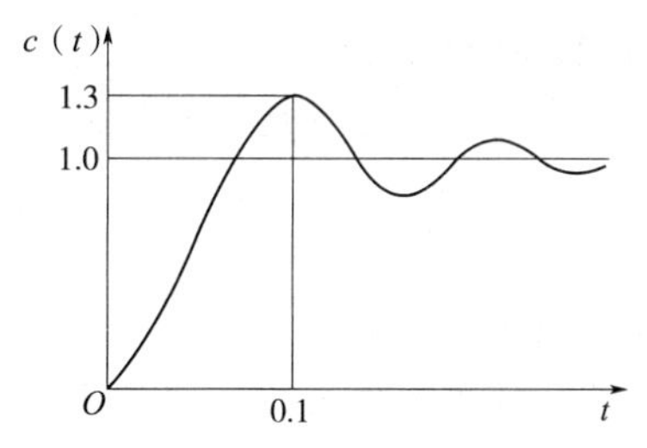

图3-47　题3-9的图

3-10　已知控制系统的框图如图3-48所示，要求系统的单位阶跃响应 $c(t)$ 具有最大超调 $\sigma_p=16.3\%$ 和峰值时间 $t_p=1$ s。试确定放大器的增益 K 及局部反馈系数 τ。

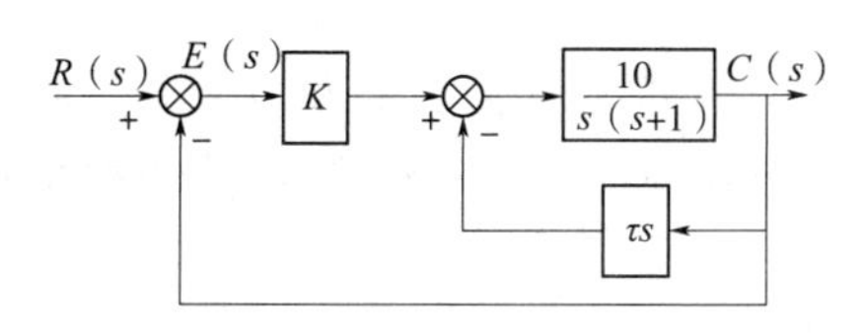

图3-48　题3-10的图

3-11　系统结构如图3-49所示，若系统在单位阶跃输入作用下，其输出以 $\omega_n=2$ rad/s 的频率做等幅振荡，试确定此时的 K 和 a 值。

3-12 已知系统非零初始条件下的单位阶跃响应为

$$c(t)=1+e^{-t}-e^{-2t}\qquad (t\geqslant 0)$$

传递函数分子为常数，求该系统的传递函数。

3-13 利用劳思判据，判断下列特征方程式的系统稳定性。

(1) $s^3+20s^2+9s+100=0$；

(2) $s^3+20s^2+9s+200=0$；

(3) $3s^4+10s^3+5s^2+s+2=0$；

(4) $s^4+3s^3+6s^2+8s+8=0$

3-14 确定图 3-50 所示系统的稳定性。

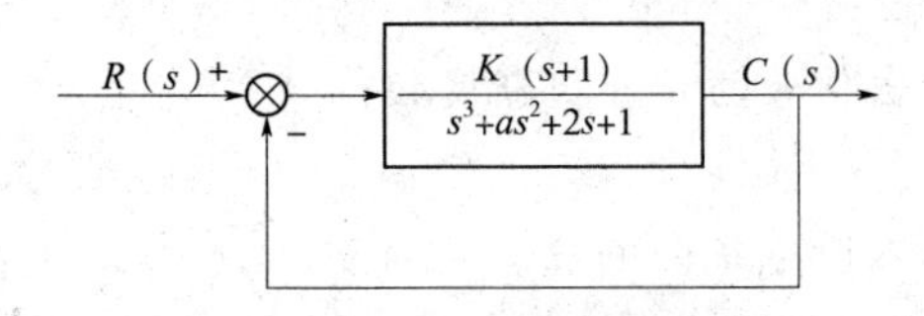

图 3-49 题 3-11 的图

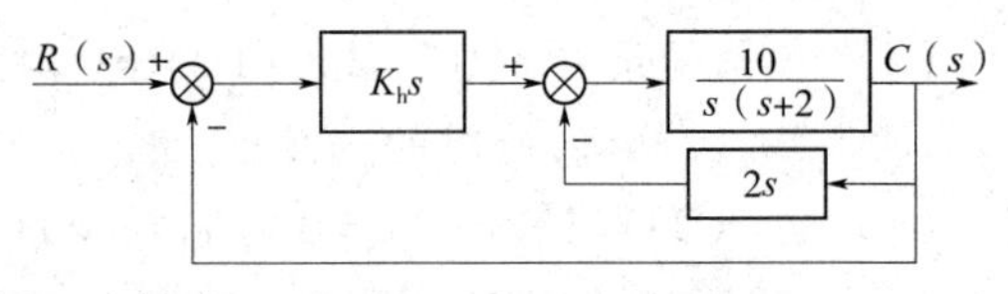

图 3-50 题 3-14 的图

3-15 已知单位负反馈系统的开环传递函数为

(1) $G(s)=\dfrac{10(s+1)}{s(s-1)(s+5)}$；

(2) $G(s)=\dfrac{10}{s(s-1)(2s+3)}$；

(3) $G(s)=\dfrac{24}{s(s+2)(s+4)}$；

(4) $G(s)=\dfrac{100}{(0.01s+1)(s+5)}$；

(5) $G(s)=\dfrac{3s+1}{s^2(300s^2+600s+5)}$。

试分析闭环系统的稳定性。

3-16 已知单位负反馈系统的开环传递函数为

$$G(s)=\frac{K}{s(s+1)(s+2)}$$

试应用劳思判据确定使闭环系统稳定时开环放大系数 K 的取值范围。

3-17 设单位负反馈系统的开环传递函数为

$$G(s)=\frac{K}{(s+2)(s+4)(s^2+6s+25)}$$

试应用劳思判据确定 K 为多大值时，将使系统振荡，求出振荡频率。

3-18 已知单位负反馈系统的开环传递函数为

$$G(s)=\frac{K}{s(s^2+8s+25)}$$

试根据下列要求确定 K 的取值范围。

(1) 使闭环系统稳定；

（2）当 $r(t)=2t$ 时，其稳态误差 $e_{ss}(t)\leqslant 0.5$。

3-19　系统如图3-51所示，$G_1(s)=\dfrac{K_1}{1+T_1 s}$，$G_2(s)=\dfrac{K_2}{s(1+T_1 s)}$已知输入 $R(s)=R_R/s$，扰动 $N(s)=R_N/s$。求系统的稳态误差。

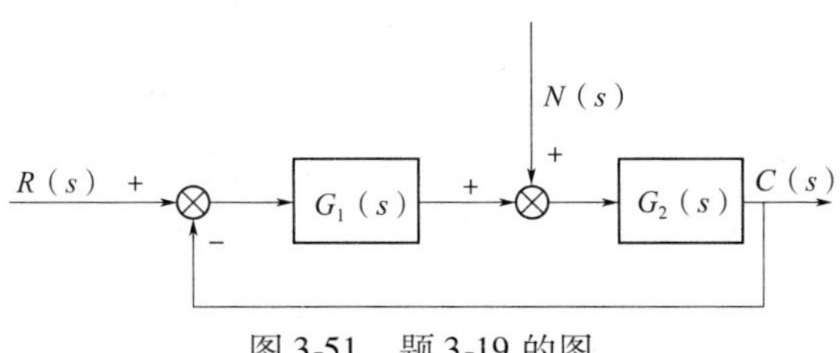

图3-51　题3-19的图

3-20　系统如图3-52所示，输入是斜坡函数 $r(t)=at$。试证明通过适当调节 K_i 值，该系统对斜坡输入的稳态误差能达到零。[$E(s)=R(s)-C(s)$]

3-21　假设可用传递函数$\dfrac{C(s)}{R(s)}=\dfrac{1}{Ts+1}$描述温度计的特性，现在用温度计测量盛在容器内的水温，需要1 min才能指出实际水温98%的数值。如果给容器加热，是水温以10 ℃/min的速度线性变化，问温度计的稳态误差有多大？

3-22　已知系统如图3-53所示。($e=r-c$)

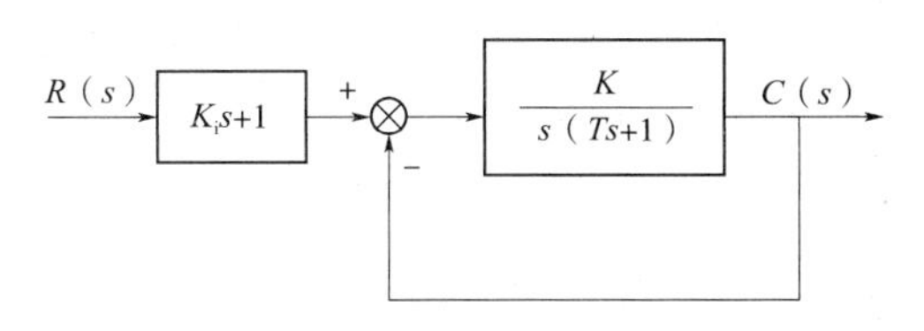

图3-52　题3-20的图

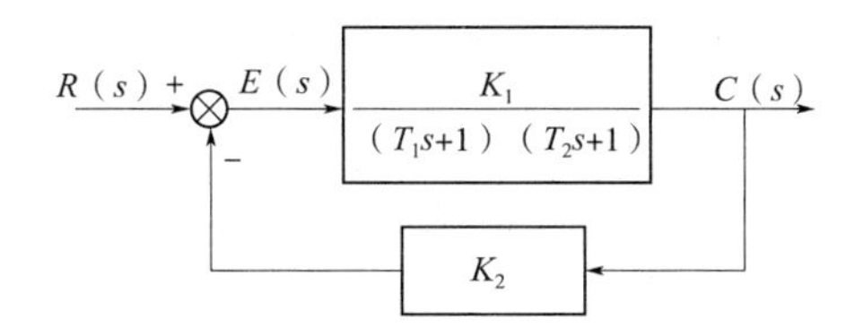

图3-53　题3-22的图

（1）问 $K_2=1$ 时系统是几型系统。

（2）若使系统为Ⅰ型，试选择 K_2 的值。

3-23　已知系统如图3-54所示。要求：

（1）在 $r(t)$ 作用下，过渡过程结束后，$c(t)$ 以2 rad/s变化，其 $e_{ss}(t)=0.01$ rad；

（2）当 $f(t)=-1(t)$ 时，$e_{ssf}(t)=0.1$ rad。

试确定 K_1、K_2 的值，并说明要提高系统控制精度 K_1、K_2 应如何变化？

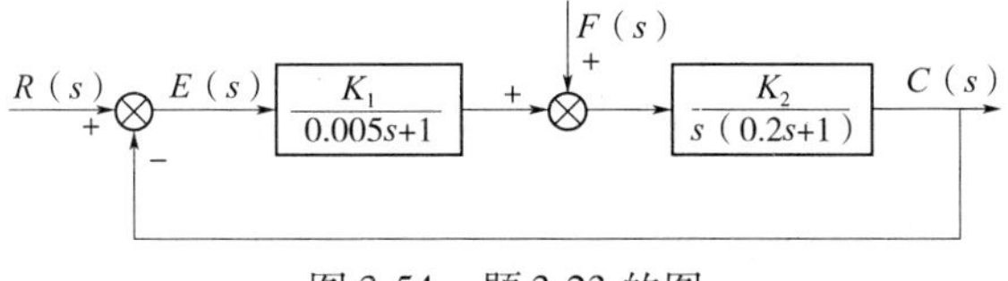

图3-54　题3-23的图

3-24　已知单位负反馈系统的开环传递函数为

$$G(s)=\frac{100}{s(0.1s+1)}$$

试求当输入信号 $r(t)=\sin 5t$ 时，系统的稳态误差。

3-25　图 3-55 所示为复合控制系统，为使系统由原来的Ⅰ型提高到Ⅲ型，设

$$G_3(s)=\frac{\lambda_2 s^2+\lambda_1 s}{Ts+1}$$

已知系统参数 $K_1=2$，$K_2=50$，$\xi=0.5$，$T=0.2$，试确定前馈参数 λ_1 及 λ_2。

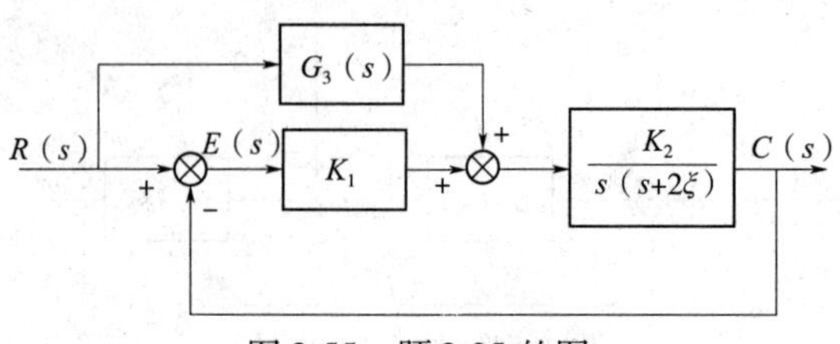

图 3-55　题 3-25 的图

项目 4　单闭环直流调速系统的工程调试

项目目标

（1）了解频率特性法用于工程实践的步骤与方法。
（2）学习采用频率特性分析自动控制系统性能的步骤。
（3）学习采用频率特性法调试自动控制系统基本思路、步骤与方法。

项目内容

- 根据给定的单闭环直流调速系统的系统框图，绘制系统的开环对数频率特性曲线。
- 根据所绘制的单闭环直流调速系统的对数幅频特性曲线，分析系统的稳定性、动态特性及稳态特性。
- 根据所给的单闭环直流调速系统的性能指标，结合串联控制方案，选定改善性能的控制规律。
- 选择相应的电路元件，对单闭环直流调速系统进行模拟调试。

知识点

- 自动控制系统频率特性法的概念及物理意义。
- 自动控制系统对数频率特性的绘制。
- 自动控制系统性能指标分析。
- 改善自动控制系统性能的控制方法。

4.1 相关知识

采用频率特性作为数学模型来分析和设计系统的方法称为频率特性法，又称频率响应法。频率响应法的基本思想是把控制系统中的各个变量看成一些信号，而这些信号又是由许多不同频率的正弦信号合成的；各个变量的运动就是系统对各个不同频率的信号的响应的总和。这种观察问题和处理问题的方法起源于通信科学。在通信科学中，各种音频信号（电话、电报）和视频信号都被看作由不同频率的正弦信号成分合成的，并按此观点进行处理和传递。20 世纪 30 年代，这种观点被引进控制科学，对控制理论的发展起了强大的推动作用。它克服了直接用微分方程研究系统的种种困难，解决了许多理论问题和工程问题，迅速形成了分析和综合控制系统的一整套方法。

频率特性法是以传递函数为基础的又一种图解法。因而它同根轨迹法一样卓有成效的用于线性定常系统的分析和设计。频率特性法有着重要的工程价值和理论价值，应用十分广泛，频域方法和时域方法同为控制理论中两个重要方法，彼此互相补充，互相渗透。

频率特性法具有下述优点：

（1）控制系统及其元部件的频率持性可以运用分析法和实验方法获得，并可用多种形式的曲线表示，因而系统分析和控制器设计可以应用图解法进行。

（2）频率特性物理意义明确。对于一阶系统和二阶系统，频域性能指标和时域性能指标有确定的对应关系；对于高阶系统，可建立近似的对应关系。

（3）控制系统的频域设计可以兼顾动态响应和噪声抑制两方面的要求。

（4）频域分析法不仅适用于线性定常系统，还可以推广应用于某些非线性控制系统。

本项目介绍频率特性的基本概念和频率持性曲线的绘制方法，研究频域稳定判据，频域性能指标的估算以及控制系统的频域校正问题。

1. 频率特性的基本概念

线性系统的输入为正弦信号，在稳态时，系统的输出和输入是同一频率的正弦信号，但其振幅和相位一般不同于输入，且随着输入信号频率的变化而变化，如图 4-1 所示。上述结论，除了用实验方法证明外，还可以从理论上给予证明。

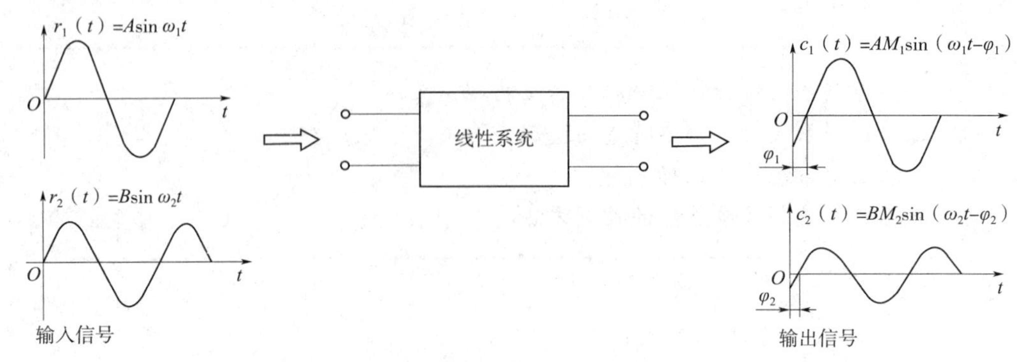

图 4-1　频率响应示意图

分析输入量是正弦信号时，稳定的线性定常系统输出量的稳态分量。设线性定常系统的传递函数是 $G(s)$，输入量和输出量分别为 $x(t)$ 和 $y(t)$，t 表示时间，则有

$$G(s)=\frac{Y(s)}{X(s)}=\frac{N(s)}{D(s)}=\frac{N(s)}{(s-p_1)(s-p_2)\cdots(s-p_n)} \tag{4-1}$$

$$N(s)=b_m s^m+b_{m-1}s^{m-1}+\cdots+b_1 s^1+b_0$$

$$D(s)=s^n+a_{n-1}s^{n-1}+\cdots+a_1 s+a_0=(s-p_1)(s-p_2)\cdots(s-p_n)$$

式中：$p_1,p_2,\cdots,p_n$——系统的极点。

极点可以是实数极点，也可以是共扼复数极点。设系统是稳定的，则极点 p_1，p_2，$\cdots$，p_n 都具有负实部，并假定它们是互不相同的。设输入量是正弦信号，即

$$x(t)=X\sin\omega t \tag{4-2}$$

式中：X——正弦信号的幅值；

ω——正弦信号的角频率。

$$X(s)=\frac{X\omega}{(s+\mathrm{j}\omega)(s-\mathrm{j}\omega)} \tag{4-3}$$

由式（4-3）可知

$$Y(s)=\frac{N(s)}{(s-p_1)(s-p_2)\cdots(s-p_n)}\cdot\frac{X\omega}{(s+\mathrm{j}\omega)(s-\mathrm{j}\omega)} \tag{4-4}$$

对上式写成部分分式和的形式，得

$$Y(s)=\frac{a_1}{s+\mathrm{j}\omega}+\frac{a_2}{s-\mathrm{j}\omega}+\frac{b_1}{s-p_1}+\frac{b_2}{s-p_2}+\cdots+\frac{b_n}{s-p_n} \tag{4-5}$$

式中：$a_1,a_2,b_1,b_2,\cdots,b_n$——待定系数。

对式（4-5）两边取拉普拉斯逆变换，得到系统对正弦输入信号的响应函数

$$y(t)=a_1\mathrm{e}^{-\mathrm{j}\omega t}+a_2\mathrm{e}^{\mathrm{j}\omega t}+\sum_{i=1}^{n}b_i\mathrm{e}^{p_i t} \tag{4-6}$$

由数学知识可知，当 p_i 具有负实部时有

$$\lim_{t\to\infty}\mathrm{e}^{p_i t}=0 \tag{4-7}$$

当 $t\to\infty$ 时，系统响应函数中与负实部极点有关的指数项都将衰减至零。因此，系统的输入量是正弦信号 $X\sin\omega t$ 时，当 $t\to\infty$，其输出量就是它的稳态分量（称稳态响应）$y_{ss}(t)$，且有

$$y_{ss}(t)=\lim_{t\to\infty}y(t)=a_1\mathrm{e}^{-\mathrm{j}\omega t}+a_2\mathrm{e}^{\mathrm{j}\omega t} \tag{4-8}$$

若系统传递函数中有重极点 p_j，则 $y(t)$ 中将包含有 $t^{h_\mathrm{j}}\mathrm{e}^{p_\mathrm{j}}$这样一些项。由数学可知，当 p_j 具有负实部时，同样有 $t^{h_\mathrm{j}}\mathrm{e}^{p_\mathrm{j}}$的各项随 t 趋于无穷大而都趋于零。所以，对于稳定的线性定常系统，式（4-8）总是成立的，由数学知识还可知，待定系数 a_1、a_2 为

$$a_1=G(s)\frac{X\omega}{(s+\mathrm{j}\omega)(s-\mathrm{j}\omega)}(s+\mathrm{j}\omega)\bigg|_{s=-\mathrm{j}\omega}=-\frac{X}{2\mathrm{j}}G(-\mathrm{j}\omega) \tag{4-9}$$

$$a_2=G(s)\frac{X\omega}{(s+\mathrm{j}\omega)(s-\mathrm{j}\omega)}(s-\mathrm{j}\omega)\bigg|_{s=\mathrm{j}\omega}=\frac{X}{2\mathrm{j}}G(\mathrm{j}\omega) \tag{4-10}$$

因为 $G(\mathrm{j}\omega)$ 是一个复数，因此可以写成

$$G(j\omega) = |G(j\omega)| e^{j\angle G(j\omega)} \tag{4-11}$$

考虑到 $G(j\omega)$ 和 $G(-j\omega)$ 是共轭复数，所以

$$G(-j\omega) = |G(j\omega)| e^{-j\angle G(j\omega)} \tag{4-12}$$

并利用数学中的欧拉公式，因此式（4-8）可推得

$$y_{ss}(t) = X|G(j\omega)|\sin(\omega t + \angle G(j\omega)) = Y\sin(\omega t + \varphi) \tag{4-13}$$

由此可得结论：

（1）对于稳定的线性定常系统，若传递函数为 $G(s)$，则当输入量是正弦信号 $x(t) = X\sin\omega t$ 时，其稳态输出量 $y_{ss}(t)$ 也是同一频率的正弦信号，但振幅和相位不同。

（2）正弦输出与正弦输入的幅值之比 $\frac{Y}{X} = |G(j\omega)|$，它是复数 $G(j\omega)$ 的模，也称作幅值，是 ω 的函数。

（3）稳态输出与输入两正弦信号的相角之差为 $\varphi(\omega) = \angle G(j\omega)$，是复数 $G(j\omega)$ 的相角，也是 ω 的函数。

幅频特性：正弦输出与正弦输入的幅值之比 $\frac{Y}{X} = |G(j\omega)|$，称为幅频特性函数，简称幅频特性。

相频特性：稳态输出与输入两正弦信号的相角之差为 $\varphi(\omega) = \angle G(j\omega)$，称为相频特性函数，简称相频特性。

频率特性：线性系统（环节、元件）在正弦信号作用下，稳态输出量与输入量的幅值比和相位差（稳态输出量与输入量的复数之比）随频率变化的函数，称作此系统（环节、元件）的频率特性函数，简称频率特性。根据频率特性的定义可知频率特性包括幅频特性和相频特性，是以输入信号频率 ω 为自变量的复函数，常表示成幅值和相角的形式，即

$$G(j\omega) = \frac{Y(j\omega)}{X(j\omega)} = |G(j\omega)| e^{j\angle G(j\omega)} = A(j\omega) e^{j\varphi(\omega)} \tag{4-14}$$

可以看出，上式中频率特性 $G(j\omega)$ 可以把该系统的传递函数 $G(s)$ 中的 s 用 $j\omega$ 代替来求得，即

$$G(j\omega) = G(s)\Big|_{s=j\omega} \tag{4-15}$$

因此，频率特性和微分方程以及传递函数一样，是系统或环节的又一种数学模型，也描述了系统的运动规律及其性能，这就是频率响应法能够从频率特性出发研究系统的理论根据。

2. 频率特性的数学表示

系统或环节的频率特性的表示方法很多，总体上说有两大类。一是代数解析式，二是图形。最常用的有幅相频率特性、对数频率特性、对数幅相频率特性。能用图示的方法把频率特性简明清晰地表示出来，这正是该方法深受广大工程技术人员欢迎的一个主要原因。

因为 $G(j\omega)$ 是复数，所以可以写成实部与虚部相加的代数式、指数式、对数式等形式。根据不同的表达形式可以画成相应的曲线。常用的曲线有三种：幅相频率曲线（极坐标图）、对数频率特性曲线（伯德图，对数坐标图）、对数幅相曲线（对数幅相图、尼柯尔斯图）。

（1）实频、虚频特性

设系统的传递函数为

$$G(s)=\frac{b_0s^m+b_1s^{m-1}+\cdots+b_m}{a_0s^n+a_1s^{n-1}+\cdots+a_n}$$

令 $s=\mathrm{j}\omega$，可得系统的频率特性：

$$G(\mathrm{j}\omega)=\frac{b_0(\mathrm{j}\omega)^m+b_1(\mathrm{j}\omega)^{m-1}+\cdots+b_m}{a_0(\mathrm{j}\omega)^n+a_1(\mathrm{j}\omega)^{n-1}+\cdots+a_n}=P(\omega)+\mathrm{j}Q(\omega) \tag{4-16}$$

式中：$P(\omega)$——频率特性的实部，又称实频特性；

$Q(\omega)$——频率特性的虚部，又称虚频特性。

式（4-16）是系统的频率特性的实部与虚部相加的代数形式的表示。

实频特性图和虚频特性图分别图示了频率特性的实部与虚部，其用处不太大。

（2）幅频特性、相频特性

式（4-16）可以写成指数形式

$$G(\mathrm{j}\omega)=\sqrt{p^2(\omega)+Q^2(\omega)}\angle\arctan\frac{Q(\omega)}{P(\omega)}=A(\omega)\mathrm{e}^{\mathrm{j}\varphi(\omega)} \tag{4-17}$$

$$A(\omega)=\sqrt{p^2(\omega)+Q^2(\omega)}\qquad\varphi(\omega)=\arctan\frac{Q(\omega)}{P(\omega)} \tag{4-18}$$

式中：$A(\omega)$——频率特性的幅值，称为幅频特性；

$\varphi(\omega)$——频率特性的相位移，称为相频特性。

①幅频特性曲线：以频率 ω 为横坐标，以幅频 $A(\omega)$ 为纵坐标，可画出 $A(\omega)$ 随频率 ω 变化的曲线，即幅频特性曲线。

②相频特性曲线：以频率 ω 为横坐标，以相频 $\varphi(\omega)$ 为纵坐标，可画出 $\varphi(\omega)$ 随频率 ω 变化的曲线，即相频特性曲线。

以惯性环节为例，幅频、相频随输入正弦频率 ω 变化的数据见表 4-1，按表的数据用描点法画出惯性环节的幅频特性曲线、相频特性曲线，如图 4-2 所示。

表 4-1　幅频、相频随输入频率 ω 变化的数据

ω	0	$\frac{1}{2T}$	$\frac{1}{T}$	$\frac{2}{T}$	$\frac{3}{T}$	$\frac{4}{T}$	$\frac{5}{T}$	∞
$1/\sqrt{(T\omega)^2+1}$	1	0.89	0.707	0.45	0.32	0.24	0.2	0
$-\arctan T\omega$/（°）	0	-26.6	-45	-63.5	-71.5	-76	-78.7	-90

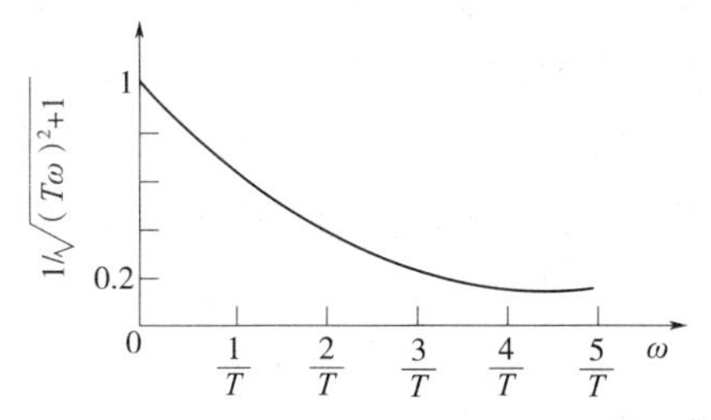

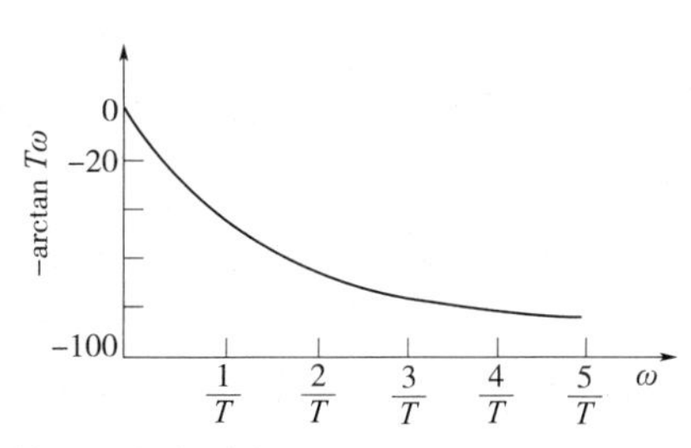

图 4-2　惯性环节幅频特性和相频特性

（3）幅相频率特性

$$G(\mathrm{j}\omega)=|G(\mathrm{j}\omega)|\mathrm{e}^{\mathrm{j}\angle G(\mathrm{j}\omega)}=A(\mathrm{j}\omega)\mathrm{e}^{\mathrm{j}\varphi(\omega)}$$

称为幅相频率特性

幅相频率特性图以横轴为实轴、纵轴为虚轴，构成复数平面，在复平面上一个复数可以用一个点或一条矢量来表示。那么在直角坐标或极坐标平面上，以频率 ω 为参量，当 ω 由零变化到无穷大时，$G(\mathrm{j}\omega)$ 矢量的终端走过的轨迹，称为幅相频率特性图或极坐标图。因此，画极坐标图有两种方法：一是求出每个 ω 对应的实部和虚部并在图中标出相应位置；二是求出每个 ω 对应的幅值和相角，在图中标出相应位置。乃奎斯特在 1932 年基于极坐标图的形状阐述了系统的稳定性问题，由于他的工作，通常又称极坐标图为乃奎斯特（Nyquist）图（乃氏图）。按表 4-1 的数据画出惯性环节的幅相频特性曲线如图 4-3 所示。

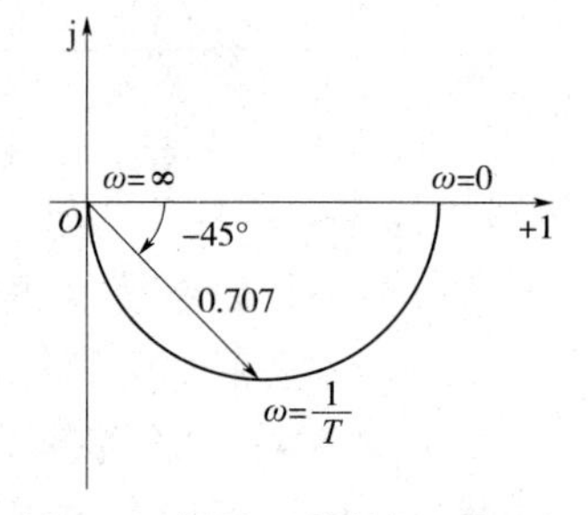

图 4-3 惯性环节的极坐标图

极坐标图的优点：在一张图上就可以较容易地得到全部频率范围内的频率特性，利用图形可以较容易地对系统进行系统稳定性和相对稳定性的定性分析。

（4）对数频率特性

对式 $G(\mathrm{j}\omega)=A(\mathrm{j}\omega)\mathrm{e}^{\mathrm{j}\varphi(\omega)}$ 两边取对数得

$$\lg G(\mathrm{j}\omega)=\lg[A(\omega)\mathrm{e}^{\mathrm{j}\varphi(\omega)}]=\lg A(\omega)+\mathrm{j}\varphi(\omega)\lg \mathrm{e}=\lg A(\omega)+\mathrm{j}\,0.434\varphi(\omega)$$

这就是对数频率特性的表达式，习惯上，一般不考虑 0.434 这个系数，而只用相角位移本身。

通常将对数幅频特性绘在以 10 为底的半对数坐标中，频率特性幅值的对数值常用分贝值（dB）表示，其关系式为

$$L(\omega)=20\lg|G(\mathrm{j}\omega)| \tag{4-19}$$

式（4-19）体现了对数幅频特性。在这里

$$\varphi(\omega)=\angle G(\mathrm{j}\omega) \tag{4-20}$$

式（4-20）体现了对数相频特性。

频率特性的对数坐标图称为对数频率特性图。为了纪念伯德对经典控制理论所做出的贡献，对数频率特性图又称伯德（Bode）图。

对数频率特性图由两幅图组成：一幅是对数幅频特性图，另一幅是对数相频特性图。分别表示频率特性的幅值和相角与角频率之间的关系。画图时，经常两幅图按频率上下对齐，容易看出同一频率时的幅值和相角。两幅图的横坐标都是角频率 ω（rad/s），采用对数分度，即横轴上标示的是角频率 ω，但它的长度实际上是按 $\lg\omega$ 来分度。对数幅频特性图的纵坐标表示 $20\lg|G(\mathrm{j}\omega)|$，单位为 dB（分贝），采用线性分度；相频特性图纵坐标是 $\angle G(\mathrm{j}\omega)$，单位是度或 rad，线性分度。由于纵坐标是线性分度，横坐标是对数分度，由此构成的坐标系是半对数坐标系。所以频率特性的对数坐标图是绘制在单（半）对数坐标纸上的。此内容读者经常搞不清楚，有必要在此简单介绍其概念。

线性分度：与给定值成比例分坐标刻度称为线性分度。

对数分度：与给定值成对数关系分坐标刻度称为对数分度。注意分度不再是等分的。

频程：频率由 ω 变到 2ω 的频带宽度称为 2 倍频程。频率由 ω 变到 10ω 的频带宽度称为 10 倍频程或 10 倍频，记为 dec。频率轴采用对数分度，频率比相同的各点间的横轴方向的距离相同，如 ω 为 0.1、1、10、100、1000 的各点间横轴方向的间距相等。10 倍频程中的对数分度如表 4-2 所示。

由于 $\lg 0 = -\infty$，所以横轴上画不出频率为 0 的点，因此要强调的是，在坐标原点处的 ω 值不得为零，而是一个非零的正值。具体作图时，横坐标轴的最低频率要根据所研究的频率范围选定，图 4-4 为对数坐标刻度图。

表 4-2　10 倍频程中的对数分度

ω	1	2	3	4	5	6	7	8	9	10
$\lg\omega$	0	0.301	0.477	0.602	0.699	0.788	0.845	0.903	0.954	1

频率轴采用对数分度的最大优点是，可以将很宽的频率范围清楚地画在一张图上，从而能同时清晰地表示出频率特性在低频段、中频段和高频段的情况，这对于分析和设计控制系统是非常重要的。另外，对数幅频特性的纵坐标按对数分度的主要原因是为了将乘法变成加法，它的优点将在求系统对数幅频特性图时展现。

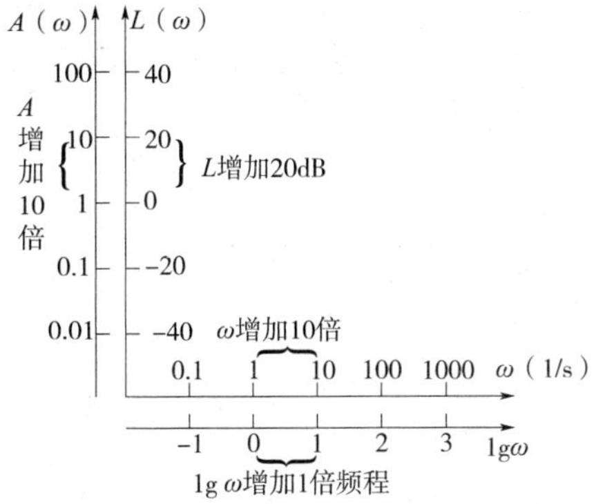

图 4-4　对数坐标刻度图

3. 对数频率特性图绘制

典型环节的对数频率特性图

（1）比例环节

传递函数

$$G(s) = K$$

频率特性

$$G(j\omega) = K$$

故有

$$L(\omega) = 20\lg|G(j\omega)| = 20\lg K \tag{4-21}$$

$$\varphi(\omega) = \angle G(j\omega) = 0° \tag{4-22}$$

比例环节的伯德图如 4-5 所示。对数幅频特性是平行于横轴的直线，与横轴相距 $20\lg K$ dB。当 $K>1$ 时，直线位于横轴上方；$K<1$ 时，直线位于横轴下方。相频特性是与横轴相重合的直线。K 的数值变化时，对数幅频特性图中的直线 $20\lg K$ 向上或向下平移，但相频特性不改变。

（2）积分环节

传递函数

$$G(s) = \frac{1}{s}$$

幅相频率特性

$$G(\mathrm{j}\omega)=\frac{1}{\mathrm{j}\omega}=\frac{1}{\omega}\angle -90^{\circ}$$

对数幅频特性为

$$L(\omega)=20\lg|G(\mathrm{j}\omega)|=20\lg\frac{1}{\omega}=-20\lg\omega \tag{4-23}$$

由于横坐标实际上是 $\lg\omega$，把 $\lg\omega$ 看成是横轴的自变量，而纵轴是函数 $20\lg|G(\mathrm{j}\omega)|$，可见式（4-23）是一条斜率为 -20 的直线。当 $\omega=1$ 时，$20\lg|G(\mathrm{j}\omega)|=0$，所以该直线在 $\omega=1$ 处穿越横轴（或称 0 dB 线），如图 4-5 所示。由于

$$20\lg\frac{1}{10\omega}-20\lg\frac{1}{\omega}=-20\lg10\omega+20\lg\omega=-20\ \mathrm{dB}$$

可见在该直线上，频率由 ω 增大到 10 倍变成 10ω 时，纵坐标数值减少 20 dB，故记其斜率为 -20 dB/dec。于是积分环节的对数幅频特性是过（1，0）点斜率为 -20 dB/dec 的直线。因为 $\varphi(\omega)=\angle G(\mathrm{j}\omega)=-90^{\circ}$，所以相频特性是通过纵轴上 -90° 且平行于横轴的直线，如图 4-6 所示。

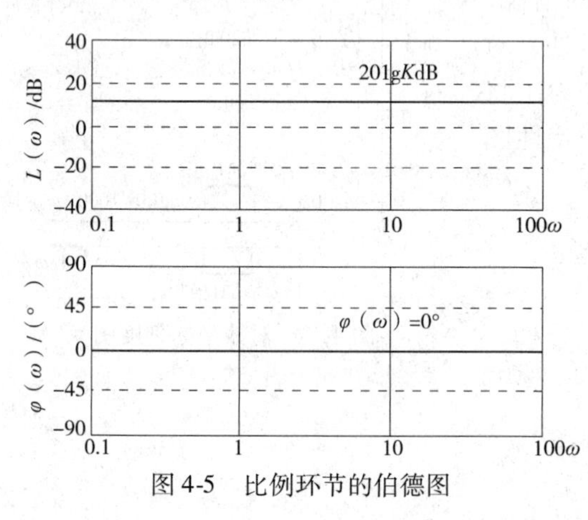

图 4-5　比例环节的伯德图

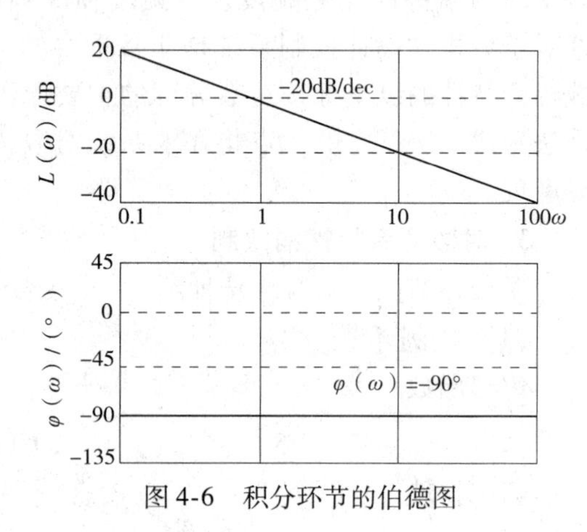

图 4-6　积分环节的伯德图

如果 n 个积分环节串联，则传递函数为

$$G(s)=\frac{1}{s^{n}}$$

对数幅频特性为

$$L(\omega)=20\lg|G(\mathrm{j}\omega)|=20\lg\frac{1}{\omega^{n}}=-20n\lg\omega \tag{4-24}$$

$\omega=1, L(\omega)=0$，所以该对数幅频特性直线同样在 $\omega=1$ 处穿越横轴，只是斜率变为 $-20n$ dB/dec。

因为

$$\angle G(\mathrm{j}\omega)=-n\times90^{\circ} \tag{4-25}$$

所以它的相频特性是通过纵轴上 $-n\times90^{\circ}$ 平行于横轴的直线。

如果一个比例环节 K 和 n 个积分环节串联，则整个环节的传递函数和频率特性分别为

$$G(s) = \frac{K}{s^n} \tag{4-26}$$

$$G(j\omega) = \frac{K}{j^n \omega^n} \tag{4-27}$$

相频特性 $\angle G(j\omega) = -n \times 90°$。

对数幅频特性为

$$L(\omega) = 20\lg|G(j\omega)| = 20\lg\frac{K}{\omega^n} = 20\lg K - 20n\lg\omega \tag{4-28}$$

联想起初等数学中的直线表达式 $y = a + kx$，类比可知它是通过点（1，20lg$K$）、斜率为 $-20n$ dB/dec 的直线；或者它也是穿越点（$\omega = n\sqrt{K}$，0），斜率为 $-20n$ dB/dec 的直线。

（3）惯性环节

传递函数

$$G(s) = \frac{1}{Ts + 1}$$

频率特性

$$G(j\omega) = \frac{1}{j\omega T + 1} = \frac{1}{\sqrt{1 + \omega^2 T^2}}\angle - \arctan\omega T$$

对数幅频特性为

$$L(\omega) = 20\lg|G(j\omega)| = 20\lg\frac{1}{\sqrt{T^2\omega^2 + 1}} = -20\lg\sqrt{T^2\omega^2 + 1} \tag{4-29}$$

由上式可见，对数幅频特性是一条比较复杂的曲线。为了简化，一般用直线近似地代替曲线。可以分段来讨论。

低频段：当 $\omega T \leqslant 1$，即 $\omega \leqslant 1/T$ 时，略去 $T\omega$，式（4-29）变成

$$L(\omega) \approx -20\lg 1 = 0 \text{ dB} \tag{4-30}$$

故在频率很低时，对数幅频特性可以近似用零分贝线表示，称之为低频渐进线。

高频段：当 $\omega T \geqslant 1$，即 $\omega \geqslant 1/T$ 时，略去1，式（4-29）变成

$$L(\omega) \approx -20\lg T\omega = -20\lg T - 20\lg\omega \tag{4-31}$$

这是一条斜率 -20 dB/dec 的直线，它与低频渐进线相交在横轴上的 $\omega = 1/T$ 处，该线段称之为高频渐进线。上述两条渐进线的交点频率 $\omega = 1/T$，称为转折频率或交接频率。并称这两条直线形成的折线为惯性环节的渐近线或渐近幅频特性。实际的对数幅频特性曲线与渐近线的图形如图4-7所示。它们在 $\omega = 1/T$ 附近的误差较大，误差值通过式（4-29）至式（4-30）进行计算，典型数值列于表4-3中，最大误差发生在 $\omega = 1/T$ 处，误差为 -3 dB。渐近线容易画，误差也不大，所以绘惯性环节的对数幅频特性曲线时，一般都绘渐近线。绘渐近线的关键是找到转折频率 $\omega = 1/T$。低于转折频率的频段，渐近线是0 dB线；高于转折频率的部分，渐近线是斜率为 -20 dB/dec 的直线。必要时可根据表4-3对渐近线进行修正，从而得到精确的对数幅频特性曲线。

表 4-3 惯性环节渐近幅频特性误差表

ωT	0.1	0.25	0.4	0.5	1.0	2.0	2.5	4.0	10
误差/dB	-0.04	-0.26	-0.65	-1.0	-3.01	-1.0	-0.65	-0.26	-0.04

相频特性按式 $\varphi(\omega) = -\arctan T\omega$ 绘制，如图 4-7 所示。相频特性曲线有 3 个关键处：$\omega \to 0$ 时，$\angle G(j\omega) \to 0°$；$\omega = 1/T$ 时，$\angle G(j\omega) = -45°$；$\omega \to \infty$ 时，$\angle G(j\omega) \to -90°$。因为相角是以反正切函数的形式表示的，所以相角对于转折点 $\varphi = -45°$ 是斜对称的。

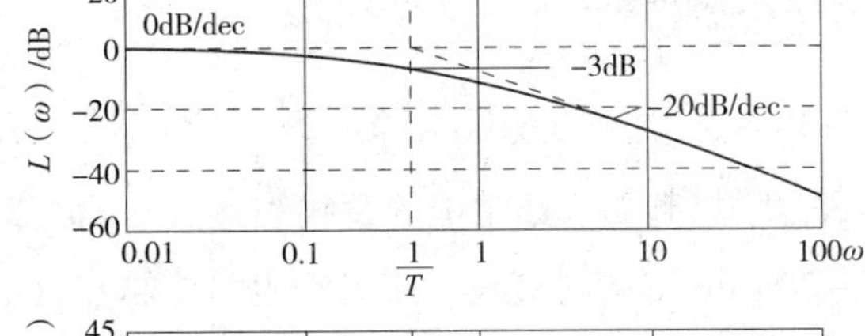

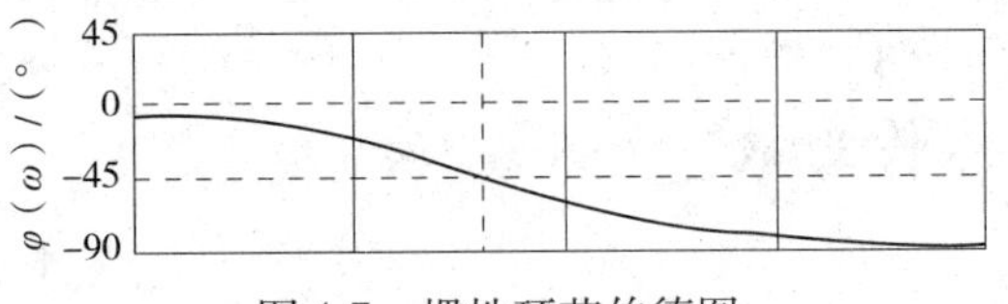

图 4-7 惯性环节伯德图

(4) 振荡环节

传递函数

$$G(s) = \frac{1}{T^2s^2 + 2\xi Ts + 1} = \frac{\omega_n^2}{s^2 + 2\xi\omega_n s + \omega_n^2}$$

频率特性

$$G(j\omega) = \frac{1}{(1 - T^2\omega^2) + 2\xi T\omega}$$

振荡环节的对数幅频特性为

$$L(\omega) = -20\lg\sqrt{(1 - T^2\omega^2)^2 + (2\xi T\omega)^2} \tag{4-32}$$

可见对数幅频特性是角频率 ω 和阻尼比 ξ 的二元函数，它的精确曲线相当复杂，一般以渐近线代替。

①低频段：当 $\omega T \leqslant 1$，即 $\omega \leqslant 1/T$ 时，略去式（4-32）中 $T\omega$ 可得

$$L(\omega) \approx -20\lg 1 = 0 \text{ dB} \tag{4-33}$$

这是与横轴重合的直线。

②高频段：当 $\omega T \geqslant 1$，即 $\omega \geqslant 1/T$ 时，略去 1 和 $2\xi T\omega$ 可得

$$L(\omega) \approx -20\lg T^2\omega^2 = -40\lg T\omega = -40\lg T - 40\lg\omega \text{dB} \tag{4-34}$$

这说明高频段是斜率为 -40 dB/dec 的直线，它通过横轴上 $\omega = 1/T = \omega_n$ 处。这两条直线交于横轴上 $\omega = 1/T$ 处。称这两条直线形成的折线为振荡环节的渐近线或渐近幅频特性，如图 4-8 所示。它们交点所对应的频率 $\omega = 1/T = \omega_n$ 同样称为转折频率或交接频率。在绘制振荡环节对数频率特性时，这个频率是一个重要的参数。我们可以用渐近线代替精确曲线，必要时进行修正。

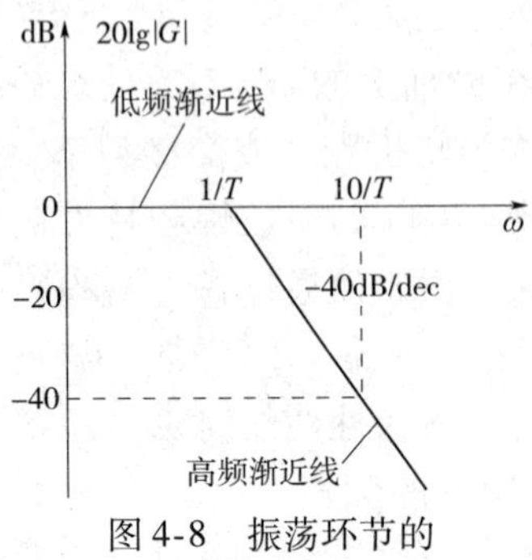

图 4-8 振荡环节的渐近幅频特性

振荡环节的精确幅频特性与渐近线之间的误差可通过式（4-32）至式（4-34）进行计算。它是 ω 与 ξ 的二元函数，如图 4-9 所示。可见这个误差值可能很大，特别是在转折频率处误差最大，所以往往要利用图 4-9 对渐近线进行修正，特别是在转折频率附近进行修正。$\omega = 1/T$ 时的精确值是 $-20\lg 2\xi$ dB。精确的对数幅频特性曲线如图 4-10 所示。

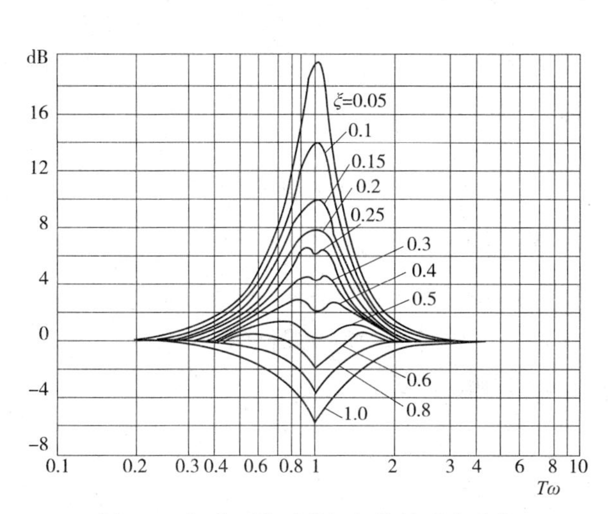

图4-9　振荡环节对数幅频特性误差曲线

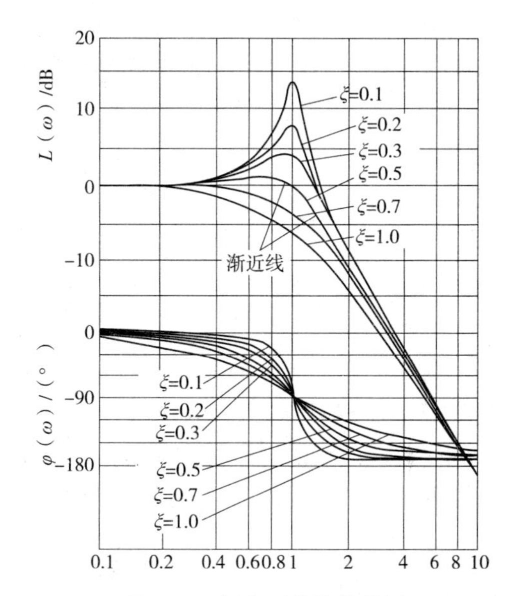

图4-10　振荡环节的伯德图

由式（4-29）可绘出相频特性曲线，如图4-10所示。相频特性同样是 ω 与 ξ 的二元函数。曲线的典型特征是 $\omega\to0$ 时，$\angle G(\mathrm{j}\omega)\to0°$；$\omega=1/T=\omega_n$ 时，$\angle G(\mathrm{j}\omega)=-90°$；$\omega\to\infty$ 时，$\angle G(\mathrm{j}\omega)\to-180°$。

（5）延迟环节

传递函数

$$G(s)=\mathrm{e}^{-\tau s}$$

延迟环节的频率特性

$$G(\mathrm{j}\omega)=\mathrm{e}^{-\mathrm{j}\tau\omega} \tag{4-35}$$

$$L(\omega)=20\lg|G(\mathrm{j}\omega)|=20\lg1=0\ \mathrm{dB}$$

$$\varphi(\omega)=-\tau\omega\mathrm{rad}=-57.3°\tau\omega \tag{4-36}$$

可见，延迟环节对数幅频特性为零分贝线；相角与角频率 ω 成线性变化。$\tau=0.5$ s时可绘出延迟环节的频率特性对数坐标图，如图4-11所示。如果不采取对消措施，高频时将造成严重的相位滞后。这类延迟环节通常存在于热力、液压和气动等系统中。

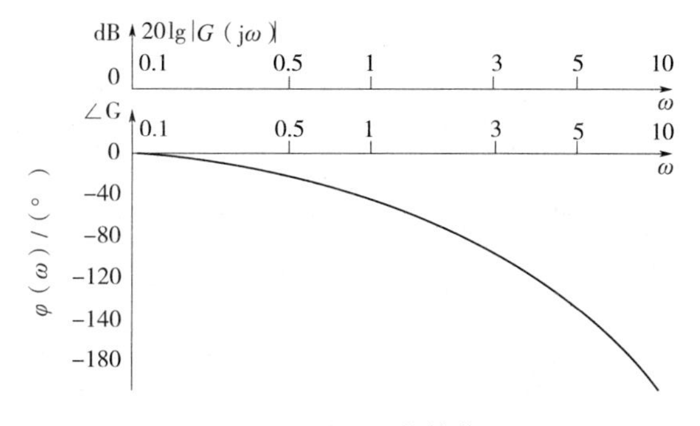

图4-11　延迟环节伯德图

最小相位典型环节中，积分环节与微分环节、惯性环节与一阶微分环节、振荡环节与二阶微分环节的传递函数互为倒数，即有下述关系成立：

$$G_1(s)=\frac{1}{G_2(s)}$$

设 $G_1(\mathrm{j}\omega)=A_1(\omega)\mathrm{e}^{\mathrm{j}\varphi_1(\omega)}$ 则

$$\begin{cases}\varphi_2(\omega)=-\varphi_1(\omega)\\ L_2(\omega)=20\lg A_2(\omega)=20\lg\dfrac{1}{A_1(\omega)}=-L_1(\omega)\end{cases}$$

由此可知，传递函数互为倒数的典型环节，对数幅频曲线关于 0 dB 线对称，对数相频曲线关于 0°线对称。在非最小相位环节中，同样存在传递函数互为倒数的典型环节，其对数频率特性曲线的对称性亦成立；所以，纯微分环节、一阶微分环节、二阶微分环节的伯德图如图 4-12 所示。

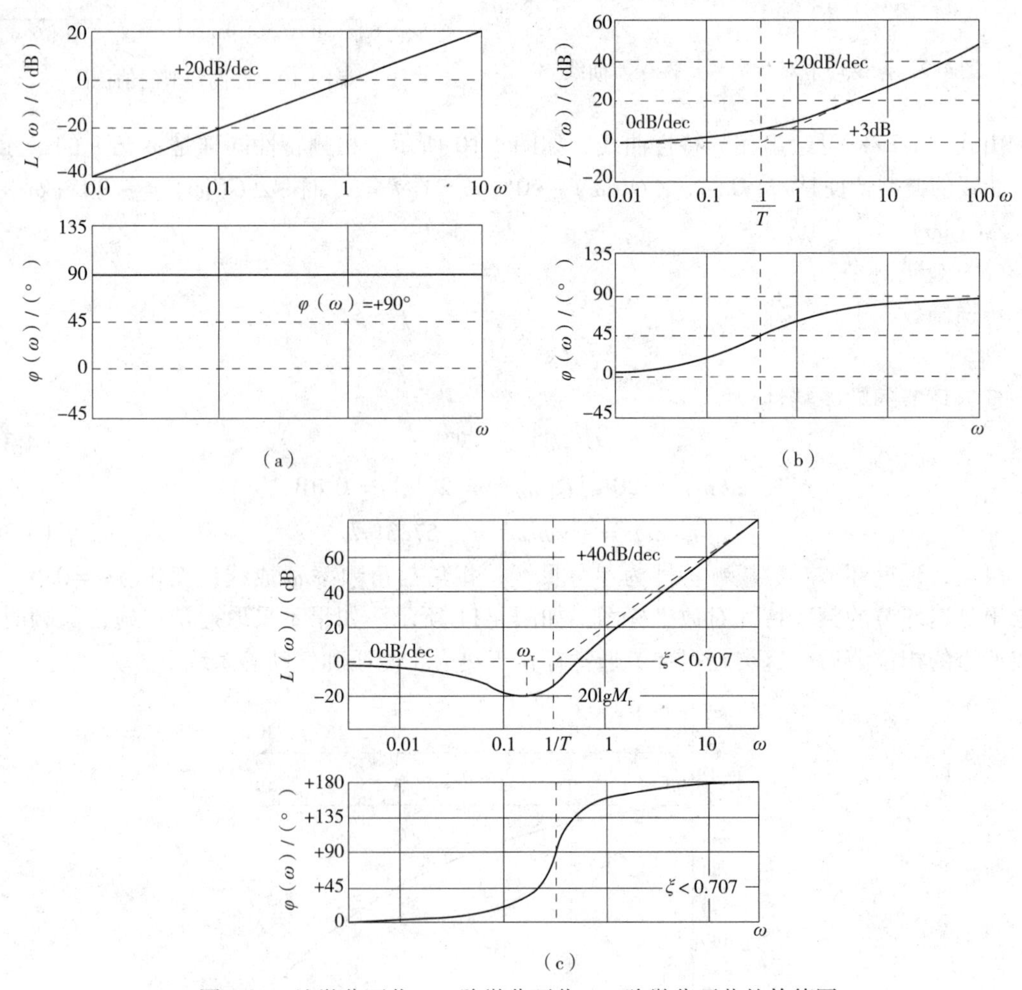

图 4-12 纯微分环节、一阶微分环节、二阶微分环节的伯德图

4. 开环对数频率特性的绘制

叠加法绘制开环对数频率特性曲线的步骤如下：

①分析开环系统由哪些典型环节串联而成，并把每个环节写标准形式；

②在同一坐标系下绘制各典型环节的对数幅频特性曲线和对数相频特性曲线；

③分别将各典型环节的对数幅频特性曲线和和对数相频特性曲线相加，即可得到开环系统的对数频率特性曲线。

系统的开环传递函数一般容易写成典型环节传递函数相乘的形式

$$G(s)H(s) = \prod_{i=1}^{n} G_i(s)$$

开环幅频特性为

$$A(\omega) = \prod_{i=1}^{n} A_i(\omega) \tag{4-37}$$

开环对数幅频特性函数为

$$20\lg|A(\omega)| = 20\lg|A_1(\omega)| + 20\lg|A_2(\omega)| + \cdots + 20\lg|A_n(\omega)| \tag{4-38}$$

$$L(\omega) = \sum_{i=1}^{n} L_i(\omega) \tag{4-39}$$

相频特性函数分别为

$$\angle G(\mathrm{j}\omega) = \angle G_1(\mathrm{j}\omega) + \angle G_2(\mathrm{j}\omega) + \cdots + \angle G_n(\mathrm{j}\omega) \tag{4-40}$$

可见开环对数频率特性等于相应的基本环节对数频率特性之和，只要先做出各基本环节的对数幅频和相频曲线，然后对它们分别进行代数叠加，就能画出整个开环系统的伯德图。在绘制对数幅频特性图时，总是用典型环节的直线或折线渐近线代替其精确幅频特性，若对它们求和便可以得到开环系统的折线形式的对数幅频特性图。这一结论是因为在求直线渐近线的和时，用到了下述规则：在平面坐标图上，几条直线相加的结果仍为一条直线，和的斜率等于各直线斜率之和。显然，这个方法既不便捷又费时间，实际工作中，可以不必将各环节特性单独画出，再进行叠加，而是常用下述方法，直接画出开环系统的伯德图。这样可以明显减少计算和绘图工作量。必要时可以对折线渐近线进行修正，以便得到足够精确的对数幅频特性。鉴于系统开环对数幅频渐近特性在控制系统的分析和设计中具有十分重要的作用，以下着重介绍开环对数幅频渐近特性曲线的绘制方法。

对于任意的开环传递函数，可按典型环节分解，将组成系统的各典型环节分为三部分：

（1）$\dfrac{K}{s^v}$或$\dfrac{-K}{s^v}(K>0)$。

（2）一阶环节，包括惯性环节、一阶微分环节以及对应的非最小相位环节，交接频率为$\dfrac{1}{T}$。

（3）二阶环节，包括振荡环节、二阶微分环节以及对应的非最小相位环节，交接频率为ω_n。

记$\omega_{\min}$为最小交接频率，称$\omega<\omega_{\min}$的频率范围为低频段。典型环节中，K及$-K(K>0)$、微分环节和积分环节的对数幅频特性曲线均为直线，可直接取其为渐近特性。

4.1.1 开环对数幅频渐近特性线的绘制

开环对数幅频渐近特性线的绘制按以下步骤进行：

（1）把系统传递函数化为标准形式，即化为典型环节的传递函数乘积，分析它的组成环节。

（2）确定一阶环节、二阶环节的转折频率，由小到大将各转折频率标注在半对数坐标图的频率轴上。

（3）绘制低频段渐近特性线：由于一阶环节或二阶环节的对数幅频渐近线在转折频率前幅值为零且斜率为 0 dB/dec，到转折频率处斜率才发生变化，故在 $\omega<\omega_{\min}$ 频段内，只有积分（或纯微分）环节和比例环节起作用，开环系统幅频渐近特性的斜率取决于 $\frac{K}{\omega^{v}}$，因而直线斜率为 $-20v$ dB/dec。为获得低频渐近线，还需确定该直线上的一点，可以采用以下三种方法：

方法一：在 $\omega<\omega_{\min}$ 范围内，任选一点 ω_0，计算

$$L_a(\omega_0)=20\lg K-20v\lg\omega_0$$

方法二：取频率为特定值 $\omega_0=1$，则

$$L_a(1)=20\lg K$$

方法三：取 $L_a(\omega_0)$ 为特殊值 0，则有 $\frac{K}{\omega_0^{v}}=1$，$\omega_0=K^{\frac{1}{v}}$。过 $[\omega_0,L_a(\omega_0)]$ 在 $\omega<\omega_{\min}$ 范围内作斜率为 $-20v$ dB/dec 的直线。显然，若有 $\omega>\omega_{\min}$，则点 $[\omega_0,L_a(\omega_0)]$ 位于低频渐近特性曲线的延长线上。

（4）以低频段为起始段，从它开始每到一个转折频率，折线发生转折，斜率变化规律取决于该转折频率对应的典型环节的种类。如果遇到惯性环节，斜率增加 −20 dB/dec；如果遇到一阶微分环节，斜率增加 +20 dB/dec；如果遇到振荡环节，斜率增加 −40 dB/dec；如果遇到二阶微分环节，斜率增加 +40 dB/dec。应该注意的是，当系统的多个环节具有相同转折频率时，该转折频率点处斜率的变化应为各个环节对应的斜率变化值的代数和，分段直线最后一段是对数幅频曲线的高频渐近线，其斜率为 $-20(n-m)$ dB/dec，其中 n 为 $G(s)$ 分母的阶次（s 的最高幂次数），m 为 $G(s)$ 分子的阶次。

（5）如有必要，可对上述折线渐近线加以修正，一般在转折频率处进行修正。

对数相频渐近特性曲线的绘制方法：画出每一个环节的对数相频特性曲线的叠加，或取低、中、高区域中若干频率计算相角，连成曲线，即得到开环系统的相频特性曲线。实际工作中常采用分析法画图。低频区，对数相频特性趋于 $-90°v$；高频区，$\omega\to\infty$ 时，相频特性趋于 $-(n-m)\times90°$。

例 4-1 已知开环传递函数为

$$G(s)=\frac{7.5\left(\frac{s}{3}+1\right)}{s\left(\frac{s}{2}\right)\left(\frac{s^2}{2}+\frac{s}{2}+1\right)}$$

试绘制系统的开环对数频率特性图。

解 (1) 该传递函数中各典型环节的名称、转折频率和渐近线斜率，按频率由低到高的顺序排列如下：比例环节与积分环节，-20 dB/dec；振荡环节，$\omega_1=\sqrt{2}$ rad/s，-40 dB/dec；惯性环节，$\omega_2=2$ rad/s，-20 dB/dec；一阶微分环节，$\omega_3=3$ rad/s，20 dB/dec。将各典型环节的转折频率依次标在频率轴上，如图 4-13 所示。

(2) 最低的转折频率为 $\omega_1=\sqrt{2}$。当 $\omega<\sqrt{2}$时，对数幅频特性就是 7.5/s 的对数幅频图。这是一条斜率为 -20 dB/dec 的直线，直线位置由下述条件之一确定：当 $\omega=1$ 时，直线纵坐标为 $20\lg7.5=17.5$ dB；$\omega=7.5$ 时，直线穿过 0 dB 线，如图 4-13 所示。

(3) 将上述直线延长至第一个转折频率 $\omega_1=\sqrt{2}$处，是振荡环节转折频率，所以在此位置直线斜率增加 -40 dB/dec 变为 -20 dB/dec -40 dB/dec $=-60$ dB/dec。将折线延长到下一个转折频率 $\omega_2=2$ 处，在此处斜率变成 $-60-20=-80$ dB/dec。将折线延至 $\omega_3=3$ 处，斜率变为：-80 dB/dec $+20$ dB/dec $=-60$ dB/dec。这样就得到了全部开环对数幅频渐近线，如图 4-13 所示。如果有必要，可对渐近线进行修正。

(4) 求出相频特性。对于本例，有

$$\angle G(j\omega)=\arctan\frac{\omega}{3}-90^\circ-\arctan\frac{\omega}{2}+\angle G_1(j\omega)$$

式中：$\angle G_1(j\omega)$ 表示振荡环节的相频特性，且有

$$\angle G_1(j\omega)=\begin{cases}-\arctan\dfrac{\omega}{2-\omega^2} & \text{当 } \omega\leqslant\sqrt{2}\\[2ex] -180^\circ-\arctan\dfrac{\omega}{2-\omega^2} & \text{当 } \omega>\sqrt{2}\end{cases}$$

根据上两式就可计算出各频率所对应的相角，从而画出相频特性图形。一般只绘相频特性的近似曲线，$\omega\to0$ 时，$\angle G(j\omega)=-90^\circ$。

$\omega\to\infty$ 时，

$$\angle G(j\omega)=-(n-m)\times90^\circ=-(4-1)\times90^\circ=-270^\circ$$

根据这些数据就可绘出相频特性的近似图形，如图 4-14 所示。

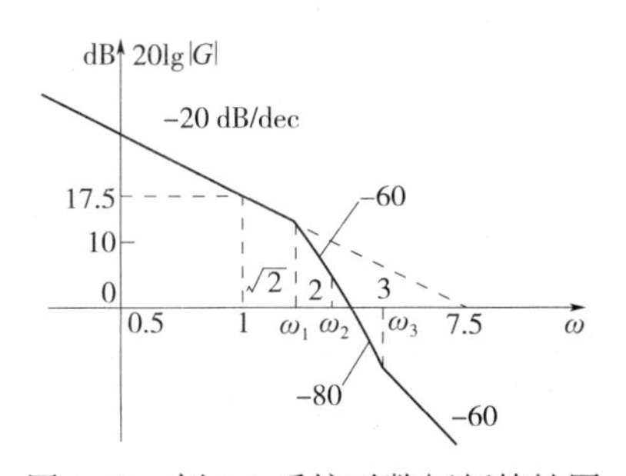

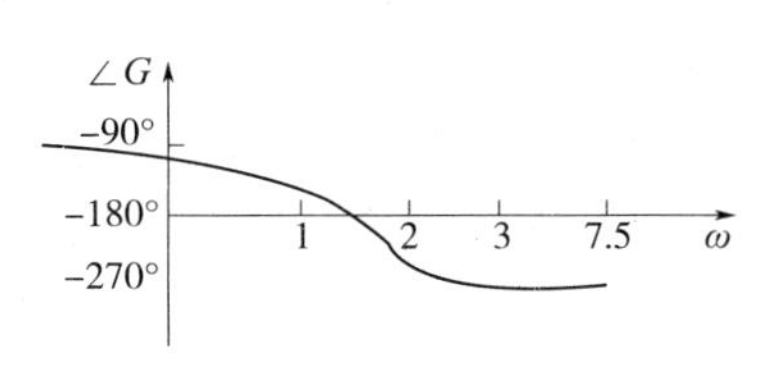

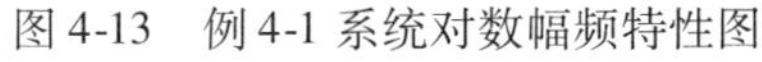

图 4-13 例 4-1 系统对数幅频特性图

图 4-14 例 4-1 系统的相频特性图

1. 系统的类型与对数幅频特性曲线低频渐近线斜率的对应关系

绘制开环对数幅频渐近线步骤：

(1) 分析系统是由哪些典型环节串联组成的，并将其化为标准形式。

(2) 确定各典型环节的交接（转折）频率，并按由小到大的顺序将其标在横坐标上。

（3）根据比例环节的 K 值，确定 A 点，即 A（1，20 lg$K$）。

（4）绘制对数幅频特性的低频渐近线，即过 A 点做一条斜率为 $-20v$ dB/dec 的斜线直到第一个转折频率 ω_1，延长线过 A 点。

（5）从低频渐近线开始，沿 ω 轴的频率增大方向，每遇到一个交接频率，对数幅频特性渐近线就改变一次斜率，当遇到惯性环节的交接频率时，斜率增加 -20 dB/dec。当遇到比例微分的交接频率时，斜率增加 $+20$ dB/dec。当遇到振荡环节的交接频率时，斜率增加 -40 dB/dec。由低频一直画到高频。

对数幅频特性的低频段是由因式$\dfrac{K}{(\mathrm{j}\omega)^v}$来表征的。我们知道，系统的类型是按照积分环节数 v 的数值来划分的。对于实际的控制系统，v 通常为 0、1 或 2。下面说明不同类型的系统与对数幅频特性曲线低频渐近线斜率的对应关系及开环增益 K 值的确定。

（1）0 型系统

设 0 型系统的开环频率特性为

$$G_K(\mathrm{j}\omega) = \frac{K_K \prod_{i=1}^{m} (\mathrm{j}\omega T_i + 1)}{\prod_{\mathrm{j}=1}^{n} (\mathrm{j}\omega T_{\mathrm{j}} + 1)}$$

其对数幅频特性的低频部分如图 4-15 所示。

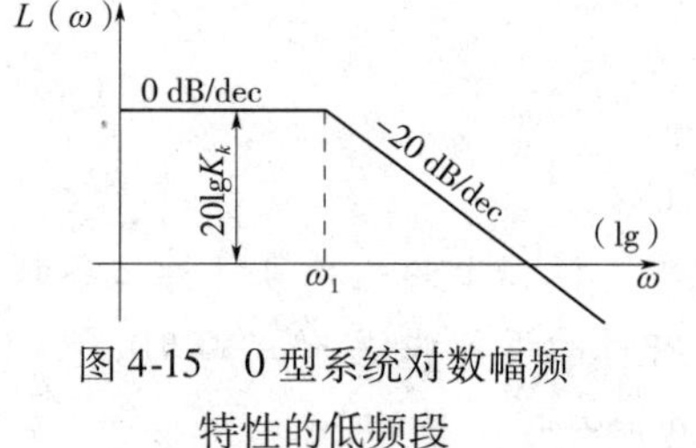

图 4-15　0 型系统对数幅频特性的低频段

可见：

①在低频段，斜率为 0 dB/dec；

②低频段的幅值为 $x = 20\lg K_K$dB，其对应的增益 $K_K = 10^{\frac{x}{20}}$，由此可以确定稳态位置误差系数 $K_p = K_k$。

（2）Ⅰ型系统

Ⅰ型系统的开环频率特性有如下形式

$$G_K(\mathrm{j}\omega) = \frac{K_K \prod_{i=1}^{m} (\mathrm{j}\omega T_i + 1)}{\mathrm{j}\omega \prod_{\mathrm{j}=1}^{n-1} (\mathrm{j}\omega T_{\mathrm{j}} + 1)}$$

其对数幅频特性的低频部分如图 4-16 所示。

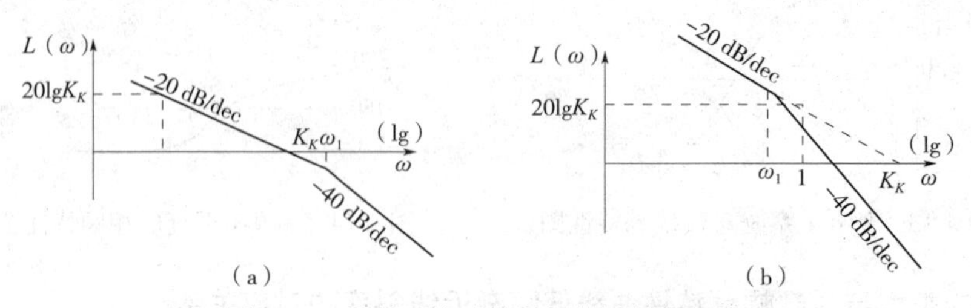

图 4-16　Ⅰ型系统对数幅频特性的低频段

$$L(\omega) = 20\lg K_K - 20\lg\omega L(\omega) = 20\lg K_K - 20\lg\omega$$

不难看出：

①在低频段，渐近线斜率为 -20 dB/dec。

②低频渐近线（或其延长线）在 $\omega=1$ 处的纵坐标值为 $20\lg K_K$。

③开环增益 K 在数值上也等于低频渐近线（或其延长线）与 0 dB 线相交点的频率值，即 $K_k=\omega_c$。由此还可以确定稳态速度误差系数 $K_p=K_k$。

系统的开环对数幅频特性 $L(\omega)$ 通过 0 dB 线，即 $L(\omega_c)=0$ 或 $A(\omega_c)=1$ 时的频率称为穿越频率或剪切频率。穿越频率是开环对数相频特性的一个重要的参量。

(3) Ⅱ型系统

设Ⅱ型系统的开环频率特性

$$G_K(\mathrm{j}\omega)=\frac{K_K\prod_{i=1}^{m}(\mathrm{j}\omega T_i+1)}{\mathrm{j}\omega^2\prod_{\mathrm{j}=1}^{k-2}(\mathrm{j}\omega T_\mathrm{j}+1)}$$

$$L(\omega)=20\lg K_K-20\lg\omega^2=20\lg K_K-40\lg\omega$$

不难得出如下结论：

①在低频段，渐近线斜率为 -40 dB/dec。

②低频渐近线（或其延长线）在 $\omega=1$ 处的纵坐标值为 $20\lg K_K$。

③开环增益 K 在数值上也等于低频渐近线（或其延长线）与 0 dB 线相交点的频率值的平方即 $K_k=\omega_c^2$。由此还可以确定稳态加速度误差系数 $K_a=K_k$。

2. 最小相位系统

根据系统传递函数的零点和极点在 s 复平面上的分布情况，来定义最小相位系统和非最小相位系统。系统开环传递函数的极点和零点均在 s 复平面的左侧的系统称为最小相位系统；反之，若系统传递函数的零点和（或）极点在 s 复平面上右侧，则此系统为非最小相位系统。如果开环传递函数的分子、分母中无正实根且无延迟环节及没有不稳定的环节时，该系统比定位最小相位系统。

最小相位系统的对数相频特性和对数幅频特性是一一对应的，根据系统的对数幅频特性，也就能唯一确定其对数相频特性，反之亦然。但是对非最小相位系统，就不存在上述的对应关系。实际工程上大多数是最小相位系统，为简化工作量，对于最小相位系统，一般利用伯德图进行系统分析，而且只分析对数幅频特性。

例 4-2 已知控制系统的开环传递函数为

$$G_1(s)=\frac{1+T_1s}{1+T_2s},\ G_2(s)=\frac{1-T_1s}{1+T_2s},\ G_3(s)=\frac{1+T_1s}{1-T_2s}$$

试绘制三个控制系统的对数频率特性曲线。

解 首先分别写出三各系统的幅频频率特性和对数幅频频率特性如下：

$$M_1(\omega)=M_2(\omega)=M_3(\omega)=\frac{\sqrt{(T_1\omega)^2+1}}{\sqrt{(T_2\omega)^2+1}}$$

$$L_1(\omega)=L_2(\omega)=L_3(\omega)=20\lg\sqrt{(T_1\omega)^2+1}-20\lg\sqrt{(T_2\omega)^2+1}$$

三个系统的相频频率特性因此为

$$\varphi_1(\omega) = \arctan T_1\omega - \arctan T_2\omega$$

$$\varphi_2(\omega) = -\arctan T_1\omega - \arctan T_2\omega$$

$$\varphi_3(\omega) = \arctan T_1\omega - \arctan T_2\omega$$

绘出三个系统对数频率特性曲线如图 4-17 所示。

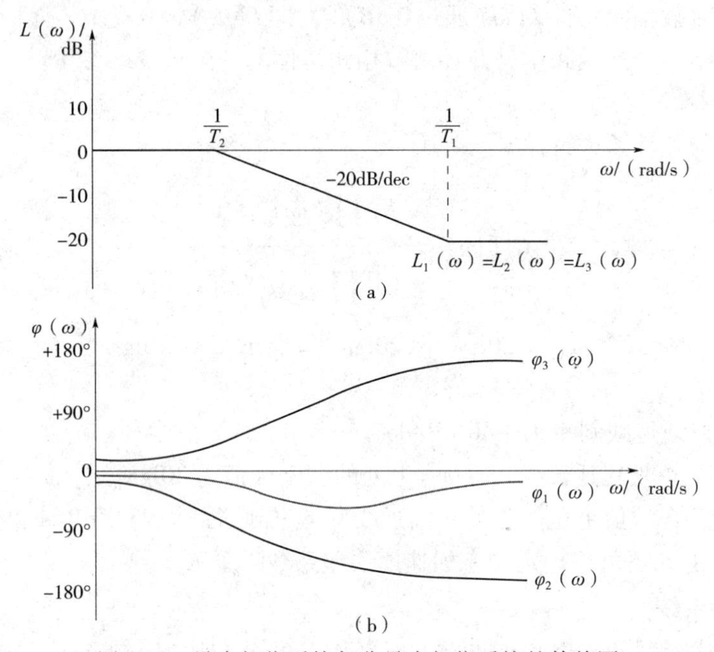

图 4-17　最小相位系统与非最小相位系统的伯德图

上例中，$G_1(S)$ 为最小相位系统的传递函数，而其他两个均为非最小相位系统，从最小相位系统与分最小相位系统的伯德图可看出，最小相位系统的伯德图 $\varphi(\omega)$ 离横轴的距离最小。最小相位系统的对数相频特性和对数幅频特性间存在着确定的对应关系，因此对于最小相位系统，只须根据其对数频率特性就能写出其传递函数，一般只作出它的幅频特性即可。

3. 根据伯德图确定传递函数

由伯德图的对数幅频特性曲线确定传递函数的方法如下：

（1）由 Bode 图的低频段斜率判别系统是否含有积分环节及积分环节的个数。

（2）按从小到大的顺序找出各转折频率，确定相应的时间常数和各转折频率所对应环节的类型。

（3）在图中找到 $\omega=1$ 时的分贝值 $20\lg K$ 所对应的坐标 A 点（1，$20\lg K$），若第一个交接频率小于 1，则其延长线交于 A 点，求出 K 值。

（4）判断系统由哪些典型环节组成，从而可直接写出其传递函数。

4. 乃奎斯特稳定判据

前面介绍了劳思稳定判据和根轨迹图，分别用系统的闭环特征方程和开环传函来判别系统的稳定性。虽然它们可以判别系统的稳定性，但必须知道系统的闭环或开环传函，而有些实际系统的传函是列写不出来的。

1932年，乃奎斯特提出了另一种判定闭环系统稳定性的方法，称为乃奎斯特（Nyquist）稳定判据。这个判据的主要特点是利用开环频率特性判定闭环系统的稳定性。开环频率特性容易画，若不知道传递函数，还可由实验测出开环频率特性。此外，乃奎斯特稳定判据还能够指出稳定的程度，提示改善系统稳定性的方法。因此，乃奎斯特稳定判据在频率域控制理论中有重要的地位。

由于频率特性的极坐标图较难绘制，而绘制开环伯德图比较容易。而且用乃奎斯特图分析稳定性时，系统中某个环节或某些参数的改变对系统稳定性影响不容易看出来，因此有必要将乃奎斯特图稳定判据“翻译”到伯德图中。

解决这个问题的关键是，极坐标中在（-1，j0）点左方正、负穿越负实轴的情况在对数坐标中是如何反映的。

极坐标图和伯德图有如下对应关系：

（1）极坐标图上的单位圆对应于伯德图上的0 dB线，极坐标图中单位圆以外的区域，对应于对数幅频特性坐标中0 dB线以上的区域。

（2）极坐标图上的负实轴对应于伯德图的-180°相位线。

按照正穿越相角增加、负穿越相角减少的概念，极坐标图上的正、负穿越负实轴就是伯德图中对数相频特性曲线正、负穿越-180°线。所以，开环频率特性的极坐标图在（-1，j0）点左方正、负穿越负实轴的次数，就对应于伯德图上，在开环对数幅频特性大于0 dB的频段内，相频特性曲线正穿越（相角增加）和负穿越（相角减少）-180°线的次数。

根据伯德图分析闭环系统的乃奎斯特稳定判据是，在开环幅频特性大于0 dB的所有频段内，相频特性曲线对-180°线的正、负穿越次数之差等于$P/2$。其中P为开环正实部极点个数。需要注意的是，当开环系统含有积分环节时，相频特性应增补ω由$0 \to 0^+$的部分。

例4-3　系统开环伯德图和开环正实部极点个数P如图4-18（a）、（b）、（c）所示，判定闭环系统稳定性。

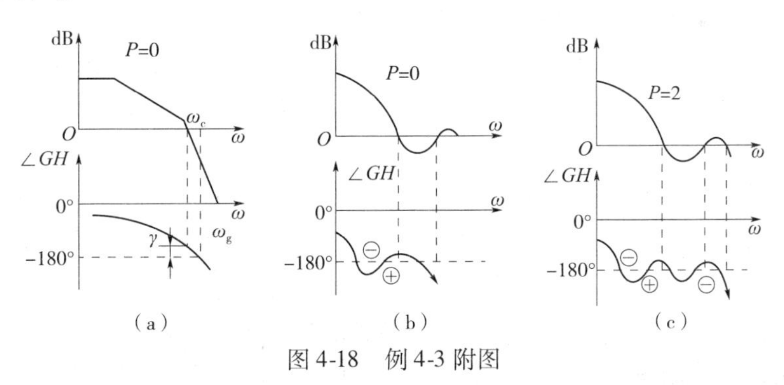

图4-18　例4-3附图

解　图4-18（a）中，$P=0$，幅频特性大于0 dB时，相频特性曲线没有穿越-180°线，故闭环稳定。

图4-18（b）中，$P=0$，幅频特性大于0 dB的各频段内，相频特性曲线对-180°线的正、负穿越次数之差等于$1-1=0$，所以系统闭环稳定。

图4-18（c）中，$P=2$，在幅频特性大于0 dB的所有频段内，相频特性曲线对-180°线的正、负穿越次数之差等于$1-2=-1 \neq 1$，故闭环不稳定。

例 4-4 某最小相位系统开环伯德图如图 4-19 所示，试判定闭环系统的稳定性。

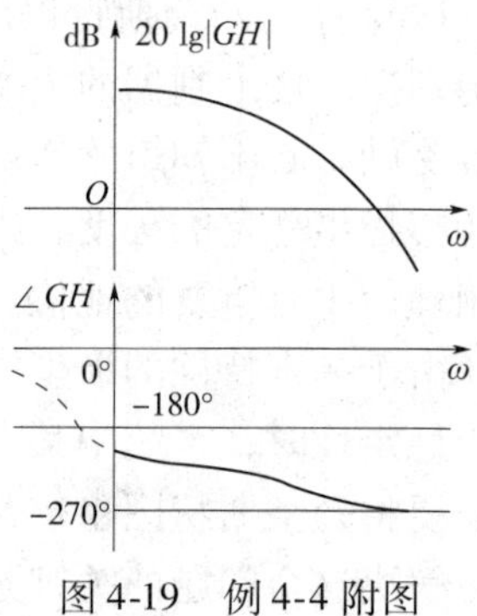

图 4-19 例 4-4 附图

解 由已知条件和图形可知，该系统开环传递函数含有 2 个积分环节，且 $\omega \to 0^+$ 时，$\angle GH \to -180°$；$\omega \to 0$ 时，$\angle GH \to 0°$。用虚线绘出相频特性的增补部分。从增补后的伯德图看，在 $20\lg|GH| > 0$ dB 的频段内，相频特性对 $-180°$ 线有 1 次负穿越，没有正穿越，故闭环不稳定。

例 4-5 最小相位系统开环传递函数为 $G(s)H(s) = \dfrac{K}{(T_1s+1)(T_2s+1)(T_3s+1)}$，分析开环增益 K 大小对系统稳定性的影响，如图 4-20 所示。

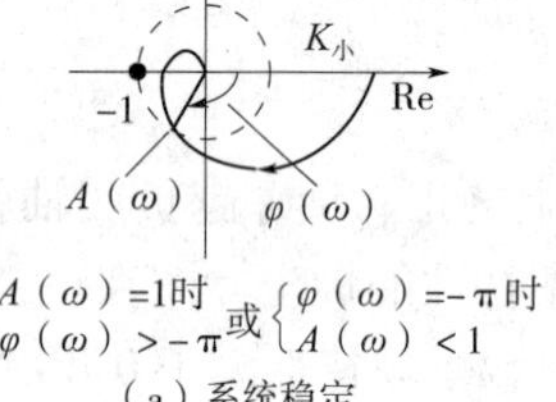

（a）系统稳定

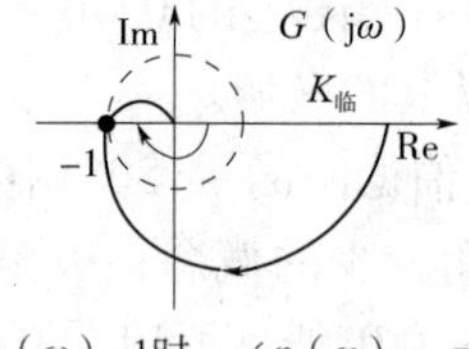

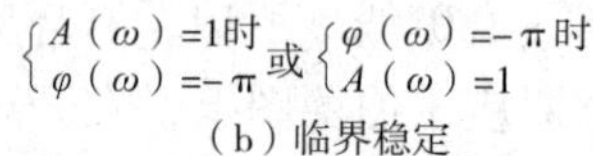

（b）临界稳定

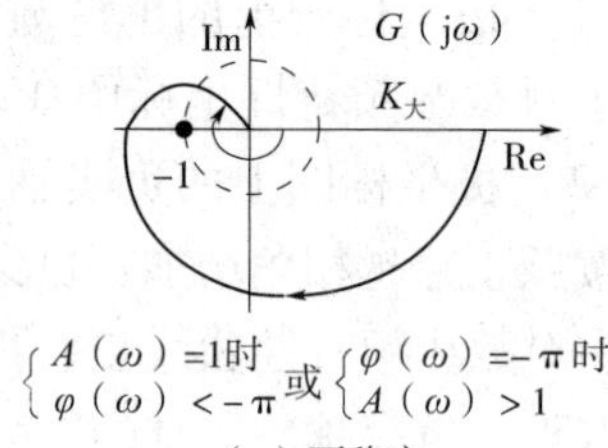

（c）不稳定

图 4-20 K 增大时系统稳定性的变化

解 在图上可以看出，当 K 较小时极坐标图不包围 -1 点，系统是稳定的；K 取临界值时，极坐标图穿过 -1 点，系统是临界稳定的；当 K 再增大时，极坐标图包围了 -1 点，系统不稳定。

从图上还可以看出，坐标图穿过单位圆时，即当模为 1 时，有：稳定系统，相角大于 $-180°$。临界稳定时，相角等于 $-180°$。不稳定系统，相角小于 $-180°$。

从上面的分析可以看到，利用极坐标图，可以确定系统的绝对稳定性，而且还可以确定系统的相对稳定性。对于本例题这个稳定系统，可以看出相位角还差多少度系统就不稳定，或者增益再增大多少倍系统就将不稳定。

5. 控制系统的相对稳定性

为了使系统能始终正常工作，不仅要求系统是稳定的，而且要求它具有足够的稳定程度或稳定裕度。系统的稳定裕度就称为相对稳定性。由前面的知识可知，在稳定性研究中，$(-1, j0)$ 是临界点，对于开环和闭环都稳定的系统，极坐标平面上的开环乃奎斯特图离 $(-1, j0)$ 点越远，稳定裕度越大。一般采用相角裕度和幅值裕度来定量地表示相对稳定性，它们实际上就是表示开环乃奎斯特图离 $(-1, j0)$ 的远近程度。进一步分析和工程应用表明，系统的动态性能还和系统稳定裕度的大小有密切的关系，所以它们也是系统的动态性能指标。

（1）相角裕度

开环频率特性幅值为 1 时所对应的角频率称为剪切频率或幅值交越频率，记为 ω_c，在极坐标平面上，开环乃奎斯特图与单位圆交点所对应的角频率就是剪切频率，如

图4-21（a）、（b）所示。在伯德图上，开环幅频特性与0 dB线交点所对应的角频率就是剪切频率，如图4-21（c）、（d）所示。

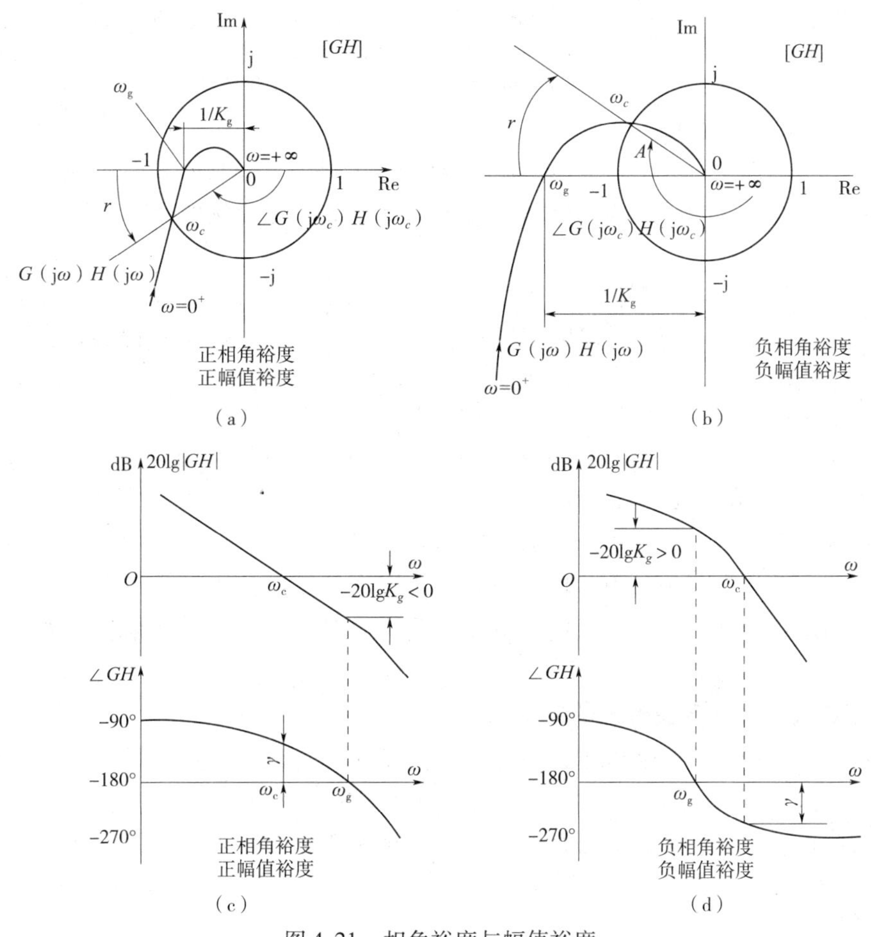

图4-21 相角裕度与幅值裕度

开环频率特性 $G(j\omega)H(j\omega)$ 在剪切频率 ω_c 处所对应的相角与 $-180°$ 之差称为相角裕度，记为 γ。按下式计算

$$\gamma\angle G(j\omega_c)H(j\omega_c)-(-180°)=180°+\angle G(j\omega_c)H(j\omega_c) \tag{4-41}$$

相角裕度在极坐标图和伯德图上的表示如图4-23所示。

相角裕度的几何意义是：极坐标图上，负实轴绕原点转到 $G(j\omega_c)H(j\omega_c)$ 重合时所转过的角度，逆时针转向为正角，顺时针转动为负角。开环乃奎斯特图正好通过（-1，j0）点时，称闭环系统是临界稳定的。相位裕度作为定量值指明了如果系统是稳定系统，那么系统的开环相频特性 $\varphi_0(\omega)$ 再减少多少度就不稳定了。

对于开环稳定的系统，欲使闭环稳定，其相角裕度必须为正，即 $\gamma>0$。一个良好的控制系统，通常要求 $\gamma=30°\sim60°$。

（2）幅值裕度

开环频率特性的相角等于 $-180°$时所对应的角频率称为相角交越频率，记为 ω_g，

$$\angle G(\mathrm{j}\omega_g)H(\mathrm{j}\omega_g) = -180° \tag{4-42}$$

在 ω_g 时幅值为 $A(\omega_g)$，增大 K_g 倍后为单位 1（穿过单位圆），即 $A(\omega_g)K_G = 1$，称开环幅频特性幅值的倒数为控制系统的幅值裕度，记作

$$K_g = \frac{1}{|G(\mathrm{j}\omega_g)H(\mathrm{j}\omega_g)|} = \frac{1}{A(\omega_g)} \tag{4-43}$$

两边取对数得到的幅值裕度为

$$20\lg K_g = -20\lg|G(\mathrm{j}\omega_g)H(\mathrm{j}\omega_g)| = -20\lg A(\omega_g) \tag{4-44}$$

$A(\omega_g) < 1$ 则 $K_g > 1$，$20\lg K_g > 0$ dB，称幅值裕度为正，反之称幅值裕度为负，如图 4-23 所示。

当开环放大系数变化而其他参数不变时，ω_g 不变但 $|G(\mathrm{j}\omega_g)H(\mathrm{j}\omega_g)|$ 变化。幅值裕度的含义是，作为定量值指明了如果闭环系统是稳定的，那么系统的开环增益 K_0 再增大多少倍系统就处于临界稳定，或者在伯德图上，开环对数幅频特性 $L_0(\omega)$ 再向上移动多少分贝，系统就不稳定了。

对于开环稳定的系统，欲使闭环稳定，通常其幅值裕度应为正值。一个良好的系统，一般要求 $K_g = 2 \sim 3.16$ 或 $K_g = 6 \sim 10$ dB。

不稳定的系统谈不上稳定裕度，另外要注意的是，对于开环不稳定的系统，以及开环频率特性幅值为 1 的点或相角为 $-180°$ 的点不止一个的系统，不要使用上述关于幅值裕度和相角裕度的定义和结论，否则可能会导致错误。这时应当根据乃奎斯特图的具体形式做适当的处理。

6. 频率特性与控制系统性能的关系

控制系统性能的优劣以性能指标来衡量。由于研究方法和应用领域的不同，性能指标有很多种，大体上可以归纳成两类：时间域指标和频率域指标。

时域指标包括静态指标和动态指标。静态指标包括稳态误差 e_{ss}、无差度 v 以及开环放大系数 K。动态指标包括过渡过程时间 t_s、超调量 σ_p、上升时间 t_r、峰值时间 t_p、振荡次数 N 等，常用的是 t_s 和 σ_p。

频率域指标包括开环指标和闭环指标。开环指标有剪切频率 ω_c、相角裕度 γ、幅值裕度 K_g，常用的是 ω_c 和 γ。闭环指标为 ω_r、M_r、ω_b。

（1）闭环频率特性与控制系统性能的关系

前面主要介绍了开环频率特性，一个闭环系统当然应当有闭环频率特性。一般情况下，求解系统的闭环频率特性十分复杂烦琐，在实际中通常采用图解法来求取。由于从闭环频率特性图上不易看出系统的结构和各环节的作用，所以工程上很少绘闭环频率特性图。在直角坐标上绘闭环幅频特性时，纵坐标有两种表示方法。一种是闭环幅值 $A(\omega)$ 为纵坐标，另一种是幅值 $A(\omega)$ 与零频值 $A(0)$ 之比作为纵坐标，记为 $M(\omega)$。在此不重点介绍了，需要学习的读者请参看其他书籍。对于闭环系统，其闭环传递函数为

$$\frac{C(s)}{R(s)} = \phi(s) = \frac{G(s)}{1 + G(s)H(s)}$$

闭环频率特性

$$\phi(\mathrm{j}\omega) = \frac{G(\mathrm{j}\omega)}{1 + G(\mathrm{j}\omega)H(\mathrm{j}\omega)} = A(\omega)\mathrm{e}^{\mathrm{j}\varphi(\mathrm{j}\omega)}$$

一般情况下，闭环频率特性是 ω 的复变量，闭环频率特性的幅值 $A(\omega)$ 与 ω 的关系称为闭环幅频特性。分两种情况分析：

①开环频率特性幅值 $|G(j\omega)H(j\omega)|\geqslant 1$ 即对数频率特性幅值 $L(\omega)\geqslant 0$ 时，$\omega\leqslant\omega_c$，$\phi(j\omega)\approx\dfrac{1}{H(j\omega)}$，这种情况常出现在低频段，因为绝大部分情况下反馈通道的传递函数 $H(s)$ 是常数，所以 $\phi(j\omega)\approx m<0°$（$m$ 为 1 或非 1 的常数）。于是一个系统开环幅频特性 $|G(j\omega)H(j\omega)|$ 保持大的正值的频率范围越宽，闭环系统复现输入信号能力越强，失真越小，这也反映系统自身的惯性小，动态过程进行的迅速。

② $|G(j\omega)H(j\omega)|\leqslant 1$，即 $L(\omega)\leqslant 0$，$\phi(j\omega)\approx G(j\omega)$ 闭环频率特性就近似等于前向通道的频率特性。这种情况通常出现在高频段。频率越高，幅值越小越趋于零，衰减越快。

典型闭环幅频特性如图 4-22 所示，特性曲线随 ω 变化的特征可用下述 3 个特征量加以概述：

a. $A(0)$ 为零频值。

b. 谐振频率 ω_r 和谐振峰值

$$M_r=\frac{A_{\max}}{A(0)}$$

曲线的低频部分变化缓慢、平滑，随着频率的不断增加，曲线出现大于 $A(0)$ 的波峰，称这种现象为谐振。$A(\omega)$ 的最大值记为 A_m，对应的频率为谐振频率 ω_r。称 $A_m/A(0)$ 为相对谐振峰值，简称为谐振峰值。

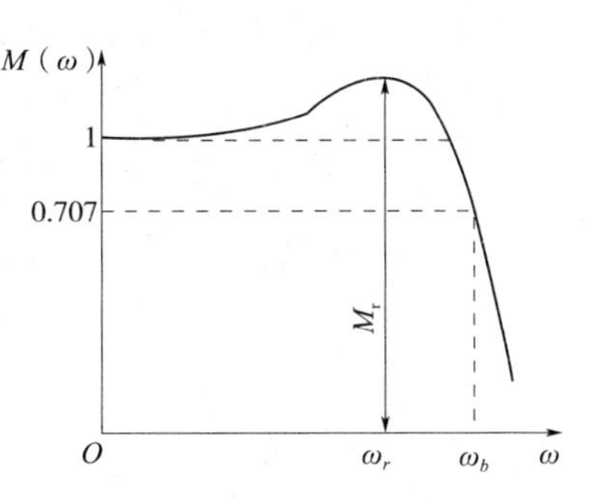

图 4-22　闭环幅频特性

c. 频带宽度 ω_b。当闭环频率特性幅值下降到零频值 $A(0)$ 的 0.707 倍时，所对应的频率称为截止频率，记作 ω_b，ω_b 又称为系统的频带宽度。$\omega>\omega_r$，特别是 $\omega>\omega_b$ 后闭环幅频特性曲线以较大的陡度衰减至零。

在已知系统稳定的条件下，可以只根据系统的闭环幅频特性曲线，对系统的动态响应过程进行定性分析和定量计算。

（a）零频的幅值 $A(0)$ 反映系统在阶跃信号作用下是否有误差。

当 $A(0)=1$ 时，说明系统在阶跃信号作用下没有静差，即 $e_{ss}=0$。

当 $A(0)\neq 1$ 时，说明系统在阶跃信号作用下有静差，即 $e_{ss}\neq 0$

（b）谐振峰值 M_r 反映系统的平稳性。

（c）带宽频率 ω_b 反映系统的快速性。

（d）闭环幅频 $M(\omega)$ 在 ω_b 处的斜率反映系统抗干扰的能力。

以下详解一下闭环幅频特性的零频值。

设单位反馈系统的开环传函为

$$G(s)=\frac{K\prod_{j=1}^{m}(\tau_j+1)}{s^v\prod_{i=1}^{n-v}(T_is+1)}\tag{4-45}$$

或

$$G(s)=\frac{KG_0(s)}{s^v}\tag{4-46}$$

式中：$G_0(s)$ 不含有积分环节和比例环节，且 $\lim\limits_{s\to 0}G_0(s)=1$。

由式（4-45）、式（4-46）得闭环传函为

$$\phi(s)=\frac{KG_0(s)}{s^v+KG_0(s)} \tag{4-47}$$

则 $\omega=0$ 时的闭环幅值为

$$A(0)=\lim_{\omega\to 0}\left|\frac{C(j\omega)}{R(j\omega)}\right|=\lim_{\omega\to 0}\left|\frac{KG_0(j\omega)}{(j\omega)^v+KG_0(j\omega)}\right| \tag{4-48}$$

当 $v=0$ 时，$A(0)=\dfrac{K}{K+1}<1$，说明 $A(0)\neq 1$ 时，$v=0$，那么系统在阶跃信号作用下 $e_{ss}\neq 0$。

当 $v\geqslant 1$ 时，$A(0)=1$，说明 $A(0)=1$ 时，$v\geqslant 1$ 时，于是系统在阶跃信号作用下 $e_{ss}=0$。

（2）二阶系统性能指标间的关系

对于简单的二阶系统，如图 4-23 所示，可以推导出性能指标间的下述关系式：

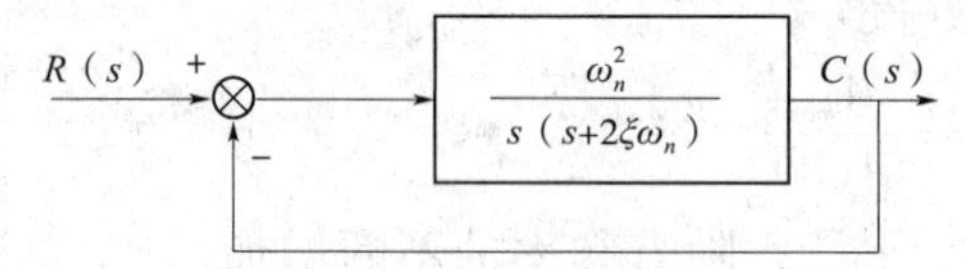

图 4-23　二阶反馈控制系统

$$\begin{cases}\omega_c=\omega_n\sqrt{\sqrt{4\xi^4+1}-2\xi^2}\\ \gamma=\arctan\dfrac{2\xi}{\sqrt{\sqrt{4\xi^4+1}-2\xi^2}}\end{cases} \tag{4-49}$$

$$\begin{cases}M_r=\dfrac{1}{2\xi\sqrt{1-\xi^2}}\\ \omega_r=\omega_n\sqrt{1-2\xi^2}\\ \omega_b=\omega_n\sqrt{(1-2\xi^2)+\sqrt{2-4\xi^2+4\xi^4}}\end{cases} \tag{4-50}$$

$$M_r=\frac{1}{\sin\gamma}$$

$$\sigma_p=e^{-\frac{\xi\pi}{\sqrt{1-\xi^2}}}\times 100\%=e^{-\pi\sqrt{\frac{M_r-\sqrt{M_r^2-1}}{M_r+\sqrt{M_r^2-1}}}}\times 100\% \tag{4-51}$$

可以看出 ξ、σ_p、γ、M_r 之间具有一一对应关系，因为

$$t_s=\frac{3\sim 4}{\xi\omega_n} \tag{4-52}$$

$$\omega_c t_s=\omega_n\sqrt{\sqrt{4\xi^4+1}-2\xi^2}\times\frac{34}{\xi\omega_n}=\sqrt{\sqrt{4\xi^4+1}-2\xi^2}\times\frac{34}{\xi}=f(\xi) \tag{4-53}$$

设计时，一般先假定 ξ，当 ξ（或 σ_p、γ、M_r）一定时，ω_c 与 ω_n 成正比，与 t_s 成反比。

推导出的近似关系式

$$\omega_c t_s=\frac{6}{\tan\gamma} \tag{4-54}$$

$$\xi = 0.01\gamma \tag{4-55}$$

（选择 $\gamma = 30° \sim 60°$时，$\xi = 0.3 \sim 0.6$）

可见，在相角裕度相同时，ω_c 越大，t_s 越小，系统响应速度越快。同理当 ξ（或 σ_p、γ、M_r）一定时，ω_r、ω_b 与 ω_n 成正比，与 t_s 成反比。

一般按阻尼强弱和响应速度快慢可以把性能指标分为两大类：

一类是表示阻尼大小的指标，有 ξ、σ_p、γ、M。M_r、σ_p 都随 ξ 增大而减小。一般希望 $M_r = 1.1 \sim 1.4$，$\xi = 0.4 \sim 0.7$，此时系统可以获得满意的过渡过程。

另一类是表征系统响应速度的指标，有 t_s，t_p，ω_c，ω_r，ω_b。当 ξ 一定时，ω_c，ω_r，ω_b 越大，系统响应速度越快，动态性能越好。一般来说，频带宽的系统有利于提高系统的速度，但同时容易引入高频噪声，使系统不能正常工作。此矛盾要在全面衡量性能指标基础上，适当选择带宽，这是设计控制系统的一项重要内容。

（3）开环对数幅频特性与性能指标间的关系

常见系统特别是最小相位系统（开环稳定）主要利用开环对数幅频特性分析和设计系统，将它分成三个频段来讨论。

低频段：主要是比例、积分环节起作用，所以由低频部分可以求出 v 和 K。因此反映出系统的静态性能，换言之，系统的静态指标，取决于低频部分。

中频段：一个控制系统的阶跃响应及主要动态指标显然完全取决于它的闭环频率特性，我们已经知道，一般情况下，低频率段，闭环频率特性总是等于1，而在高频率段闭环频率特性总是很小。这就是说，系统的低频率段和高频率段的频率特性彼此差不多，可见，影响一个系统的动态性能的主要因素必定是中频段的频率特性。ω_c 剪切频率附近属于中频段，经验表明：闭环系统稳定并且有足够的相角裕度，过 ω_c 斜率最好为 -20 dB/dec；若以 -40 dB/dec过 ω_c，闭环可能不稳定，或即便稳定，裕度也不大；若以 -60 dB/dec 或更小的斜率，则闭环肯定不稳定。

高频段：比 ω_c 高出许多倍的频率范围，高频对系统性能影响不大，一般要求高频部分有较小的斜率，幅值衰减快一些，抗干扰性能好一些。

4.1.2　控制系统的综合与校正

自动控制系统一般由控制器及被控对象组成。当明确了被控对象后，就可根据给定的技术、经济等指标来确定控制方案，进而选择测量元件、放大器和执行机构等构成控制系统的基本部分，这些基本部分称为固有部分。当由系统固有部分组成的控制系统不能满足性能指标的设计要求时，在已选定系统固有部分基础上，还需要增加适当的元件，使重新组合起来的控制系统能全面满足设计要求的性能指标，这就是控制系统设计中的综合与校正。

1. 概述

（1）综合、校正的一般概念

控制系统的综合与校正问题，是在已知系统的固有部分和对控制系统提出的性能指标基础上进行的。校正就是在系统不可变部分的基础上，加入适当的校正装置，使系统满足给定的性能指标。综合是把系统固有部分与校正装置综合起来考虑，从而确定校正装置的形式与参数，使系统达到预期指标的过程。从数学角度看校正是改变了系统的传递函数，即系统的闭环零点和极点发生了变化，适当选取校正装置可以使系统具有期望的闭环零、极点，从而使系统达到期望的特性。而从物理角度来看校正是将原来的控制信号 $e(t)$ 转变为 $m(t)$ ，即变成了新的控制信号，如图 4-26 所示。

（2）校正方式

按照系统中校正装置的连接方式，可分为串联校正、反馈校正、复合校正。

串联校正和反馈校正是在系统主反馈回路内采用的校正方式。串联校正一般接在系统误差测量点和放大器之间，串接于系统前向通道之中，如图 4-24 所示。反馈校正接在系统的局部反馈通路中，连接方式如图 4-25 所示。

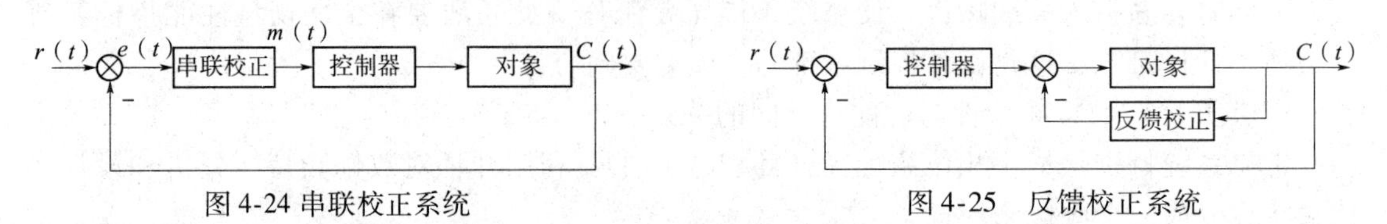

图 4-24 串联校正系统　　图 4-25　反馈校正系统

复合校正是前馈控制和反馈控制组合成的一种综合校正方式。复合校正可分为按扰动补偿的复合校正和按输入补偿的复合校正，分别如图 4-26 所示

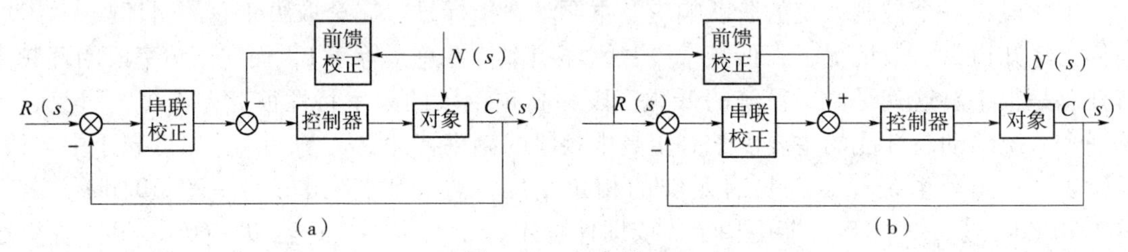

图 4-26　复合校正

在控制系统设计中，经常采用串联和反馈校正这两种方式，串联校正要比反馈校正设计简单，工程上较多采用串联校正。串联校正还可分为串联超前校正、串联滞后校正和串联滞后—超前校正；校正装置又分无源校正装置和有源校正装置两类。无源串联校正装置通常由 RC 网络组成，结构简单，成本低，但会使信号产生幅值衰减，因此常常附加放大器。有源串联校正装置由 RC 网络和运算放大器组成，参数可调，工业控制中常用的 PID 控制器就是一种有源串联校正装置。

反馈校正装置接在反馈通路中，接收的信号通常来自系统输出端或执行机构的输出端，因此，反馈校正一般无须附加放大器。反馈校正还能抑制反馈环内部的扰动对系统的影响。在工程实践中常采用串联校正和反馈校正这两种方式。

（3）校正方法

确定了校正方案后，下面的问题就是确定校正装置的结构和参数。目前主要有两大类校正方法——分析法和综合法。

分析法又称试探法，这种方法是把校正装置归结为易于实现的几种类型，例如，超前校正、滞后校正、滞后-超前校正等。它们的结构已知，而参数可调。设计者首先根据经验确定校正方案，然后根据系统的性能指标要求，恰当地选择某一类型的校正装置，然后再确定这些校正装置的结构和参数。

分析试探法的优点是校正装置简单，可以设计成产品。例如，工业上常用的 PID 调节器等。因此，这种方法在工程上得到了广泛的应用。

综合法又称期望特性法，基本思想是按照设计任务所要求的性能指标，构造期望的数学模型，然后选择校正装置的数学模型，使系统校正后的数学模型等于期望的数学模型。

综合法虽然简单，但得到的校正环节的数学模型一般比较复杂，在实际应用中受到很大的限制，但仍然是一种重要的方法，尤其对校正装置的选择有很好的指导作用。

系统的校正可以在时域和频域内进行。一般来说，用频域法进行校正比较简单，但它只是一种间接的方法。时域指标和频域指标是可以相互转换的，对于典型二阶系统存在着明确的数学关系，对于高阶系统也有近似简单关系，这为频域法设计提供了方便。本书只介绍常用的频域校正方法。

2. 基本控制规律分析

在确定校正装置的具体形式时，应先了解校正装置所提供的控制规律，以便选择相应的元件。通常采用比例（P）、微分（D）、积分（I）等基本的控制规律，或者采用它们的某些组合。例如：比例—微分（PD）、比例—积分（PI）、比例—积分—微分（PID）等，以实现对系统的有效控制。这些控制规律用有源模拟电路很容易实现，技术成熟。另外，数字计算机可把 PID 等控制规律编成程序对系统进行实时控制。

1）比例（P）控制规律

具有比例控制规律的控制器，称为比例控制器，其特性和比例环节完全相同，它实质上是一个可调增益的放大器。比例控制只改变信号的增益而不影响相位。比例控制结构如图 4-27 所示。

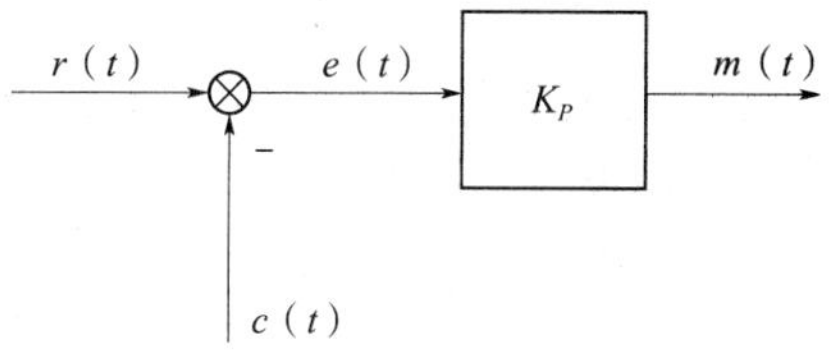

动态方程为

$$m(t) = K_p e(t) \tag{4-56}$$

传递函数为

$$\frac{M(s)}{E(s)} = K_p \tag{4-57}$$

r(t)　e(t)　K_P　m(t)　c(t)

图 4-27　P 控制器结构图

频率特性为

$$\frac{M(j\omega)}{E(j\omega)} = K_p \tag{4-58}$$

比例控制的作用为

（1）在系统中增大比例系数 K_p，可减少系统的稳态误差以提高稳态精度。

（2）增加 K_p 可降低系统的惯性，减少一阶系统的时间常数，可改善系统的快速性。

（3）提高 K_p 往往会降低系统的相对稳定性，甚至会造成系统的不稳定，因此在调节 K_p 时，要加以注意。在系统校正设计中，很少单独采用比例控制。

2）积分（I）控制规律

具有积分控制规律的控制器，称为积分控制器，又称为 I 控制器。积分器的输出信号 $m(t)$ 能成比例地反映输入信号 $e(t)$ 的积分。其结构如图 4-28 所示。

动态方程为

$$m(t) = K_i\int e(t)dt \qquad (4\text{-}59)$$

传递函数为

$$\frac{M(s)}{E(s)} = \frac{K_i}{s} \qquad (4\text{-}60)$$

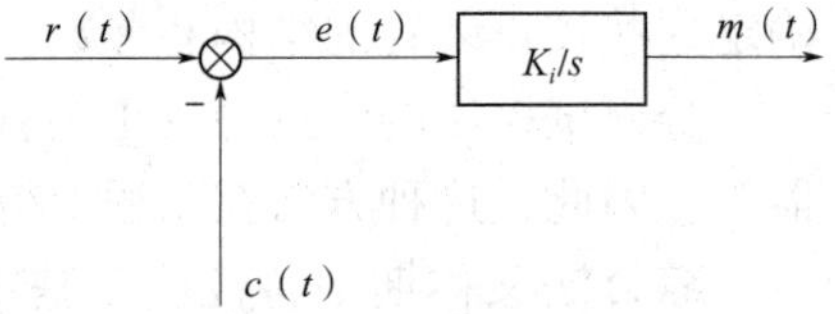

图 4-28　I 控制器结构图

积分控制器的作用：可以提高系统的型别，有利于提高系统的稳态性能，但对系统的相对稳定性不利。因此，一般不单独采用积分控制器。

3）比例—微分（PD）控制规律

具有比例—微分控制规律的控制器，称为比例微分控制器，又称为 PD 控制器。其结构如图 4-29 所示。

动态方程为

$$m(t) = K_p e(t) + K_p\tau\frac{\mathrm{d}e(t)}{\mathrm{d}t} \qquad (4\text{-}61)$$

传递函数为

$$\frac{M(s)}{E(s)} = K_p(\tau s + 1) \qquad (4\text{-}62)$$

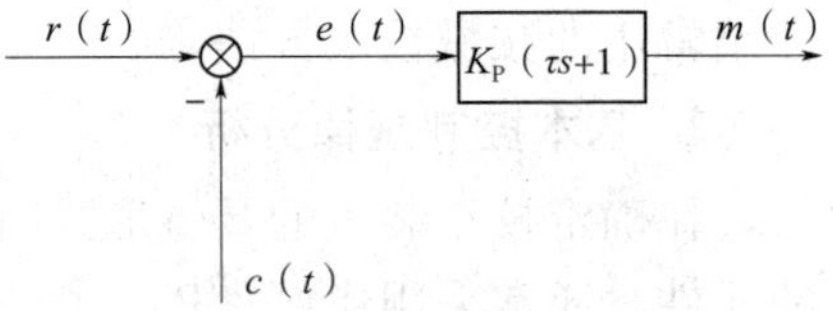

图 4-29　PD 控制器结构图

比例微分控制器的作用：提高系统的动态性能，同时也有利于提高系统的稳态性能。K_p 的作用使稳态性能提高，但却使系统相对稳定性下降。而微分控制器能反映输入信号的变化趋势，产生有效的早期修正信号，具有“预见”性，有提前调节作用，有助于增加系统的稳定性，同时还可以提高系统的快速性。前向通道中加入一个微分环节 $K_p(1 + \tau s)$ 相当于在系统中增加一个 $-1/\tau$ 的开环零点，根轨迹右移提高系统的稳定性。其缺点是对噪声敏感，易将其他干扰信号引入控制系统中。在一般情况下微分控制器不单独使用。

例 4-6　设控制系统如图 4-30 所示，试分析比例—微分控制器对该系统性能的影响，PD 控制器传递函数为。

$$K_P(\tau s + 1),\ G_0(s) = \frac{1}{Js^2}$$

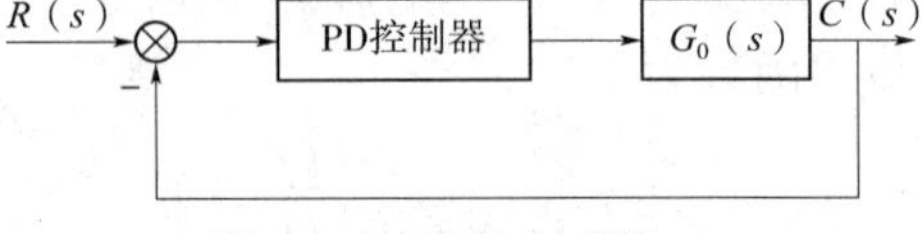

图 4-30　PD 控制系统

解　无 PD 控制器时，系统特性方程为

$$Js^2 + 1 = 0$$

从特征方程看，该系统的阻尼比等于零，其输出信号 $c(t)$ 为等幅振荡形式，系统处于理论上的临界稳定状态，而实际上是不稳定状态。

接入 PD 控制器后，系统特性方程变为

$$Js^2 + K_p\tau s + K_p = 0$$

这时系统的阻尼比为 $\xi = \dfrac{\tau\sqrt{K_p}}{2\sqrt{J}}$，阻尼大于零，因此系统是稳定的。这是因为 PD 控制器的加入提高了系统的阻尼程度，使特征方程 s 项的系数由零增大，系统的阻尼程度可通过改变 PD 控制器参数 K_p 和 τ 来调整。

4）比例—积分（PI）控制规律

具有比例—积分控制规律的控制器，称为比例积分控制器，又称为 PI 控制器。PI 控制

器的输出信号 $m(t)$ 能同时成比例地反应其输入信号 $e(t)$ 和它的积分。其结构如图 4-31 所示。

动态方程为

$$m(t) = K_p e(t) + \frac{K_p}{T_i}\int_0^t e(t)\,\mathrm{d}t \qquad (4\text{-}63)$$

传递函数为

$$\frac{M(s)}{E(s)} = K_p\left(1+\frac{1}{T_i s}\right) = \frac{K_p}{T_i}\,\frac{T_i s+1}{s} \qquad (4\text{-}64)$$

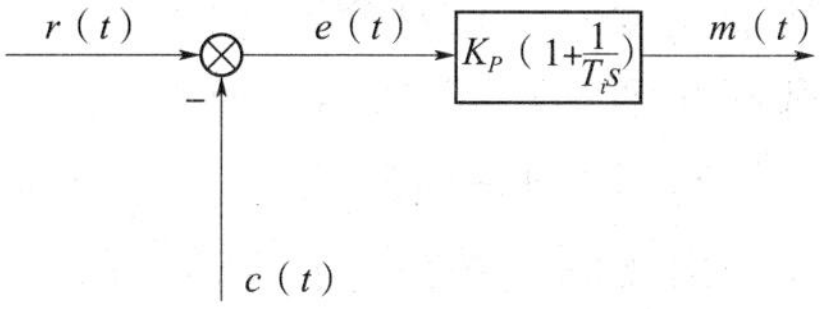

图 4-31　PI 控制器结构图

比例积分控制的作用：保证系统稳定的基础上提高系统的型别，从而提高系统的稳定精度，改善其稳态性能。在串联校正中，相当于在系统中增加一个位于原点的开环极点，同时增加了一个位于 s 左半平面的开环零点。位于原点的开环极点提高了系统的型别，减小了系统的稳态误差，改善了稳态性能；而增加的开环零点提高了系统的阻尼程度，减小了 PI 控制器极点对系统稳定性和动态过程产生的不利影响。比例—积分控制在工程实际中应用比较广泛。

例 4-7　设 PI 控制系统如图 4-32 所示，分析 PI 控制器对系统性能的影响，PI 控制器传递函数为

$$K_p\left(1+\frac{1}{T_i s}\right)\quad,\quad G_0(s) = \frac{K_0}{s(Ts+1)}$$

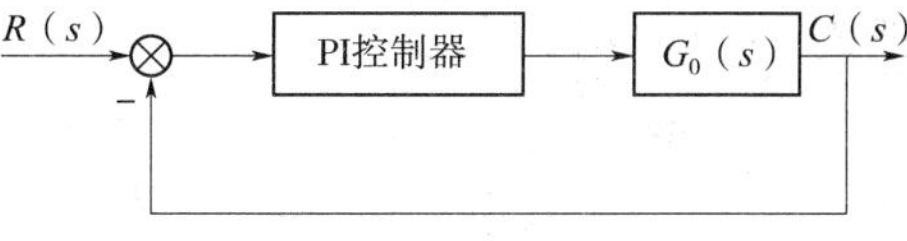

图 4-32　PI 控制系统

解　（1）稳态性能

未加 PI 控制器时，系统是Ⅰ型，加入 PI 控制器后，系统的开环传递函数为

$$G(s) = G_0(s)G_c(s) = \frac{K_0K_p(T_i s+1)}{T_i s^2(Ts+1)}$$

从上式看出，控制系统变为Ⅱ型，对阶跃信号、斜坡信号的稳态误差为零，参数选择合适，加速度响应的稳态误差也可以明显下降。说明 PI 控制器改善了系统的稳态性能。

（2）稳定性

不加比例只加积分环节时，这时 $G_c(s) = \dfrac{K_p}{T_i s}$，系统的开环传递函数为

$$G(s) = G_0(s)G_c(s) = \frac{K_0K_p}{T_i s^2(Ts+1)}$$

闭环系统的特征方程为

$$D(s) = T_i s^2(Ts+1) + K_0K_p = T_iTs^3 + T_i s^2 + K_0K_p = 0$$

显然，上式中缺 s 的一次项，系统不稳定。同时加入比例和积分环节时，控制器的传递函数为

$$G_c(s) = \frac{K_p(T_i s+1)}{T_i s}$$

闭环系统的特征方程为

$$D(s) = T_i s^2(Ts+1) + K_0K_p(T_i s+1)$$

$$= T_i T s^3 + T_i s^2 + K_0 K_p T_i s + K_0 K_p$$
$$= 0$$

从上式看出，只要合理选择参数就能使系统稳定。这说明 PI 控制器使系统的型别从Ⅰ型上升到Ⅱ型，并可满足系统稳定的要求。

5）比例—积分—微分（PID）控制规律

由比例、积分、微分环节组成的控制器称为比例—积分—微分控制器，简称为 PID 控制器。其结构如图 4-33 所示。这种组合具有三种单独控制规律各自的特点。

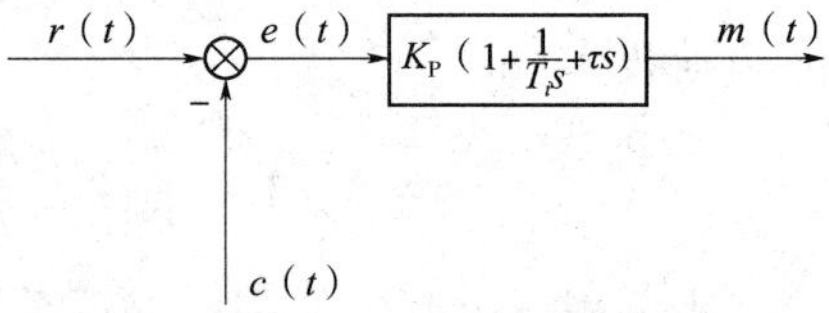

图 4-33　PID 控制器结构图

动态方程为

$$m(t) = K_p e(t) + K_p \tau \frac{\mathrm{d}e(t)}{\mathrm{d}t} + \frac{K_p}{T_i}\int_0^t e(t)\,\mathrm{d}t \tag{4-65}$$

传递函数为

$$\frac{M(s)}{E(s)} = K_p\left(1 + \frac{1}{T_i s} + \tau s\right) \tag{4-66}$$

把式（4-66）改写成

$$\frac{M(s)}{E(s)} = \frac{K_P}{T_i}\frac{T_i \tau s^2 + T_i s + 1}{s}$$

若 $4\tau/T_i < 1$，传递函数还可以近似写成

$$\frac{M(s)}{E(s)} = \frac{K_p}{T_i}\frac{(\tau s + 1)(T_i s + 1)}{s}$$

PID 控制器的作用：PID 具有 PD 和 PI 双重作用，能够较全面地提高系统的控制性能，是一种应用比较广泛的控制器。PID 控制器具有一个极点，还提供了两个负实零点。PID 控制规律保持了 PI 控制规律提高系统稳态性能的优点，同时比 PI 控制器多提供一个负实零点，从而在动态性能方面比 PI 控制器更具有优越性。一般来说，PID 控制器在系统频域校正中，积分部分应发生在系统频率特性的低频段，以提高系统的稳定性能；微分部分发生在系统频率特性的中频段，以改善系统的动态性能。

3. 串联校正

1）串联超前校正（PD）

如果一个串联校正网络频率特性具有正的相位角，就称为超前校正网络。PD 控制器就属于超前校正网络。

超前校正的基本原理为利用超前校正网络的相位超前特性来增大系统的相位裕度，要求校正网络的最大相位角出现在系统的剪切频率处。常用于系统稳态性能已经满足，而暂态性能差的系统，其传递函数为

$$G_c(s) = \frac{(1 + \alpha T s)}{(1 + T s)} \qquad (\alpha > 1) \tag{4-67}$$

（1）超前校正网络及其幅频特性

有源超前校正网络如图 4-34 所示，其零极点配置如图 4-35 所示。

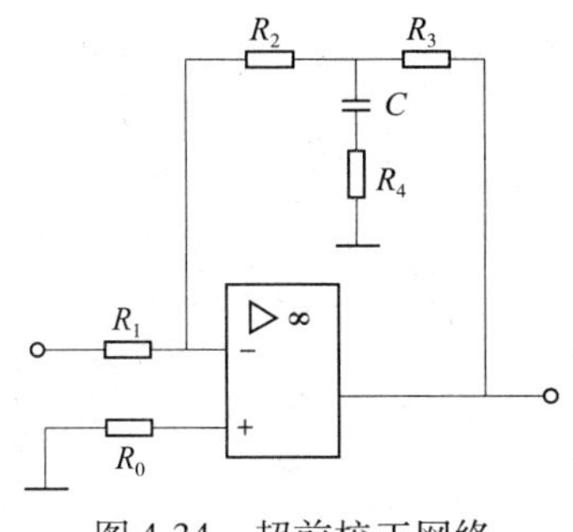

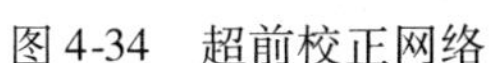
图 4-34　超前校正网络

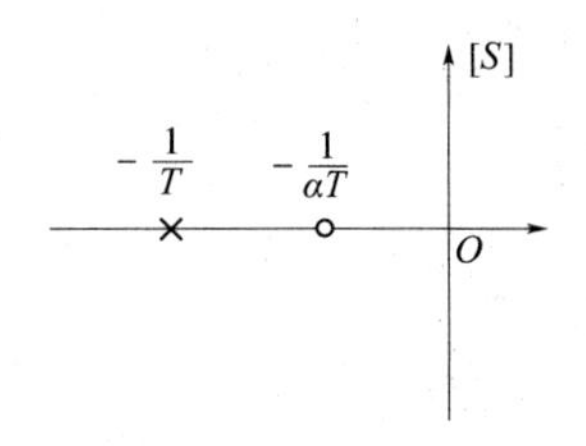

图4-35　超前校正零极点

该电路的传递函数为

$$G_c(s) = -\frac{k_c(1+\tau s)}{1+Ts} \qquad (\tau > T)$$

式中

$$k_c = \frac{R_2 + R_3}{R_1}$$

$$\tau = \left(\frac{R_2 R_3}{R_2 + R_3} + R_4\right)C$$

$$T = R_4 C,\ R_0 = R_1$$

令 $\tau = \alpha T$ ，不考虑 k_c 得超前校正传递函数为

$$G_c(s) = \frac{(1+\alpha Ts)}{(1+Ts)} \qquad (\alpha > 1)$$

超前校正网络的频率特性为

$$G_c(\mathrm{j}\omega) = \frac{1+\mathrm{j}\alpha T\omega}{1+\mathrm{j}T\omega} \qquad (\alpha > 1) \tag{4-68}$$

其相频特性为

$$\varphi(\omega) = \angle G_c(\mathrm{j}\omega) = \arctan\alpha T\omega - \arctan T\omega \tag{4-69}$$

即

$$\varphi(\omega) = \arctan\frac{\alpha T\omega - T\omega}{1+\alpha T^2\omega^2} \tag{4-70}$$

幅频特性为

$$20\lg|G_c(\mathrm{j}\omega)| = 20\lg\frac{\sqrt{1+(\alpha T\omega)^2}}{\sqrt{1+(T\omega)^2}} \tag{4-71}$$

其伯德图如图 4-36 所示。

由式（4-70）可看出，相频特性 $\varphi(\omega)$ 除了是角频率 ω 的函数外，还和 α 值有关，对于不同 α 值的相频特性曲线如图 4-37 所示。

从图 4-38 可以看出，在最大超前角频率 ω_m 处，具有最大超前角 φ_m，且 ω_m 是频率 $\frac{1}{\alpha T}$ 和 $\frac{1}{T}$ 的几何中心。

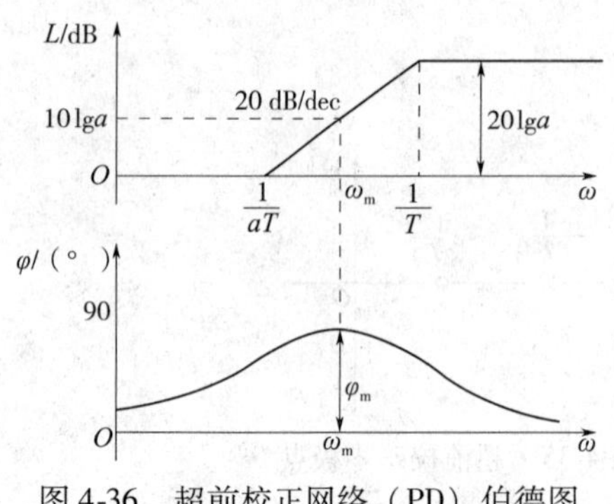

图 4-36　超前校正网络（PD）伯德图

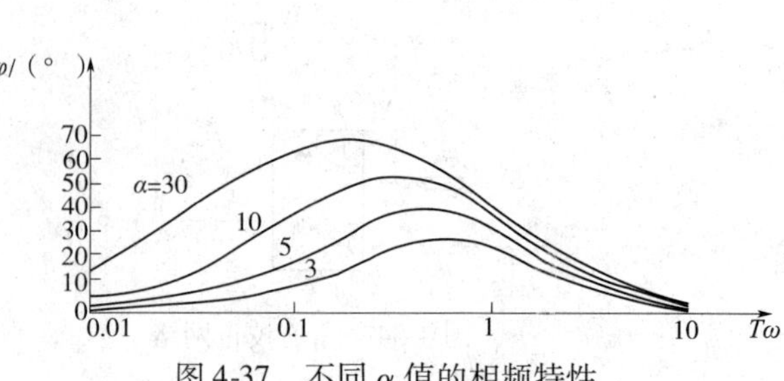

图 4-37　不同 α 值的相频特性

由式（4-69）对 $\varphi(\omega)$ 求导得

$$\frac{\mathrm{d}\varphi(\omega)}{\mathrm{d}\omega}=\frac{\alpha T}{1+\alpha^2T^2\omega^2}-\frac{T}{1+T^2\omega^2} \tag{4-72}$$

令 $\frac{\mathrm{d}\varphi(\omega)}{\mathrm{d}\omega}=0$，可求得相频特性 $\varphi(\omega)$ 的最大值 φ_m 及出现 φ_m 时的角频率 ω_m 分别为

$$\omega_m=\frac{1}{\sqrt{\alpha}T} \tag{4-73}$$

$$\varphi_m=\arctan\frac{\alpha-1}{2\sqrt{\alpha}}=\arcsin\frac{\alpha-1}{\alpha+1} \tag{4-74}$$

$$\alpha=\frac{1+\sin\varphi_m}{1-\sin\varphi_m} \tag{4-75}$$

式（4-74）是最大超前相角计算公式，φ_m 只与 α 有关。α 越大，$\varphi_m(\omega)$ 越大对系统补偿相角越大，但高频干扰越严重，这是因为超前校正近视为一阶微分环节的原因。图 4-38 给出了 φ_m 与 α 的关系曲线。当 $\alpha>20$（即 $\varphi_m(\omega)=65°$）时，φ_m 的增加就不显著了。一般取 $\alpha=5\sim20$，即用超前校正补偿的相角不超过 65°。

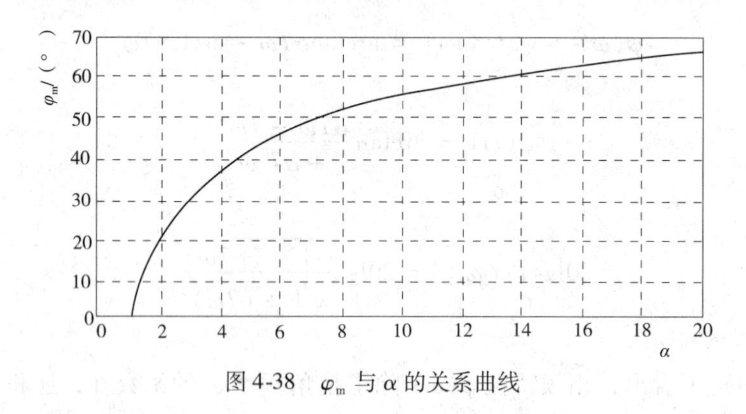

图 4-38　φ_m 与 α 的关系曲线

将 $\omega_m=\frac{1}{\sqrt{\alpha}T}$ 代入式（4-71）中，得其最大相角处所对应的的幅值为

$$20\lg|G_c(\mathrm{j}\omega)|=20\lg\sqrt{\alpha}=10\lg\alpha \tag{4-76}$$

校正后系统的传递函数若用 $G(s)$ 表示，即

$$G(s) = G_0(s)G_c(s)$$

当 $\omega = \omega_c = \omega_m$ 时

$$20\lg|G(j\omega_c)| = 20\lg|G_0(j\omega_c)| + 20\lg|G_c(j\omega_c)| = 0\ \text{dB}$$

所以

$$20\lg|G_0(j\omega_c)| = -20\lg|G_c(j\omega_c)| = -10\lg\alpha$$

（2）超前校正设计

超前校正设计的基本思路：利用超前校正网络的相位超前特性来增大系统的相位裕度，要求校正网络的最大相位角出现在系统的剪切频率处。

利用伯德图的叠加特性，可以比较方便地在原系统伯德图上，添加超前校正网络的伯德图。

超前校正设计步骤如下：

①根据稳态误差的要求，确定系统的型别和开环增益 K。

②根据开环增益 K，绘制未校正系统的伯德图，并确定系统的频率响应 ω_{c0}、γ_0、K_{g0}。

③确定需要补偿的相位超前角 $\varphi_m = \gamma - \gamma_0 + \Delta\gamma$，一般追加的超前相角 $\Delta\gamma$ 为 $5° \sim 10°$。

④由最大的超前相角 φ_m，确定校正装置参数

$$\alpha = \frac{1 + \sin\varphi_m}{1 - \sin\varphi_m}$$

⑤由 φ_m、α 确定 ω_c。将未校正系统幅频曲线上幅值为 $-10\lg\alpha$ 处的频率作为校正后的剪切频率 ω_c，即 $20\lg|G_0(j\omega_c)| = -10\lg\alpha$，并且 $\omega_c = \omega_m = \dfrac{1}{T\sqrt{\alpha}}$，确定 T 值，即得出校正网络的传递函数为

$$G_c(s) = \frac{1 + \alpha Ts}{1 + Ts}$$

⑥验算，检查校正后系统的各项性能指标是否满足要求。如果不满足要求就要按照上述步骤重新设计。

若已给出校正后的剪切频率 ω_c，那么步骤（3）和步骤（4）可改为：取 $\omega_m = \omega_c$，那么校正前系统 $-L(\omega_c) = L(\omega_m) = 10\lg\alpha$，确定出 α 值，然后由 $\omega_m = \dfrac{1}{T\sqrt{\alpha}}$确定 T 值。

例 4-8　考虑二阶单位负反馈控制系统，开环传递函数为 $G_0(s) = \dfrac{K}{s(0.5s+1)}$，给定设计要求：系统的相角裕度不小于50°，系统斜坡响应的稳态误差为5%。

解　（1）根据稳态误差的要求，求取 $K = 20\ \text{s}^{-1}$

（2）画伯德图，求出未校正系统的频率响应。

$\omega = 1$ 时，$20\lg K = 20\lg 20 = 26\ \text{dB}$

开环传递函数伯德图如图 4-39 所示

由

$$20\lg\frac{20}{\omega_{c0}\sqrt{(0.5\omega_{c0})^2 + 1}} = 0$$

解得剪切频率

$$\omega_{c0}=6.2\ \text{rad/s}$$

所以

$$\gamma_0 = 180° + \angle G_0(j\omega_{c0}) = 17° < 50°, K_g = \infty$$

可见未加校正时，系统是稳定的，但相角裕度低于性能指标的要求，因此采用超前校正。

(3) 计算串联超前校正最大超前相角 φ_m 和 α 值。

取 $\Delta\gamma=5°$，$\varphi_m=\gamma-\gamma_0+\Delta\gamma=50°-17°+5°=38°$

$$\alpha=\frac{1+\sin\varphi_m}{1-\sin\varphi_m}=4.2$$

(4) 由 φ_m 和 α 确定 ω_c。

由

$$20\lg|G_0(j\omega_c)|=-10\lg\alpha=20\lg\frac{20}{\omega_c\sqrt{(0.5\omega_c)^2+1}}$$

$$=-10\lg4.2$$

解得剪切频率

$$\omega_c=9\ \text{rad/s}$$

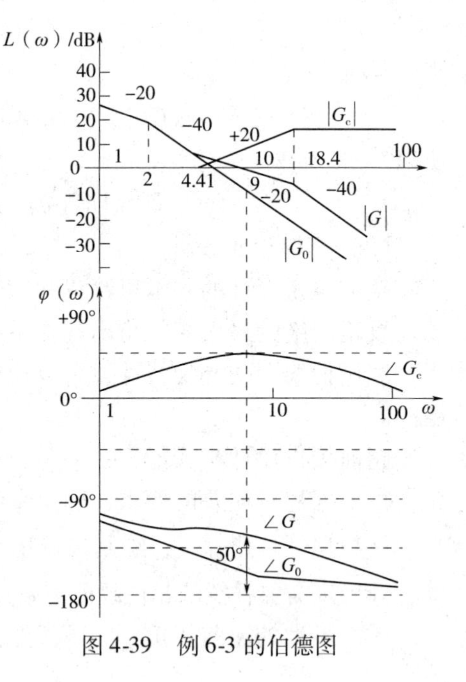

图 4-39 例 6-3 的伯德图

根据 $\omega_c=\omega_m=\dfrac{1}{T\sqrt{\alpha}}$，解得

$$T=0.054\ \text{s},\ \alpha T=0.227\ \text{s}$$

可得串联超前校正的传递函数为

$$G_c(s)=\frac{1+\alpha Ts}{1+Ts}=\frac{1+0.227s}{1+0.054s}$$

(5) 校验。

校正后系统的开环传递函数为

$$G(s)=G_0(s)G_c(s)=\frac{20(0.227s+1)}{s(0.5s+1)(0.054s+1)}$$

当 $\omega_c=9$ rad/s 时，

$$\angle G(j\omega_c)=\angle G_c(j\omega_c)G_0(j\omega_c)$$

$$=-90°-\arctan(0.5\omega_c)-\arctan\left(\frac{\omega_c}{18.4}\right)+\arctan\left(\frac{\omega_c}{4.41}\right)$$

$$=-129.6°$$

相角裕度 $\gamma=180°+\angle G(j\omega_c)=50.4°>50°$

经检验满足设计要求。从 γ 计算结果看，$\Delta\gamma$ 可适当大一些。

2）串联滞后校正（PI）

如果一个串联校正网络频率特性具有负的相位角，就称为滞后校正网络。PI 控制器就属于滞后校正网络。

串联滞后校正的作用主要在于提高系统的开环放大倍数，从而改善系统的稳态性能，而不影响系统的动态性能。超前校正是利用超前网络的超前特性，但滞后校正并不是利用相位的滞后特性，而是利用滞后网络的高频幅值衰减特性，降低系统的截止频率，提高系统的相角裕度，以改善系统的暂态性能。或者说，是利用滞后网络的低通滤波特性，使低频信号有较高的增益，从而提高系统的稳态精度。常用于对系统稳态精度要求高的场合。其传递函数为

$$G_c(s) = \frac{(1+\beta Ts)}{(1+Ts)} \qquad (\beta < 1) \tag{4-77}$$

①滞后校正网络及其幅频特性。

有源滞后校正网络如图4-40（a），其零极点配置如图4-40（b）所示

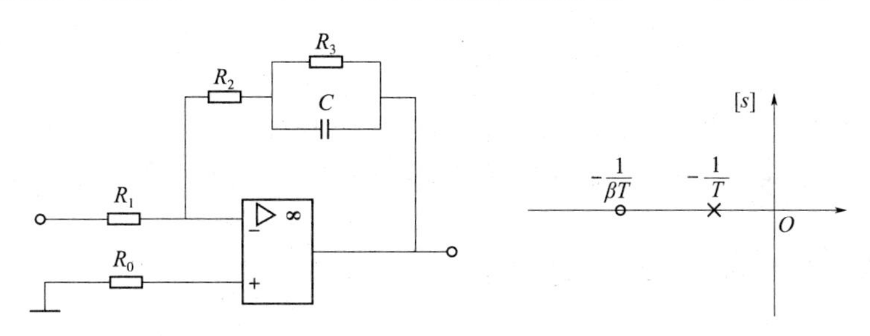

（a）滞后校正网络　（b）滞后校正零极点

图4-40　有源滞后校正网络

该电路的传递函数为

$$G_c(s) = -k_c\frac{(1+\beta Ts)}{1+Ts} \qquad (\beta < 1) \tag{4-78}$$

式中：$T = R_3C, \beta = \dfrac{R_2}{R_2+R_3}$；

$k_c = \dfrac{R_2+R_3}{R_1}$，$R_0 = R_1$。

不考虑 k_c 得滞后校正网络传递函数为

$$G_c(s) = \frac{(1+\beta Ts)}{(1+Ts)} \qquad (\beta < 1)$$

频率特性为

$$G_c(\mathrm{j}\omega) = \frac{1+\mathrm{j}\beta T\omega}{1+\mathrm{j}T\omega} \tag{4-79}$$

相频特性为

$$\angle G_c(\mathrm{j}\omega) = \varphi(\omega) = \arctan\beta T\omega - \arctan T\omega \tag{4-80}$$

其伯德图如图4-41所示。

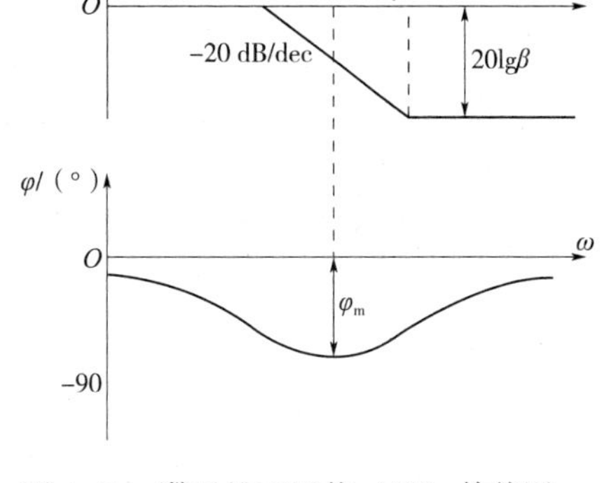

图4-41　滞后校正网络（PI）伯德图

与超前校正类似，令

$$\frac{\mathrm{d}\varphi(\omega)}{\mathrm{d}\omega} = 0$$

求得

$$\omega_m = \frac{1}{\sqrt{\beta}T} \tag{4-81}$$

$$\varphi_m = \arcsin\frac{1-\beta}{1+\beta} \tag{4-82}$$

②滞后校正设计。

滞后校正设计的基本思路：用滞后校正网络校正那些暂态特性已满足要求，但稳态性能不满足要求的系统。在频域法中，因为绘制伯德图的先决条件是知道开环放大倍数，因此，频域法校正是先使系统满足稳态要求，然后再用滞后校正使系统性能回到所要求的动态性能。

滞后校正设计步骤如下：

第一步，根据稳态误差要求，确定系统型别和开环增益 K。

第二步，利用已确定的 K，绘制未校正系统的伯德图，并确定系统的频率特性 ω_{c0}、γ_0、K_{g0}。

第三步，根据对相角裕度的要求，确定剪切频率 ω_c。在待校正系统频率特性曲线上，选择频率点 ω_c，使其满足

$$180° + \angle G_0(j\omega_c) = \gamma + \Delta\gamma \tag{4-83}$$

第四步，根据下述关系，确定滞后校正网络参数 β 和 T。

$$20\lg|G_0(j\omega_c)| + 20\lg\beta = 0 \tag{4-84}$$

$$\frac{1}{\beta T} = \left(\frac{1}{10} \sim \frac{1}{5}\right)\omega_c \tag{4-85}$$

即得出校正网络的传递函数为

$$G_c(s) = \frac{1+\beta Ts}{1+Ts}$$

上述关系成立的原因是要保证已校正系统的剪切频率和第三步骤所选的 ω_c 一致，就必须使滞后校正装置的对数幅频值等于未校正系统在新的剪切频率 ω_c 处的对数幅频值。

第五步，验算，检查校正后系统的各项性能指标是否满足要求。

例 4-9 设某控制系统不可变部分的开环传递函数为 $G_0(s) = \dfrac{K}{s(s+1)(0.5s+1)}$ 要求系统具有如下性能指标：

（1）开环增益 $K = 5s^{-1}$。

（2）相角裕度 $\gamma \geqslant 40°$。

（3）幅值裕度 $K_g(\text{dB}) \geqslant 10$ dB。

试确定串联滞后校正装置的参数。

解 （1）计算考虑开环增益的未校正系统的频率响应 ω_{c0}、γ_0、K_{g0}

由

$$20\lg\frac{5}{\omega_{c0}\sqrt{\omega_{c0}^2+1}\sqrt{(0.5\omega_{c0})^2+1}} = 0$$

解得

$$\omega_{c0} = 2.1 \text{ rad/s}$$

则

$$\angle G_0(j\omega_{c0}) = -90° - \arctan\omega_{c0} - \arctan 0.5\omega_{c0} = -200°$$

得

$$\gamma_0 = 180° + \angle G_0(j\omega_{c0}) = -20°$$

根据相位交界频率的定义有

$$\angle G_0(j\omega_{g0}) = -180°$$

解得

$$\omega_{g0} = 1.4\ \text{rad/s}$$

则

$$K_{g0} = -20\lg \left.\frac{5}{\omega_{g0}\sqrt{\omega_{g0}^2+1}\sqrt{(0.5\omega_{g0})^2+1}}\right|_{\omega_{g0}} = \sqrt{2} = -4.4\ \text{dB}$$

$$\gamma(\omega_{c0}) = -20° < 40°,\quad K_{g0} = -4.4\ \text{dB} < 0\ \text{dB}$$

系统不稳定，故需要校正，且因 $\angle G_0(j\omega_{c0}) = -200°$ 相位负的较厉害，故应采用相位滞后校正，如图4-42所示。

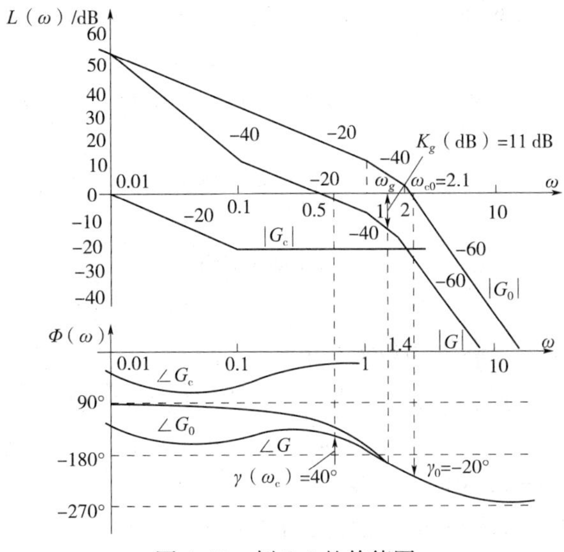

图4-42　例6-4的伯德图

（2）依据对相角裕度的要求，确定剪切频率 ω_c

$$\angle G_0(j\omega_c) = \gamma + \Delta\gamma - 180° = 40° + 10° - 180° = -130° \qquad (\text{取 } \Delta\gamma = 10°)$$

则

$$-90° - \arctan\omega_c - \arctan 0.5\omega_c = -130°$$

解得

$$\omega_c = 0.5\ \text{rad/s}$$

（3）由 ω_c 确定 β

$$\begin{aligned}20\lg\beta &= -20\lg|G_0(j\omega_c)| \\ &= -20\lg\frac{5}{0.5\sqrt{0.5^2+1}\sqrt{(0.5\times0.5)^2+1}}\end{aligned}$$

$$= -19 \text{ dB}$$

解得

$$\beta \approx 0.1$$

（4）由 β 确定 T

$$\frac{1}{\beta T} = \frac{1}{5}\omega_c = \frac{1}{5} \times 0.5 = 0.1, \quad T = 100$$

则滞后校正装置的传递函数为

$$G_c(s) = \frac{1 + \beta Ts}{1 + Ts} = \frac{1 + 10s}{1 + 100s}$$

（5）验算已校正系统的性能指标

校正后，系统的开环传递函数为

$$G(s) = G_0(s)G_c(s) = \frac{5}{s(s+1)(0.5s+1)} \cdot \frac{(10s+1)}{(100s+1)}$$

其相频特性为

$$\begin{aligned}\angle G(j\omega_c) &= \arctan 10\omega_c - 90^\circ - \arctan\omega_c - \arctan 0.5\omega_c - \arctan 100\omega_c \\ &= -139.8^\circ\end{aligned}$$

则

$$\gamma = 180^\circ + \angle G(j\omega_c) = 180^\circ - 139.8^\circ \approx 40^\circ$$

由相位交接频率的定义有

$$\angle G(j\omega_g) = -180^\circ$$

解得

$$\omega_g = 1.4 \text{ rad/s}$$

因此

$$\begin{aligned}K_{g0} &= -20\lg|G(j\omega_g)| \\ &= -20\lg\frac{5\sqrt{(10\times1.4)^2+1}}{1.4\sqrt{1.4^2+1}\sqrt{(0.5\times1.4)^2+1}\sqrt{(100\times1.4)^2+1}} \\ &= 11 \text{ dB} > 10 \text{ dB}\end{aligned}$$

从计算结果看出，已校正系统全部满足性能指标要求。

3）串联滞后—超前校正（PID）

由于滞后校正和超前校正各有特点，有时会把超前校正和滞后校正综合起来应用，这种校正网络称为滞后—超前校正网络。其传递函数为

$$G_c(s) = \frac{1 + \alpha T_1 s}{1 + T_1 s} \cdot \frac{1 + \beta T_2 s}{1 + T_2 s} \quad (\alpha > 1, \beta < 1) \tag{4-86}$$

a. 滞后—超前网络及其幅频特性

有源滞后—超前网络如图 4-43（a），其零极点配置如图 4-43（b）所示

其传递函数为

$$G_c(s) = -k\frac{1 + \alpha T_1 s}{1 + T_1 s}\frac{1 + \beta T_2 s}{1 + T_2 s} \quad (\alpha > 1, \beta < 1)$$

式中

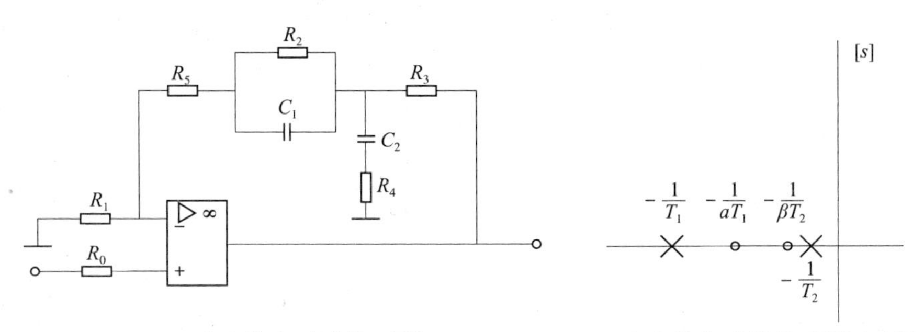

（a）滞后—超前校正网络　　　　（b）滞后—超前校正零极点配置

图4-43　有源滞后—超前网络

$$k=\frac{R_2+R_1}{R_1},\ \alpha T_1=(R_3+R_4)C_2$$

$$\beta T_2=\frac{R_1R_2}{R_1+R_2}C_1,\ T_1=R_4C_2,\ T_2=R_2C_1$$

当不考虑 k 时，PID 控制器的传递函数为式（6－31），由此式可知 PID 控制器的频率特性为

$$G_c(\mathrm{j}\omega)=\frac{\mathrm{j}\alpha T_1\omega+1}{\mathrm{j}T_1\omega+1}\cdot\frac{\mathrm{j}\beta T_2\omega+1}{\mathrm{j}T_2\omega+1}\qquad(\alpha>1,\beta<1)$$

分子分母的前一项构成了超前校正网络，分之分母的后一项构成了滞后校正网络。其伯德图如图4-44所示。

b. 滞后—超前校正设计

滞后—超前校正设计的基本思路：滞后—超前校正的频域设计实际是滞后校正和超前校正的综合，合理选择剪切频率后，先设计滞后部分，再根据已经选定的 β 设计超前部分。

滞后—超前校正设计步骤如下：

（a）根据稳态误差的要求，确定控制系统开环增益 K。

（b）利用已确定 K，绘制未校正系统的伯德图，并确定频率响应 ω_{c0}、γ_0、K_{g0}。

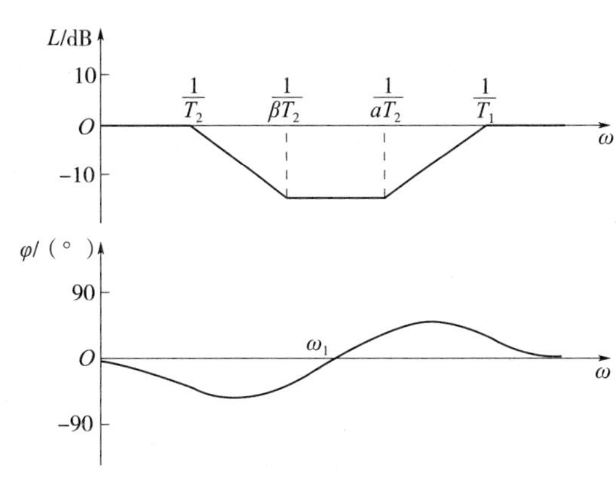

图4-44　滞后—超前校正网络（PID）的伯德图

（c）根据响应速度的要求，选择系统的剪切频率 ω_{c0}。

（d）确定滞后校正参数。

（e）确定超前校正参数。

（f）验算，检验校正系统后的性能指标是否满足要求。

例4-10　设某控制系统不可变部分的开环传递函数 $G_0(s)=\dfrac{K}{s(s+1)(0.5s+1)}$，要求系统具有如下性能指标：（1）开环增益 $K=10\ \mathrm{s}^{-1}$；（2）相角裕度 $\gamma\geqslant45°$；（3）幅值裕度 $K_g\geqslant10$ dB，试设计滞后—超前校正装置的参数。

解 （1）画出考虑开环增益的未校正系统的频率特性，确定 ω_{c0}、γ_0、K_{g0}，画考虑开环增益后的未校正系统的伯德图如图 4-45 所示，由图 4-45 中的曲线得

$$\omega_{c0}=2.7\ \text{rad/s}$$

$$\gamma_0=-33°$$

$$\omega_{g0}=1.4\ \text{rad/s}$$

$$K_{g0}<0\ \text{dB}$$

性能指标不合乎要求，故需要校正。$20\lg|G_0(\text{j}\omega)|$ 以 −60 dB/dec 过 0 dB/dec 线，只加一个超前校正网络不能满足相角裕度的要求。如果让中频段（ω_{c0}附近）特性衰减，再让超前校正发挥作用，可能使性能指标满足要求，中频段特性衰减正好由滞后校正完成。因此，决定采用滞后超前校正。

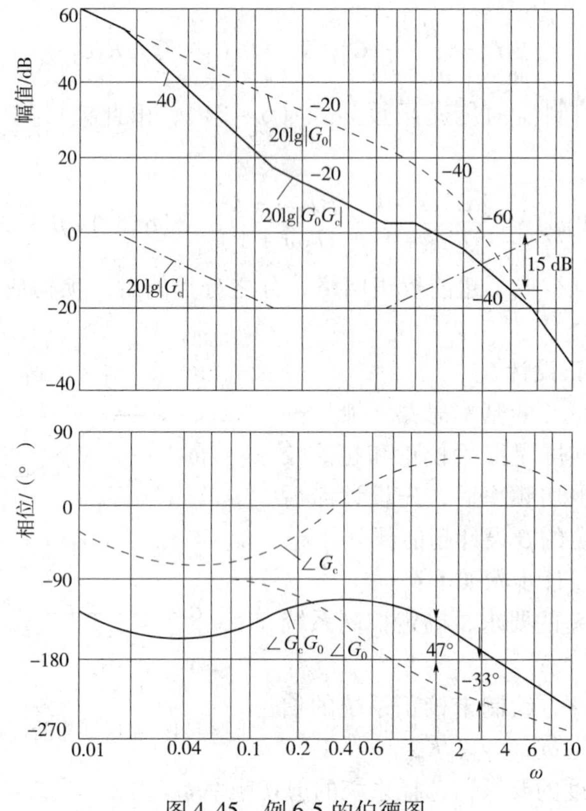

图 4-45 例 6-5 的伯德图

（2）选择校正后的截止频率 ω_c，若性能指标中对系统的快速性未提出明确的要求，一般对应 $\angle G_0(\text{j}\omega)=-180°$ 的频率作为 ω_c，取 $\omega_c=1.4$ rad/s。

（3）确定滞后校正参数。

一般取 $\dfrac{1}{\beta T}=\left(\dfrac{1}{10}\sim\dfrac{1}{5}\right)\omega_c$，在这里 $\dfrac{1}{\beta T_2}=\dfrac{1}{10}\omega_c$，得 $\beta T_2=7.14$，根据工程经验一般选 $\beta=0.1$，那么可得 $T_2=71.4$。所以滞后校正的传递函数为

$$G_{c1}(s)=\frac{\beta T_2 s+1}{T_2 s+1}=\frac{7.14s+1}{71.4s+1}$$

（4）确定超前校正参数，确定超前校正部分参数的原则是要保证校正后的系统剪切频率 $\omega_c=1.4\ \mathrm{rad/s}$。由图4-45得

$$\omega_c=1.4\ \mathrm{rad/s}$$
$$20\lg|G_0(\mathrm{j}\omega_c)|=14\ \mathrm{dB}$$

所以

$$20\lg|G_c(\mathrm{j}\omega_c)|=-14\ \mathrm{dB}$$

在图4-45中，过（1.4 rad/s，-14 dB）点做+20 dB/dec直线，该线与0 dB及与0 dB平行的 L_m 线分别相交于 $\begin{cases}\dfrac{1}{T_1}=7\\ \dfrac{1}{\alpha T_1}=0.7\end{cases}$。

求得

$$T_1=0.143,\ \alpha T_1=1.43$$

得超前校正部分的传递函数为

$$G_{c2}(s)=\frac{1+\alpha T_1 s}{1+T_1 s}=\frac{1+1.43s}{1+0.143s}$$

最后求的滞后—超前校正网络的传递函数为

$$G_c(s)=G_{c1}(s)G_{c2}(s)=\frac{(7.14s+1)(1.43s+1)}{(71.4s+1)(0.143s+1)}$$

（5）效验性能指标，$\omega_c=1.4\ \mathrm{rad/s}$ 时，校正后系统的开环传递函数为

$$G(s)=G_0(s)G_{c1}(s)G_{c2}(s)$$

则

$$\angle G(\mathrm{j}\omega_c)=G_0(\mathrm{j}\omega_c)+G_{c1}(\mathrm{j}\omega_c)+G_{c2}(\mathrm{j}\omega_c)=47°>45°$$

试探求得 $\omega_g=4\ \mathrm{rad/s}$。

由图4-45得幅值裕度 $K_g=15\ \mathrm{dB}>10\ \mathrm{dB}$。说明完全符合性能指标要求。

4）串联校正方式比较

（1）串联校正原理和思路的比较如表4-4所示。

表4-4　相角超前校正网络和滞后校正网络的比较

校正网络	超前校正网络	滞后校正网络
目的	在伯德图上提供超前角，提高相角裕度。在 s 平面上，使系统具有预期的主导极点	利用幅值衰减提高系统相角裕度，或伯德图上的相角裕度基本不变的同时，增大系统的稳态误差系数
效果	1. 增大系统的带宽 2. 增大高频段增益	减小系统带宽
优点	1. 能获得预期响应 2. 能改善系统的动态性能	1. 能抑止高频噪声 2. 能减小系统的误差，改善平稳性

续上表

校正网络	超前校正网络	滞后校正网络
缺点	1. 需附加放大器增益 2. 增大系统带宽，系统对噪声更加敏感 3. 要求 RC 网络具有很大的电阻和电容	1. 减缓响应速度，降低快速性 2. 要求 RC 网络具有很大的电阻和电容
适用场合	要求系统有快速响应时	对系统的稳态误差及稳定程度有明确要求时
不适用场合	在交接频率附近，系统的相角急剧下降时	在满足相角裕度的要求后，系统没有足够的低频响应时

超前校正通常可以改善控制系统的快速性和超调量，主要用来改变未校正系统的中频段形状，以便提高系统的动态性能。而滞后校正主要用来校正系统的低频段，用来增大未校正系统的开环增益。如果既需要有快速响应特性，又要获得良好的稳态精度，则可以采用滞后—超前校正。滞后—超前校正具有互补性，滞后校正部分和超前校正部分既发挥了各自的长处又用对方的长处弥补了自己的短处。

（2）无源校正装置和有电源校正装置的比较。上述介绍的三种校正装置可以用无源器件（阻容元件）实现，也可以用有源器件实现。

应用无源器件组成的串联校正系统经常会遇到阻抗匹配问题，如果阻抗匹配问题解决不好，校正装置势必不能起到预期的效果，解决这一矛盾的有效方法，就是用有源装置代替无源装置。有源装置由线性集成运算放大器和少量的无源器件所组成，既经济实用，又有很好的效果。

另一方面由无源器件所组成的系统开环增益衰减的厉害，为使系统获得必要的开环增益，往往须另加放大器，而如果采用有源装置，这一问题将能很好的解决。

近年来大规模集成电路的迅速发展，使运算放大器的性能得到了普遍的提高。在实际的校正装置中，更多使用的是由运算放大器和电阻、电容元件构成的有源校正装置。有源校正装置的特点是它与输入、输出设备之间的阻抗匹配特性好，参数调整方便，电路性能稳定。采用有源器件可以设计出比较复杂的校正装置。

4. 串联校正综合法

前面介绍的串联校正分析法是先根据要求的性能指标和未校正系统的特性，选择串联校正装置的结构，然后设计它的参数，这种方法具有试探性的，所以称为试探法和分析法。下面介绍串联校正综合法，它是根据给定的性能指标求出期望的开环频率特性，然后与未校正系统的频率特性进行比较，最后确定系统校正装置的形式及参数。综合法的主要依据是期望特性，所以又称为期望特性法。

（1）期望频率特性法基本概念

期望频率特性法就是将对系统要求的性能指标转化为期望的对数幅频特性，然后再与原系统的幅频特性进行比较，从而得出校正装置的形式和参数。只有最小相位系统的对数幅频特性和相频特性之间有确定的关系，所以期望频率特性法仅适合于最小相位系统的校正。由于工程上的系统大多是最小相位系统，再加上期望特性法简单、易行，因此，期望特性法在工程上有着广泛的应用。

设希望的开环频率特性为 $G(\mathrm{j}\omega)$，原系统的开环频率特性为 $G_0(\mathrm{j}\omega)$，串联校正装置的频率特性为 $G_c(\mathrm{j}\omega)$，则有

$$G(\mathrm{j}\omega) = G_0(\mathrm{j}\omega)G_c(\mathrm{j}\omega)$$

即

$$G_c(\mathrm{j}\omega) = \frac{G(\mathrm{j}\omega)}{G_0(\mathrm{j}\omega)}$$

其对数幅频特性为

$$L_c(\mathrm{j}\omega) = L(\mathrm{j}\omega) - L_0(\mathrm{j}\omega) \tag{4-87}$$

式（4-87）表明，对于期望的校正系统，当确定了期望对数幅频特性之后，就可以得到校正装置的对数幅频特性，从而写出校正装置的传递函数。

一般认为，开环对数幅频特性 +30 ~ −15 dB/dec 的范围称为中频段。典型系统的对数幅频特性，如图4-46所示。可将开环幅频特性分为三个区域：低频段主要反映系统的稳态性能，其增益要选的足够大，以保证系统稳态精度的要求；中频段主要反映系统的动态性能，一般应以 −20 dB/dec 的斜率穿越 0 dB 线，并保持一定的宽度，用 h 来表示，$h=\frac{\omega_3}{\omega_2}$，以保证合适的相角裕度和幅值裕度，从而使系统得到良好的动态性能；高频段的增益要尽可能小，以抑制系统的噪声。与中频段两侧相连的直线斜率为 −40 dB/dec。

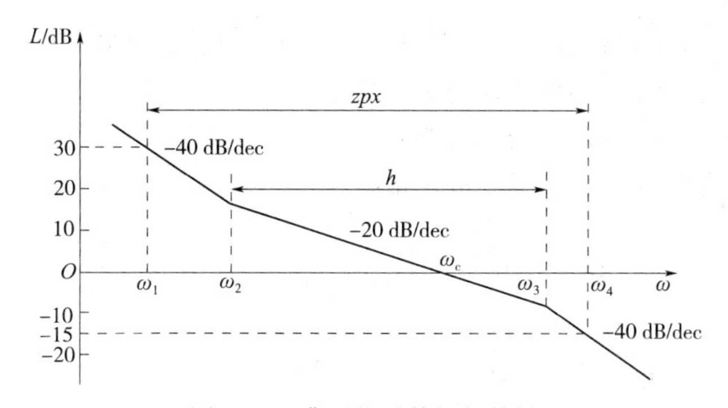

图4-46　典型的对数幅频特性

在用“希望特性”进行校正时，常用的几个相互转化的公式为

$$\sigma_p = 0.16 + 0.4(M_r - 1)$$

$$\omega_c = \frac{k\pi}{t_s}$$

$$k = 2 + 1.5(M_r - 1) + 2.5(M_r - 1)^2$$

$$M_r = \frac{h+1}{h-1}$$

$$\omega_2 \leqslant \frac{2}{h+1}\omega_c$$

$$\omega_3 \geqslant \frac{2h}{h+1}\omega_c$$

$$\gamma = \arcsin\left(\frac{1}{M_r}\right)$$

（2）期望频率特性法应用

校正设计步骤如下：

a. 根据对系统型别及稳态误差的要求，确定型别及开环增益 K。

b. 绘制考虑开环增益后，未校正系统的幅频特性曲线①。

c. 根据动态性能指标的要求，由经验公式计算频率指标 ω_c 和 γ。

d. 绘制系统期望幅频特性曲线②。

（a）根据已确定型别和开环增益 K，绘制期望低频特性曲线。

（b）根据 ω_c、γ、h、ω_2、ω_3 绘制中频段特性曲线。为了保证系统具有足够的相角裕度，取中频段的斜率 -20 dB/dec。

（c）绘制期望特性低频、中频过度曲线，斜率一般为 -40 dB/dec。一般高频和系统不可变部分斜率一致，以利于设计装置简单。

e. 由曲线② - ①得到曲线③，曲线③就是串联校正装置对数幅频特性曲线。由此写出校正传递函数 $G_c(s)$。

f. 验算，检验校正系统后的性能指标是否满足要求。

例 4-11 设某控制系统不可变部分的传递函数为 $G_0(s) = \dfrac{K}{s(0.9s+1)(0.007s+1)}$，要求设计串联校正装置使系统满足性能指标：（1）开环增益 1000 s^{-1}。（2）单位阶跃响应最大超调量 $\sigma_p \leqslant 30\%$。（3）调整时间 $t_s \leqslant 0.25$ s。

解 （1）绘制考虑开环增益的未校正系统的对数幅频特性图，如图 4-47 中曲线①所示。

（2）由经验公式计算 ω_c、γ、h、ω_2、ω_3

求得

$$M_r = 1.35,\quad k = 2.83,\quad t_s = 0.25\ \text{s}$$

进一步得

$$\omega_c = 35.5\ \text{rad/s},\quad \gamma = 47.8^\circ$$

$$h = 8,\quad \omega_2 = 8.9\ \text{rad/s},\quad \omega_3 = 71.1\ \text{rad/s}$$

根据经验和要求及为了使校正装置简单，取

$$\omega_c = 40\ \text{rad/s},\quad \omega_2 = 8\ \text{rad/s},\ \omega_3 = 140\ \text{rad/s}$$

（3）绘制期望频率特性图。期望的低频段的斜率应为 -20 dB/dec，已知未校正系统的型别为“1”，因此期望特性低频段与系统不可变部分的低频段重合。过 $\omega_c = 40$ dB/dec 点做 -20 dB/dec 的直线，其上下限频率分别为 $\omega_2 = 8$ rad/s，$\omega_3 = 140$ rad/s。过 ω_2 点做 -40 dB/dec 的直线，与低频段交于频率 $\omega_1 = 0.33$ rad/s；过 ω_3 点做 -40 dB/dec 的直线，取 $\omega_4 = 200$ rad/s（一般由经验确定）；为了使高频段与曲线①平行，过 ω_4 点做 -60 dB/dec 的直线，从而完成期望特性曲线②。

（4）确定校正环节对数幅频特性。将曲线②与曲线①相减，并得到校正环节对数幅频特性曲线③，由曲线③写出校正装置曲线传递函数为

$$G_c(s)=\frac{(0.9s+1)(0.125s+1)}{(3s+1)(0.005s+1)}$$

（5）验算性能指标。校正后系统的传递函数为

$$G(s)=G_0(s)G_c(s)=\frac{1000}{s(0.9s+1)(0.007s+1)}\frac{(0.9s+1)(0.125s+1)}{(3s+1)(0.005s+1)}$$

由

$$h=\frac{\omega_3}{\omega_2}=\frac{140}{8}=17.5$$

得

$$M_r=\frac{h+1}{h-1}=1.12$$

$$\sigma_p=0.16+0.4(M_r-1)=20.8\% < 30\%$$

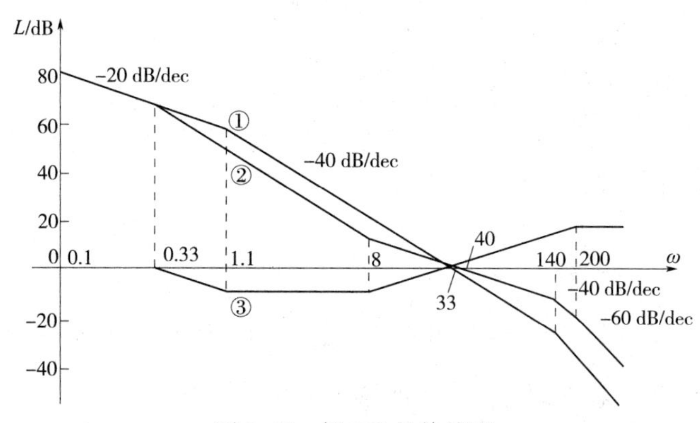

图4-47 例6-6的伯德图

又因为

$$\omega_c=40\ \text{rad/s}$$

所以

$$k=2+1.5(M_r-1)+2.5(M_r-1)^2=2.22$$

$$t_s=\frac{k\pi}{\omega_c}=\frac{2.22\times3.14}{40}=0.17\ \text{s}<0.25\ \text{s}$$

经检验 ω_c，t_s 满足给定性能指标的要求。

③最佳典型系统校正方法

工程上除了采用期望特性法以外，还可以按最佳典型系统校正，即通常把一个高阶系统近似地简化成二阶、三阶典型系统。只要知道典型系统与性能指标之间的关系以及被控对象的传递函数，就可以确定校正装置的结构和参数。这种工程设计方法，避免了频率法和根轨迹法中的多次试探和作图，简化了设计步骤，在自动控制系统设计中得到了广泛的应用。

a. 按最佳二阶典型系统校正。在工程设计中，经常采用二阶典型系统来代替高阶系统（如采用主导极点、偶极子等概念分析问题），采用“最优”的综合校正方法来设计校正装置。二阶典型系统框图如图4-48所示，对数幅频特性图如图4-49所示。

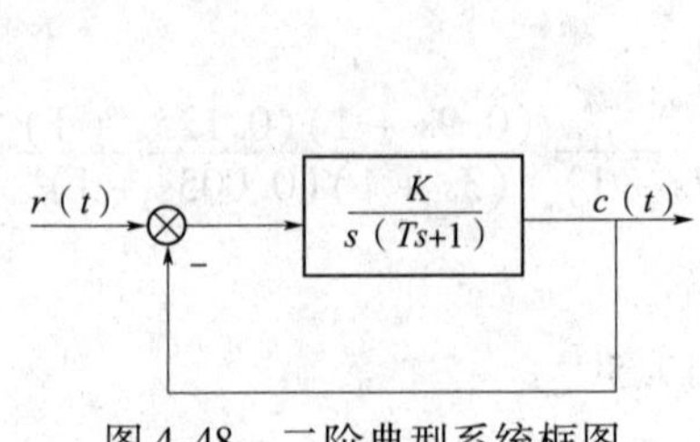

图 4-48　二阶典型系统框图

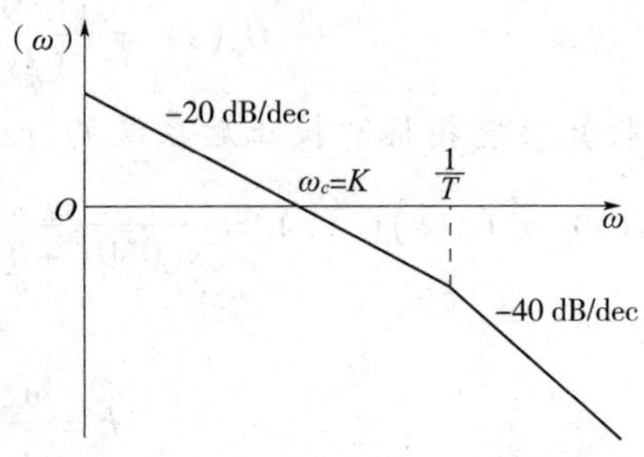

图 4-49　二阶典型系统对数频率图

二阶典型系统开环传递函数为

$$G(s) = \frac{K}{s(Ts+1)} = \frac{\omega_n^2}{s(s+2\xi\omega_n)} \tag{4-88}$$

闭环传递函数为

$$\frac{C(s)}{R(s)} = \frac{\omega_n^2}{s^2+2\xi\omega_n s+\omega_n^2}$$

式中：$\begin{cases}\omega_n^2=\dfrac{K}{T}\\ \xi=\dfrac{1}{2\sqrt{KT}}\end{cases}$ 或 $\begin{cases}K=\dfrac{\omega_n}{2\xi}\\ T=\dfrac{1}{2\xi\omega_n}\end{cases}$。

在典型二阶系统中，当 $\xi=\frac{\sqrt{2}}{2}=0.707$ 时，系统的性能指标为 $\sigma\%=4.3\%$，$\gamma=65.5°$。这时兼顾了快速性和相对稳定性能，通常将 $\xi=0.707$ 的典型二阶系统称为“最佳二阶系统”，所对应的指标为最优性能指标。

把 $\xi=\frac{\sqrt{2}}{2}$ 代入 $\xi=\frac{1}{2\sqrt{KT}}$，得到

$$T=\frac{1}{2K} \quad 或 \quad K=\frac{1}{2T} \tag{4-89}$$

将 T，K 代入式（4-88）中得最佳二阶系统的开环传递函数为

$$G(s) = \frac{1}{2Ts(Ts+1)} \tag{4-90}$$

下面分几种情况按最佳二阶系统进行校正设计。

情况一：当系统固有部分为一阶惯性环节时

$$G_0(s) = \frac{K_1}{T_1 s+1}$$

按二阶典型系统设计时开环传递函数应为

$$G(s) = G_c(s)G_0(s) = G_c(s)\frac{K_1}{T_1 s+1} = \frac{1}{2Ts(TS+1)}$$

则

$$G_c(s) = \frac{1}{2K_1 T_1 s}$$

所以，应串入积分控制器，其中 $T_1 = T$。

情况二：当系统固有部分为两个惯性环节串联时

$$G_0(s) = \frac{K_1}{(T_1 s + 1)(T_2 s + 1)} \qquad (T_2 > T_1)$$

期望特性为式（4-90），选参数时为了把小的时间常数消去，则

$$T = T_1, \quad G_c(s) = \frac{G(s)}{G_0(s)} = \frac{T_2 s + 1}{2K_1 T_1 s} = \frac{T_2}{2KT_1}\left(1 + \frac{1}{T_2 s}\right)$$

可见，应采用PI调解器，参数应整定为

$$K_p = \frac{T_2}{2K_1 T_1} \qquad T_i = T_2$$

情况三：当被控对象由若干小惯性环节组成时

$$G_0(s) = \frac{K_1}{(T_1 s + 1)} \frac{K_2}{(T_2 s + 1)} \cdots \frac{K_n}{(T_n s + 1)}$$

这时，可用一个较大的惯性环节来近似，即令

$$G_0(s) = \frac{K}{(Ts + 1)}$$

式中：$T = T_1 + T_2 + \cdots + T_n$；$K = K_1 K_2 \cdots K_n$。

取期望模型为

$$G(s) = \frac{1}{2Ts(Ts + 1)}$$

则

$$G_c(s) = \frac{G(s)}{G_0(s)} = \frac{1}{2KTs}$$

可见，应采用积分控制器。

情况四：当系统固有部分含有积分环节时

$$G_0(s) = \frac{K_1}{s(T_1 s + 1)}$$

期望模型为式（4-90），即时间常数与被控对象相同，则

$$G_c(s) = \frac{1}{2K_1 T_1}$$

可见，应采用P调节器，其参数应该整定为

$$K_p = \frac{1}{2K_1 T_1}$$

例 4-12　某系统开环传递函数为 $G_0(s) = \dfrac{4}{s(s + 2)}$，如图4-48所示。要求闭环系统性能指标为：超调量 $\sigma\% < 5\%$；调节时间；$t_s \leqslant 1$ s；静态速度误差系数 $K_v = 10$，求校正元件的传递函数 $G_c(s)$。

解　（1）原系统 $2\xi\omega_n = 2$，$\omega_n = 2$ 则 $\xi = 1$，不符合最优模型，满足不了 $\sigma\% < 5\%$，

$K_v = 10$的性能指标，需要进行串联校正。

（2）原系统传递函数为

$$G_0(s) = \frac{4}{s(s+2)} = \frac{2}{s(0.5s+1)}$$

按最佳二阶系统设计即

$$G(s) = G_0(s)G_c(s) = \frac{2}{s(0.5s+1)}G_c(s) = \frac{1}{2Ts(Ts+1)}$$

则

$$G_c(s) = \frac{(0.5s+1)}{4T(Ts+1)}$$

根据题的要求得

$$\frac{1}{4T} = 5, \quad T = 0.05$$

则得校正元件的传递函数为

$$G_c(s) = \frac{5(0.5s+1)}{0.05s+1}$$

系统开环传递函数为

$$G(s) = G_0(s)G_c(s) = \frac{10}{s(0.05s+1)}$$

（3）验算指标

因为这是按最优模型设计的，肯定能满足性能要求。

按三阶典型系统校正如下所述。

典型三阶系统模型的框图和伯德图如图 4-50 和图 4-51 所示。

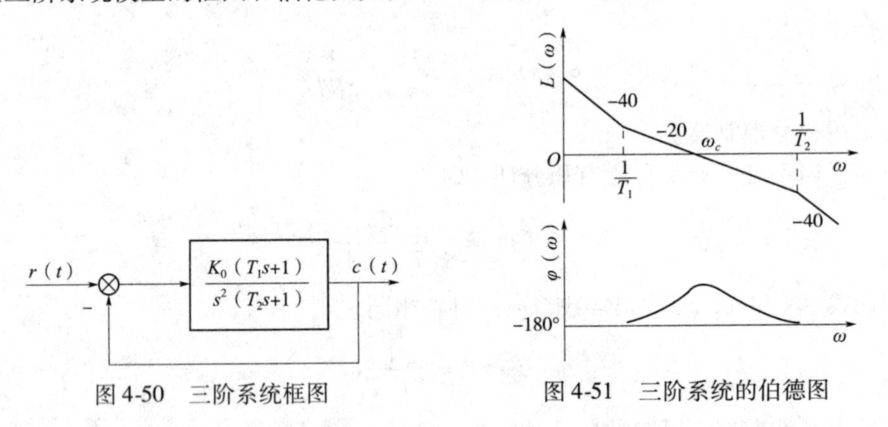

图 4-50　三阶系统框图

图 4-51　三阶系统的伯德图

具有最佳频比的典型三阶系统。定义 $h = \frac{\omega_2}{\omega_1} = \frac{T_1}{T_2}$为中频段宽度。由于中频段对系统的动态性能起决定性作用，所以 h 是一个重要参数。可以证明当系统参数满足式（4-91）时，所对应的闭环谐振值最小。因此称为“最佳频比”。

$$\begin{cases} \dfrac{\omega_2}{\omega_c} = \dfrac{2h}{h+1} \\ \dfrac{\omega_c}{\omega_1} = \dfrac{h+1}{2} \end{cases} \tag{4-91}$$

具有最佳频比的典型三阶模型为

$$G(s)=\frac{h+1}{2h^2T_2^2}\frac{hT_2s+1}{s^2(T_2s+1)}$$

考虑到参考输入和扰动输入两方面的性能指标，通常取中频宽度 $h=5$。

被控对象为

$$G_0(s)=\frac{K_2}{s(T_2s+1)} \tag{4-92}$$

则

$$G_c(s)=\frac{G(s)}{G_0(s)}=\frac{h+1}{2K_2hT_2}\left(1+\frac{1}{hT_2s}\right) \tag{4-93}$$

可见，应采用 PI 控制器，参数设定为

$$K_p=\frac{h+1}{2K_2hT_2},\qquad T_1=hT_2$$

被控对象为

$$G_0(s)=\frac{K_2}{s(T_2s+1)(T_3s+1)},\quad T_2<T_3 \tag{4-94}$$

则

$$G_c(s)=\frac{G(s)}{G_0(s)}=\frac{h+1}{2h^2T_2^2K_2}(hT_2+T_3)\left[1+\frac{1}{(hT_2+T_3)s}+\frac{hT_2T_3}{(hT_2+T_3)}s\right] \tag{4-95}$$

可见，应采用 PID 控制器，参数设定为

$$K_p=\frac{h+1}{2h^2K_2T_2^2}(hT_2+T_3),\quad T_1=hT_2+T_3,\quad T_D=\frac{hT_2T_3}{hT_2+T_3}$$

5. 反馈校正

在工程实践中，通过附加局部反馈部件，以改变系统的结构和参量，可达到改善系统性能的目的，这种方法一般称作反馈校正或并联校正。控制系统采用反馈校正后，除了能得到与串联校正相同的效果外，反馈校正还具有改善控制性能的特殊功能。

（1）反馈校正功能

①比例负反馈可以减弱被反馈包围部分的惯性，从而扩展其频带，提高响应速度。如图4-52（a）所示，当不加比例负反馈（$k_f=0$）时，其传递函数为

$$G(S)=\frac{K_0}{T_0s+1}$$

当加入比例负反馈（$k_f\neq0$）时，其传递函数为

$$G(s)=\frac{C(s)}{R(s)}=\frac{\dfrac{K_0}{1+K_0K_f}}{\dfrac{T_0}{1+K_0K_f}s+1}=\frac{K}{Ts+1} \tag{4-96}$$

式中：$T=\dfrac{T_0}{1+K_0K_f}<T_0$；

$K=\dfrac{K_0}{1+K_0K_f}<K_0$。

从闭环传递函数的形式看，此种情况仍是惯性环节。由于 $T<T_0$，其惯性将减弱，减弱程度与反馈系数 K_f 成反比，从而使调节时间 t_s 缩短，提高了系统或环节的快速性。从频域角度看，比例负反馈可使环节或系统的频带得到展宽，其展宽的倍数基本上与反馈系数 K_f 成正比。同时，放大倍数变为原来的$\dfrac{1}{1+K_0K_f}$，这是不希望的，可通过提高放大环节的增益得到补偿，如图 4-52（b）所示，只要适当地提高 K_1 的数值即可解决增益减小的问题。

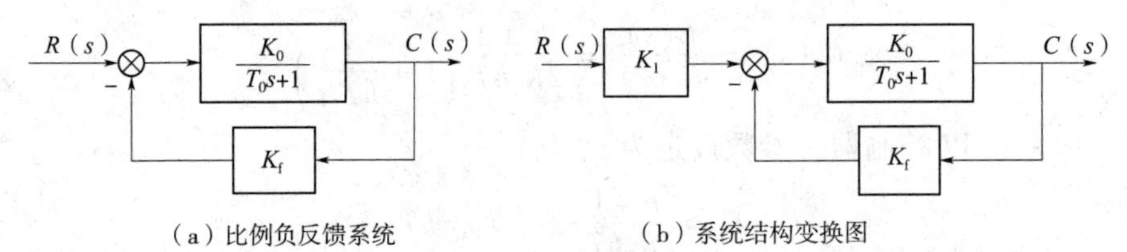

（a）比例负反馈系统　　（b）系统结构变换图

图 4-52　系统结构变换

②负反馈可以减弱参数变化对系统性能的影响。在控制系统中，为了减弱系统对参数变化的敏感性，一般多采用负反馈校正。比较图 4-53，无反馈和有反馈时系统输出对参数变化的敏感性。

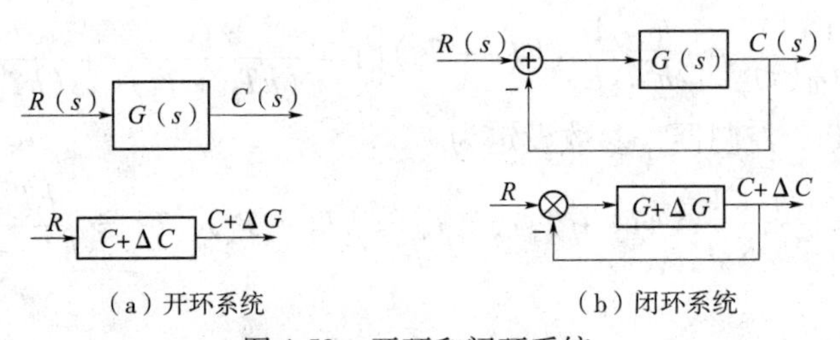

（a）开环系统　　（b）闭环系统

图 4-53　开环和闭环系统

如图 4-53（a）所示的开环系统，假设由于参数的变化，系统传递函数 $G(s)$ 的变化量为 $\Delta G(s)$，相应的输出变化量为 $\Delta C(s)$。这时开环系统的输出为

$$C(s)+\Delta C(s)=[G(s)+\Delta G(s)]R(s)$$

因为

$$C(s)=G(s)R(s)$$

则有

$$\Delta C(s)=\Delta G(s)R(s) \tag{4-97}$$

式（4-97）表明，对于开环系统，参数变化引起输出的变化量 $\Delta C(s)$ 与传递函数的变化量 $\Delta G(s)$ 成正比。而对于如图 4-53（b）所示的闭环负反馈系统，如果也发生上述参数变化，则闭环系统的输出为

$$C(s)+\Delta C(s)=\frac{G(s)+\Delta G(s)}{1+G(s)+\Delta G(s)}R(s)$$

一般情况下，$|G(s)|\gg|\Delta G(s)|$，于是有

$$C(s)+\Delta C(s)\approx\frac{G(s)+\Delta G(s)}{1+G(s)}R(s)$$

由于

$$C(s)=\frac{G(s)}{1+G(s)}$$

则
$$\Delta C(s) \approx \frac{\Delta G(s)}{1+G(s)}R(s) \tag{4-98}$$

比较式（4-97）和式（4-98），因参数变化，闭环系统输出的 $\Delta C(s)$ 是开环系统输出变化的 $\frac{1}{1+G(s)}$。在系统工作的主要频段内，通常 $|1+G(s)|$ 的值远远大于1，因此负反馈能明显地减弱参数变化对控制系统性能的影响。负反馈能明显减弱参数变化对系统性能的影响，而串联校正不具备这个特点。如果说开环系统必须采用高性能的元件，以便减小参数变化对控制系统性能的影响，那么对于负反馈系统来说，就可选用性能一般的元件。用负反馈包围局部元、部件的校正方法在电液伺服控制系统中经常被采用。

③微分负反馈可以增加系统的阻尼，改善系统的相对稳定性。

图4-54是一个带微分负反馈的二阶系统。原系统的传递函数为

$$G(s)=\frac{\omega_n^2}{s^2+2\xi\omega_n s+\omega_n^2}$$

其阻尼比为 ξ，固有频率为 ω_n，加入微分环节以后，系统的传递函数为

$$\frac{C(s)}{R(s)}=\frac{\omega_n^2}{s^2+(2\xi\omega_n+k_f\omega_n^2)s+\omega_n^2}$$

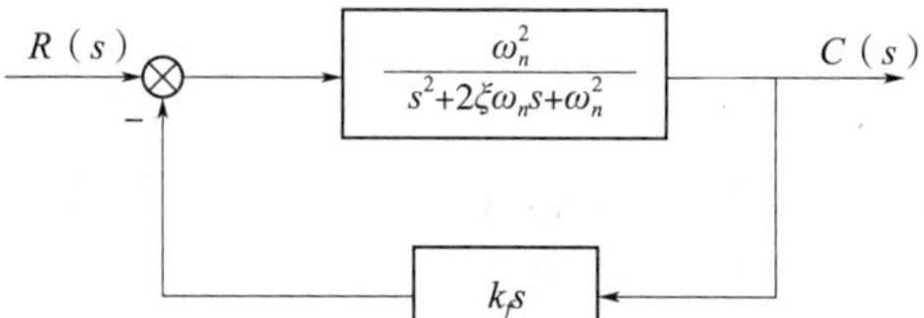

图4-54　微分负反馈系统

显然，微分反馈后的阻尼比为

$$\xi_f=\xi+\frac{1}{2}k_f\omega_n \tag{4-99}$$

和原系统相比，阻尼大为提高，且不影响系统的固有频率。微分负反馈在动态中可以增加阻尼比，改善系统的相对稳定性。微分负反馈是反馈校正中使用最广泛的一种控制方式。

④负反馈可以消除系统固有部分中的不希望有的特性。如图4-55所示，原系统中 $G_2(s)$ 可能含有严重的非线性，或其特性对系统不利，是不希望有的特性，现用局部负反馈校正消除其对系统的影响。

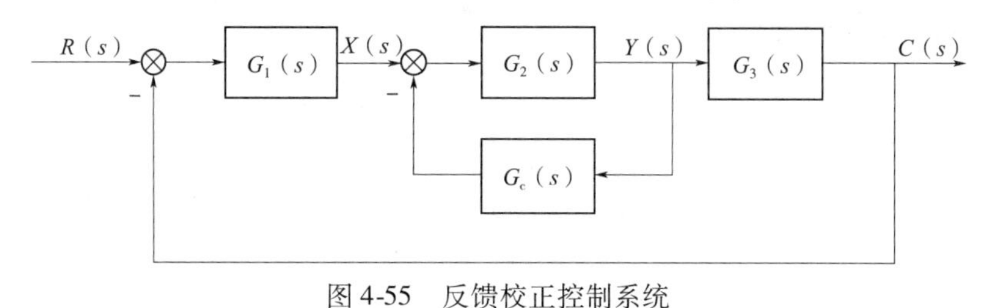

图4-55　反馈校正控制系统

内反馈回路的闭环传递函数

$$\frac{Y(s)}{X(s)}=\frac{G_2(s)}{1+G_2(s)G_c(s)} \tag{4-100}$$

频率特性为

$$\frac{Y(j\omega)}{X(j\omega)}=\frac{G_2(j\omega)}{1+G_2(j\omega)G_c(j\omega)}$$

如果在常用的频段内选取

$$|G_2(j\omega)G_c(j\omega)|\gg 1$$

则在此频段内的频率特性为

$$\frac{Y(j\omega)}{X(j\omega)}\approx\frac{1}{G_c(j\omega)} \tag{4-101}$$

式（4-101）表明，在满足 $|G_2(j\omega)G_c(j\omega)|\gg 1$ 的频段内，如果 $G_2(j\omega)$ 是不希望的，那么就可以选择 $G_c(j\omega)$ 组成新的特性，消除 $G_2(j\omega)$ 对系统的影响。

（2）用频率法分析反馈校正系统

如图 4-55 所示，未校正系统开环传递函数为

$$G_0(s) = G_1(s)G_2(s)G_3(s) \tag{4-102}$$

加入 $G_c(s)$ 后校正系统开环传递函数为

$$G(s) = \frac{G_1(s)G_2(s)G_3(s)}{1+G_2(s)G_c(s)} = \frac{G_0(s)}{1+G_2(s)G_c(s)} \tag{4-103}$$

①当 $|G_2(j\omega)G_c(j\omega)|\ll 1$ 即 $20\lg|G_2(j\omega)G_c(j\omega)| < 0$ 时

由式（4-103）可知

$$G(s)\approx G_0(s) \tag{4-104}$$

式（4-104）表明，在 $|G_2(j\omega)G_c(j\omega)|\ll 1$ 的频带范围内，校正系统开环传递函数 $G(s)$ 近视等于未校正系统的开环传递函数，与反馈传递函数 $G_c(s)$ 无关。也就是说，在这个频带范围内反馈不起作用，局部闭环相当开路。

②当 $|G_2(j\omega)G_c(j\omega)|\gg 1$，即 $20\lg|G_2(j\omega)G_c(j\omega)| > 0$ 时，由式（4-100）可知局部闭环的传递函数为

$$\frac{Y(s)}{X(s)} = \frac{G_2(s)}{1+G_2(s)G_c(s)}\approx\frac{1}{G_c(s)} \tag{4-105}$$

式（4-105）表明在 $|G_2(j\omega)G_c(j\omega)|\gg 1$ 的频带范围内，局部闭环的传递函数与固有特性 $G_2(s)$ 无关，仅取决于反馈通道 $G_c(s)$ 的倒数，这说明通过选择 $G_c(s)$，就能在一定的频带范围内改变系统的原有特性。

由式（4-103）还可知

$$G(s)\approx\frac{G_0(s)}{G_2(s)G_c(s)} \tag{4-106}$$

即

$$G_2(s)G_c(s)\approx\frac{G_0(s)}{G(s)} \tag{4-107}$$

式（4-107）表明，在 $|G_2(j\omega)G_c(j\omega)|\gg 1$ 的频带范围内，画出未校正系统的开环对数频率特性 $20\lg|G_0(j\omega)|$，然后减去按性能指标要求的期望开环对数频率特性 $20\lg|G(j\omega)|$，可以获得近似的 $G_2(s)G_c(s)$。由于 $G_2(s)$ 是已知的，因此反馈校正装置 $G_c(s)$ 可立即求得。

在反馈校正过程中，应当注意校正的频带范围条件，即 $|G_2(j\omega)G_c(j\omega)|\gg 1$，同时要保证小闭环反馈回路的稳定性。

反馈校正设计步骤如下：

a. 按稳态性能指标要求，绘制未校正系统的开环对数幅频特性

$$L_0(\omega) = 20\lg|G_0(\mathrm{j}\omega)|$$

b. 根据给定性能指标要求，绘制期望开环对数幅频特性

$$L(\omega) = 20\lg|G(\mathrm{j}\omega)|$$

c. 由下式求得 $G_2(s)G_c(s)$ 传递函数

$$20\lg|G_2(\mathrm{j}\omega)G_c(\mathrm{j}\omega)| = L_0(\omega) - L(\omega),\quad \forall[L_0(\omega) - L(\omega)] > 0$$

d. 由 $G_2(s)G_c(s)$ 求出 $G_c(s)$；也可在 $L_0(\omega) - L(\omega) > 0$ 的条件下，根据 $G_c(s)$ 的频幅特性与 $G_2(s)$ 的幅频特性关于0 dB对称，画出 $G_c(s)$ 的频率特性，由此写出 $G_c(s)$ 的传递函数。

e. 验算，验证设计指标是否满足要求。

例4-13　设系统框图如图4-56所示，要求设计负反馈 $G_c(s)$ 使系统达到如下指标：稳态位置误差等于零，稳态速度误差系数 $K_v = 200\ \mathrm{s}^{-1}$，相位裕度 $\gamma(\omega_c) \geq 45°$。

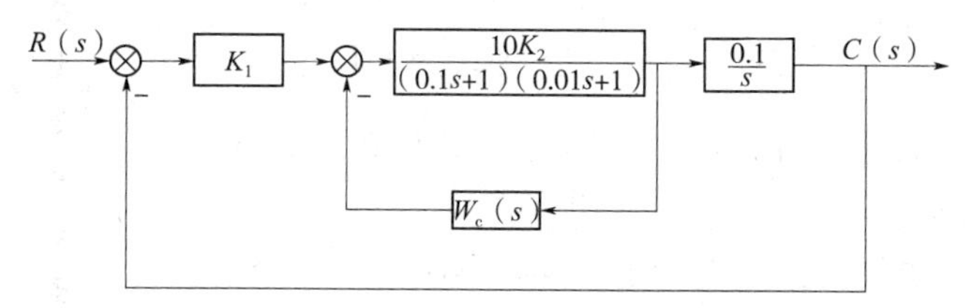

图4-56　例4-13的系统框图

解　(1) 根据系统稳态误差要求，选 $K_1K_2 = 200$，绘制下列对象特性的伯德图 $L_0(\omega)$ 如图4-57所示，有

$$G_0(s) = \frac{200}{s(0.1s+1)(0.01s+1)}$$

由图4-57可见，$L_0(\omega)$ 以 −40 dB/dec 过0 dB线，显然不能满足系统指标的要求。

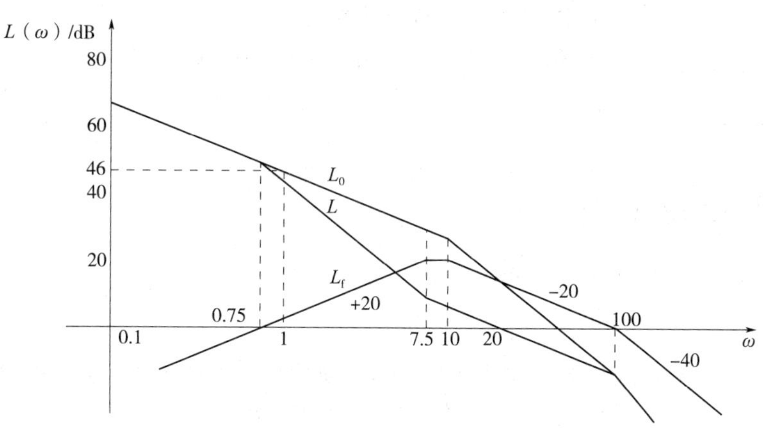

图4-57　例4-13的伯德图

(2) 期望特性的设计。低频段不变，中频段由于指标中未提 ω_c 的要求，根据经验选 $\omega_c = 20\ \mathrm{s}^{-1}$。

高中频部分：过 $\omega_c = 20\ \mathrm{s}^{-1}$ 点做 −20 dB/dec 的直线，交 $L_0(\omega)$ 于 $\omega_2 = 100\ \mathrm{s}^{-1}$。高频部分同 $L_0(\omega)$。

低中频部分：考虑到中频区应有一定的宽度及$\gamma(\omega_c) \geqslant 45°$的要求，预选$\omega_1 = 7.5\ \text{s}^{-1}$，过$\omega_1$做$-40$ dB/dec的直线交$L_0(\omega)$于$\omega_0 = 0.75\ \text{s}^{-1}$，于是整个期望特性设计完毕。

（3）检验。从校正后的期望特性上很容易求得$\omega_c = 20\ \text{s}^{-1}$，$\gamma(\omega_c) = 49°$，均满足要求。

（4）校正装置的求取。做$L_0(\omega) - L(\omega)$的曲线，得$G_2(s)G_c(s)$的频率特性，写出传递函数为

$$G_2(s)G_c(s) = \frac{\frac{1}{0.75}s}{\left(\frac{1}{7.5}s+1\right)\left(\frac{1}{10}s+1\right)\left(\frac{1}{100}s+1\right)}$$

则

$$G_c(s) = \frac{\frac{1}{0.75K_2}s}{\left(\frac{1}{7.5}s+1\right)}$$

为了保证小闭环的稳定性，所以一般被反馈校正所包围部分的阶次最好不超过二阶，以免小闭环产生不稳定。

鉴于项目3已经对复合控制进行了讲述，本项目不再赘述。

4.2 拓展知识

频率域命令

频率特性是控制系统的一个重要特性，通过频率特性可间接地对系统动态性能和稳态性能进行分析。使用bode、nyquist与nichols命令可以得到系统的频率响应。如果命令中没有使用输出变量，这些命令可以自动地生成响应图形。

当不包含左端变量时，函数可以由下面的格式来调用：

```
bode(num, den)
```

当包含左端变量时，该函数可以由下面的格式来调用：

bode命令的其他格式如下：

```
[mag, phase, w] = bode(num, den)
[mag, phase] = bode(num, den, w)    % 命令中 w 表示频率 ω
```

上述第一个命令在同一屏幕中地上下两部分分别生成伯德幅值图（以dB为单位）与伯德相角平面图（以rad为单位）。在另外的格式中，返回的幅值与相角值为列矢量。此时幅值不是以dB为单位的。第二种形式的命令自动生成一行矢量的频率点。在第三种形式中，由于用在定义的频率范围内，如果比较各种传递函数的频率响应，第三种方式显得更方便一些。

margin命令可以求得相对稳定性参数（增益裕量裕相角裕量）。它的命令格式为

```
[gm, pm, wpc, wpc] = margin(mag, phase, w)
margin(mag, phase, w)
```

命令的输入参数为幅值（不是以 dB 为单位）、相角与频率矢量。它们是由 bode 或 nichols 命令得到的。命令的输出参数是增益裕量（不是以 dB 为单位的）、相角裕量（以角度为单位）和它们所对应的频率。第二个命令格式中没有左参数，它可以生成带有裕量标记的（垂直线）伯德图。如果在轴上有多个穿越频率，图中则标出稳定裕量最坏的那个标记。第一种命令格式就没有绘出最坏的裕量。注意：用 margin 命令有时计算出的结果是不准的。

应用举例：

例 4-14 已知系统开环传递函数

$$G(s) = \frac{100}{(s+5)(s+2)(s^2+4s+3)}$$

试画出该系统的伯德图。

解 MATLAB 程序代码如下：

```
num = 100;
den = [conv(conv([1 5],[1 2]),[1 4 3])];
w = logspace( -1,2);
[mag, pha] = bode(num, den, w);
magdB = 20 * log10(mag);
subplot(211), semilogx(w, magdB)
grid on
xlabel('Frequency(rad/sec)')
ylabel('Gain dB')
subplot(212), semilogx(w, pha)
gridon
xlabel('Frequency(rad/sec)')
ylabel('Phase deg')
```

运行结果如图 4-58 所示。

例 4-15 已知一个系统的传递函数：

$$G(s) = \frac{\omega_n}{s^2 + 2\xi\omega_n s + \omega_n^2}$$

其中 $\omega_n = 0.7$，试分别绘制 $\xi = 0.1$，0.4，1.0，1.6，2.0 时的伯德图。

解 MATLAB 程序代码如下：

```
w = [0, logspace( -2,2,200)]
wn = 0.7
tou = [0.1,0.4,1.0,1.6,2.0]
for j = 1:5;
    sys = tf([wn * wn],[1,2 * tou(j) * wn, wn * wn])
    bode(sys, w)
    holdon
```

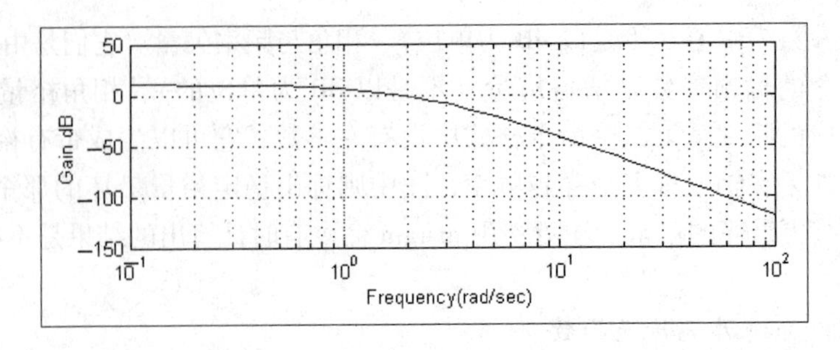

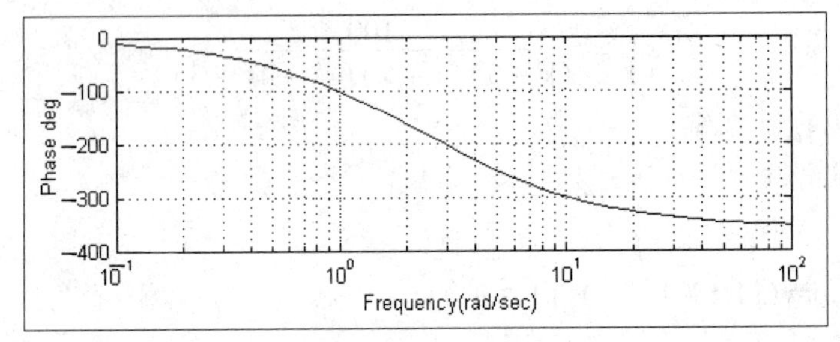

图 4-58 仿真图

```
end
gtext( tou =0. 1')
gtext( tou =0. 4')
gtext( tou =1. 0')
gtext( tou =1. 6')
gtext( tou =2. 0')
```

运行结果如图 4-59 所示。

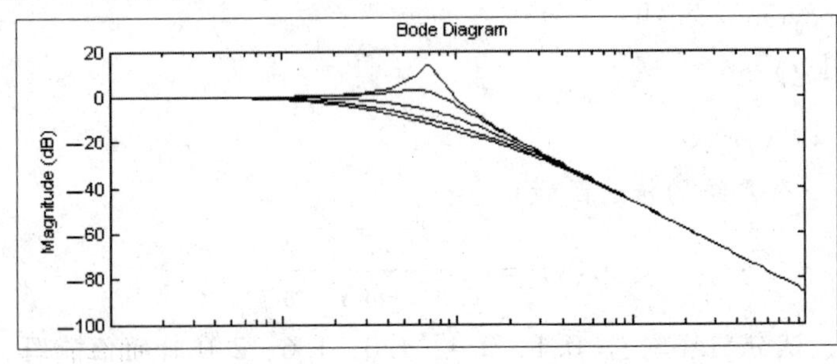

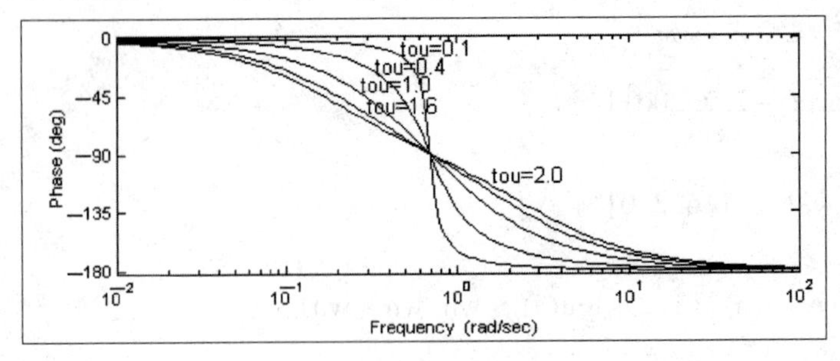

图 4-59 仿真图

4.3　技术支持

在项目3中，通过已经建立的单闭环直流调速系统的系统框图（见图4-60），对给定系统进行了相关的时域分析，并建立了调速系统的性能指标。在这一基础上，利用频率特性分析法，通过对系统分析，找到是系统达到期望性能指标的控制规律，并对系统进行模拟调试。

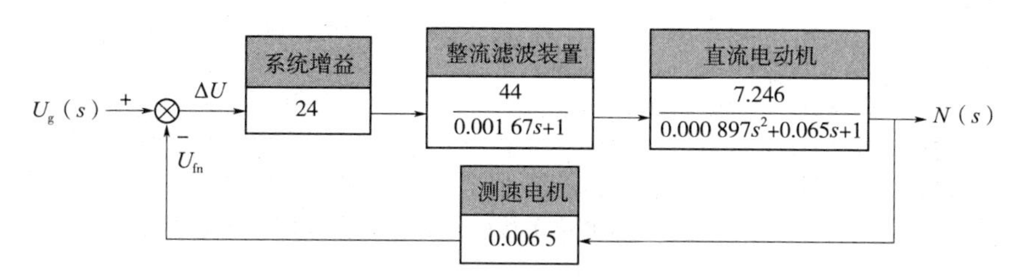

图4-60　单闭环直流调速系统的系统框图

4.4　项目实施

4.4.1　单闭环直流系统的开环对数频率特性曲线的绘制

如4-60所示，可求得给定单闭环直流调速系统的开环传递函数（在 $T_1=0$ 的情况下）为

$$G(s)H(s)=(24\times44\times7.246\times0.0065)\times\frac{1}{0.00167s}\times\frac{1}{0.000897s^2+0.065s+1}$$

$$=49.74\times\frac{1}{0.00167s+1}\times\frac{1}{0.03^2s^2+0.065s+1}$$

由于闭环直流调速系统的开环增益 $K=49.74$，由此可得

$$20\lg K=20\lg 49.74\approx34\ \text{dB}$$

转折频率有两个，它们分别是惯性环节的 $\omega_1=1/0.00167\approx590\ \text{rad/s}$ 和二阶振荡环节的频率。且由二阶振荡环节的传递函数可得

$$2\xi T=0.065\quad\rightarrow\quad\xi=\frac{0.065}{2\times0.03}=1.08$$

即直流电动机为过阻尼二阶振荡环节，这样单闭环直流调速系统的开环对数增幅频特性渐近线（未作修正）如图4-61中的渐近线①所示。

4.4.2　单闭环直流调速系统的频率稳定性分析

由图4-61中的渐近线①所示，可找到，此系统开环对数幅频特性曲线的穿越的相位稳定裕量是

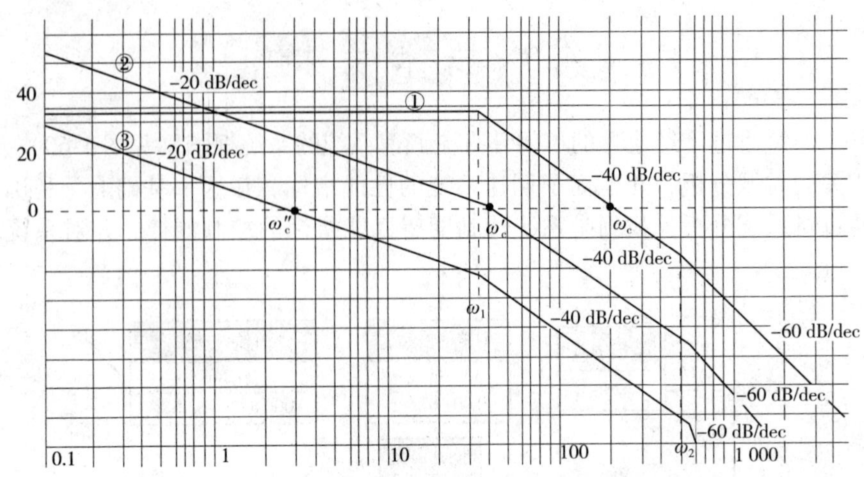

图 4-61　单闭环直流调速系统的开环对数幅频特性渐近线

$$\gamma = 180° - \arctan(0.00176 \times \omega_c) + \arctan\left[\frac{2\xi T\omega_c}{1-(T\omega_c)^2}\right]$$

$$= 180° - \arctan(0.00176 \times 260) - \arctan\left[\frac{2 \times 1.08 \times 0.03 \times 260}{1-(0.03 \times 260)^2}\right]$$

$$= -8.8° < 0$$

即原有单闭环直流调速系统是不稳定的系统（这个结论与时域分析是一致的）。

从另一方面来说，调速控制系统最为重要性能指标是它的稳态指标。从其开环对数频率特殊性上看，它的低频部分是一条水平直线。由此可知该系统满足工作要求，可综合考虑采用 PI 调节，同时通过降低系统的开环增益，而使系统达到稳定工作要求。

4.4.3　单闭环直流调速系统的性能改善

综合以上分析，结合单闭环直流调速系统的性能指标要求，考虑增加一个 PI 调节器。PI 调节器的传递函数是

$$G_c(s)\ \frac{K_i(Ts+1)}{s}$$

那么，如果希望直流调速系统的开环对数幅频特性曲线能以 -20 dB/dec 的斜率穿越 0 dB线。而二阶振荡环节的转折频率是 $\omega_2 \approx 33$ rad/s，所以选择比例积分控制中的一阶微分环节的转折频率为 $\omega_1 \approx 33$ rad/s，即 $T=0.03$。这样做的目的是希望比例积分控制器中的微分环节能够补偿二阶振荡环节所带来的 -40 dB/dec 的斜率。这加入 PI 调节器后，调速系统的开环传递函数变为

$$G(s)H(s) = \frac{K_i(0.03s+1)}{s} \times 49.74 \times \frac{1}{0.00167s+1} \times \frac{1}{0.000897s^2+0.065s+1}$$

取 $K_1=1$ 这样得到单闭环直流调速系统的开环对数幅频特性曲线如图 4-61 中的渐近线②所示。此时调速系统的穿越频率是 $\omega_c \approx 48$ rad/s，则可求得单闭环直流调速系统的相位未定裕量是

$$\gamma = 180° - 90° + \arctan(0.03 \times 48) - \arctan(0.001\,76 \times 48)\arctan\left[\frac{2 \times 1.08 \times 0.03 \times 48}{1-(0.003 \times 48)^2}\right]$$

从工程上来说，此时调速系统的满足性能指标应该基本满足。但由图4-63中的曲线2可见此时的系统仍然没有以 -20 dB/dec 的斜率穿越0 dB线。所以系统超调量仍然会有点偏大。其单位阶跃响应时间的仿真曲线如图4-62（a）所示。

如果按照伯德第一定理，将对数幅频特性曲线水平移至 $\omega_c'' \approx 33$ rad/s 处（如图4-61中的渐近线③所示），则此时调速系统的开环传递函数为

$$G(s)H(s) = \frac{0.2 \times (0.03s+1)}{s} \times 49.74 \times \frac{1}{0.001\,67s+1} \times \frac{1}{0.000\,897s^2+0.065s+1}$$

由此可求得此时单闭环直流调速系统的相对稳定裕量是

$$\gamma = 180° - 90° + \arctan(33 \times 3) - \arctan(0.001\,76 \times 3)\arctan\left[\frac{2 \times 1.08 \times 0.03 \times 3}{1-(0.03 \times 3)^2}\right]$$

$$=72° > 0$$

这样单闭环调速系统的动态性能将会有更大的改善，如图4-62（b）所示。

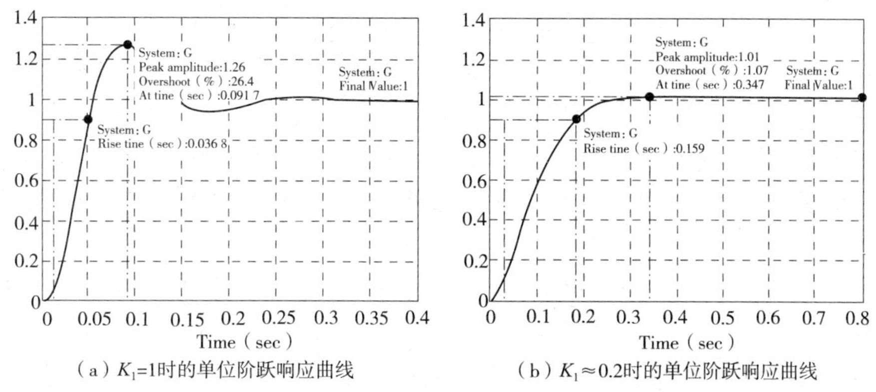

（a）K_1=1时的单位阶跃响应曲线　　（b）$K_1 \approx 0.2$时的单位阶跃响应曲线

图4-62　单闭环直流调速系统的单位阶跃响应曲线

4.4.4　系统调试

有了一个大致的理论分析，调试可以根据具体系统的工作要求，来选择设置适当的控制器参数，并对所设置的参数进行调试试验。由于任何制动控制系统在建立模型时，都是理想化的，所以理论分析只是给出了一个实际自动控制系统的正常工作的理论范围，要想得到一个满意的性能指标，还需要在这个理论范围内不断地进行调整试验。

因此做如下工作：

选择输入电阻 $R_0 = 20$ kΩ，则因为 $K_1 = 1$，$T = 0.03$，因此可得

$$K_1 = \frac{1}{R_0 C}$$

所以

$$C = \frac{1}{R_0 K_1} = \frac{1}{20 \times 10^3}\text{F} = 50\ \mu\text{F}$$

$$T = R_1 C$$

所以

$$R_1=\frac{1}{C}=\frac{0.03}{50\times10^{-6}}\ \Omega=0.6\ \text{k}\Omega$$

如果由以上参数构成的校正装置在实际应用中不能满足系统所要求的性能指标，那么根据分析，可以选择更小参数的电阻，来使之满足要求。

知识梳理与总结

（1）自动控制系统的频域分析法是建立在系统频率响应基础上进行分析的一种方法。而所谓频率响应是指系统在正弦型号作用下的稳态响应。频域分析并不是针对某一耽搁的正弦频率信号进行系统分析，它是系统对无限多个不同频率信号响应的集合。

（2）自动控制系统的频率响应特性分析主要由图示方法进行，开环对数频率特性是分析最小相位系统稳定与其性能指标的重要手段。绘制系统开环对数频率曲线是使用这种方法的前提。利用典型环节的对数频率特性，可以有效降低绘制强度。

（3）自动控制系统的频域性能分析优势包括稳定特性、稳态特性与动态特性三个方面。系统的开环频率特性高、中、低三个频段清晰地反应了系统这个三个方面的特性及改善其特性的方法。因此在工程上，利用系统开环对数频率特性能方便有效地找出系统所存在的问题，并根据系统性能指标，按相应的反馈控制规律来改善系统性能。

（4）PID控制规律是自动控制系统中有的最多、也是最为成熟的控制规律。其中有如下四种情况。

①若采用比例（P）控制，则降低系统的开环增益，可以提高系统的相对稳定性。但会使系统的稳态精度变差。增大系统的开环增益，则与上述结果相反。

②若采用比例—微分（PD）控制，则可使系统中、高频段相位滞后大幅减少，提高了系统的相对稳定性和快速性。但高频段相位滞后的减少，也意味着系统的高频抗干扰能力的削弱。PD校正对系统的稳态性能没有影响。

③比例—积分（PI）控制，可以大幅度提高自动控制系统的无差率，从而改善系统的稳态性能。但却会导致系统的稳定性变差。

④比例—积分—微分（PID）控制即可以改善系统的稳态性能，又能改善系统的相对稳定性和快速性，兼顾了稳态精度各稳定性的改善，因此在要求较高的系统中获得了广泛的应用。

（5）局部反馈控制能改变被包围环节的参数、性能，甚至可以改变原有环节的性质。这一点是串联控制所不能取代的。而前馈控制则是减小系统误差的有一种有效的方法。

思考与练习题

4-1　设一单位反馈控制系统的开环传递函数为

$$G(s)\ =\frac{9}{s+1}$$

试求系统在下列输入信号作用下的稳态输出。

（1）$r(t)=\sin(t+30°)$；

（2）$r(t)=2\cos(2t+45°)$。

4-2　画出下列传递函数的乃奎斯特图。这些曲线是否穿越复平面的负实轴？若穿越，则求出与负实轴交点的频率及相应的幅值$|G(j\omega)|$。

（1）$G(s)=\dfrac{1}{s(1+s)(1+2s)}$；

（2）$G(s)=\dfrac{1}{s^2(1+s)(1+2s)}$；

（3）$G(s)=\dfrac{s+2}{(s+1)(s-1)}$。

4-3　画出下列开环传递函数对应的伯德图。

（1）$G(s)=\dfrac{10}{s(1+0.5s)(1+0.1s)}$；

（2）$G(s)=\dfrac{75(1+0.2s)}{s(s^2+16s+100)}$。

4-4　绘制下列传递函数的对数幅频特性图。

（1）$G(s)=\dfrac{1}{s(s+1)(2s+1)}$；

（2）$G(s)=\dfrac{250}{s(s+5)(s+15)}$；

（3）$G(s)=\dfrac{250(s+1)}{s^2(s+5)(s+15)}$；

（4）$G(s)=\dfrac{500(s+2)}{s(s+10)}$；

（5）$G(s)=\dfrac{2\,000(s-6)}{s(s^2+4s+20)}$；

（6）$G(s)=\dfrac{2\,000(s+6)}{s(s^2+4s+20)}$；

（7）$G(s)=\dfrac{2}{s(0.1s+1)(0.5s+1)}$；

（8）$G(s)=\dfrac{2s^2}{(0.04s+1)(0.4s+1)}$；

（9）$G(s)=\dfrac{50(0.6s+1)}{s^2(4s+1)}$；

（10）$G(s)=\dfrac{7.5(0.2s+1)\ (s+1)}{s(s^2+16s+100)}$。

4-5　已知最小相位系统的开环对数幅频特性曲线如图4-63所示，试写出它们的传递函数。

4-6　已知三个最小相位系统的开环对数幅频渐近线如图4-64所示。

（1）写出它们的传递函数；

（2）粗略地画出每一个传递函数所对应的对数相频特性曲线和乃奎斯特图。

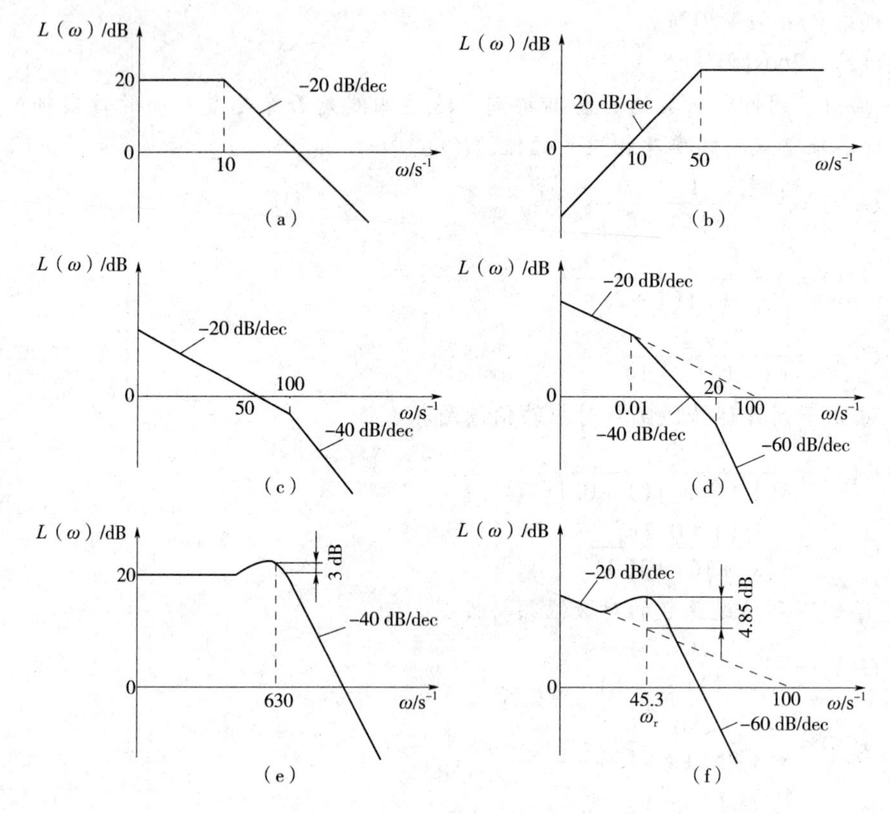

图 4-63　题 4-5 的图

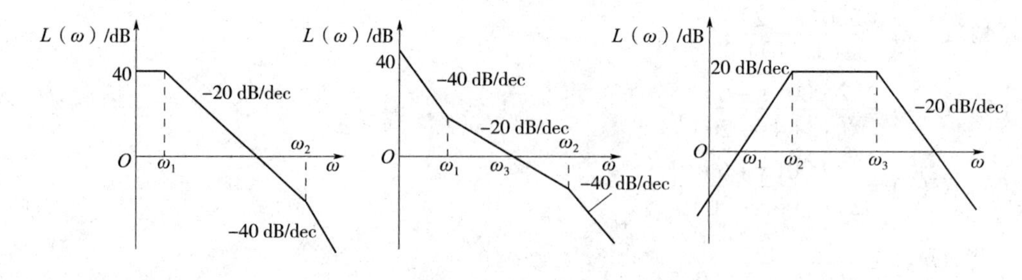

图 4-64　题 4-6 的图

4-7　用乃奎斯特判据判别下列开环传递函数对应的闭环系统的稳定性。如果系统不稳定，有几个根在 s 平面的右方。

（1）$G(s)H(s)=\dfrac{1+4s}{s^2(1+s)(1+2s)}$；

（2）$G(s)H(s)=\dfrac{1}{s(1+s)(1+2s)}$。

4-8　典型二阶系统的传递函数为

$$G(s)=\frac{\omega_n^2}{s^2+2\xi\omega_n s+\omega_n^2}$$

图 4-65 给出该传递函数对应不同参数值时的三条对数幅频特性曲线①、②和③。

（1）在［s］平面上画出三条曲线所对应的传递函数极点（s_1，s_1^*；s_2，s_2^*；s_3，s_3^*）的相对位置。

（2）比较三个系统的超调量（σ_{p1}，σ_{p2}，σ_{p3}）和调整时间（t_{s1}，t_{s2}，t_{s3}）的大小，并简要说明理由。

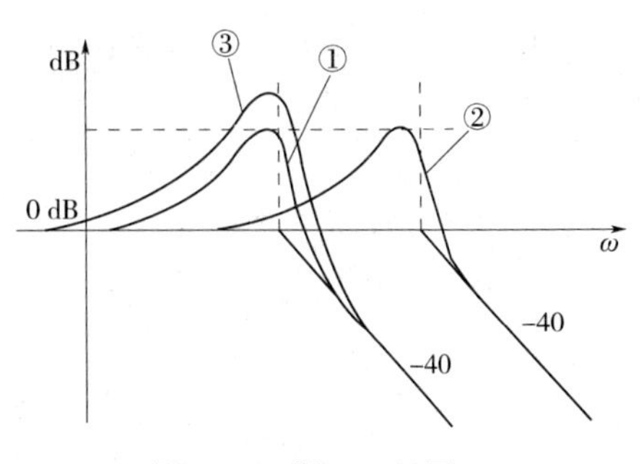

图4-65　题4-8的图

4-9　已知一单位反馈系统的开环传递函数为

$$G(s)=\frac{1+as}{s^2}$$

试求相位裕量等于45°时的a值。

4-10　已知控制系统的开环传递函数为

$$G(s)H(s)=\frac{K}{s(1+s)(10+s)}$$

（1）求相位裕量等于60°的K值；

（2）在（1）所求的K值下，计算增益格量K_g。

4-11　一个最小相位系统的开环伯德图如图4-66所示，图中曲线1、2、3和4分别表示放大系数K为不同值时的对数幅频特性，判断对应的闭环系统的稳定性。

4-12　一小功率随动系统的框图如图4-67所示，试用两种方法判别它的稳定性。

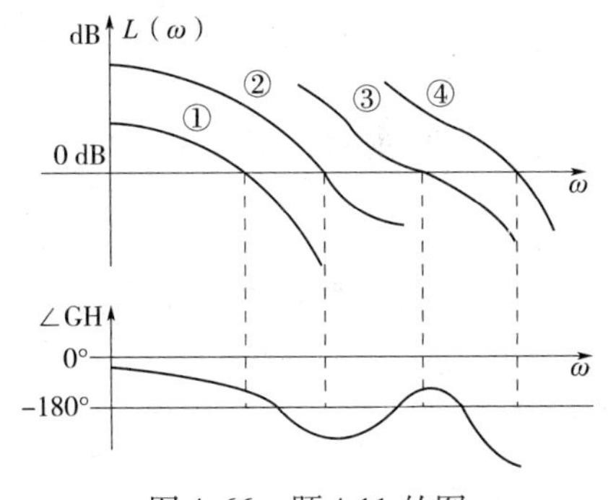

图4-66　题4-11的图

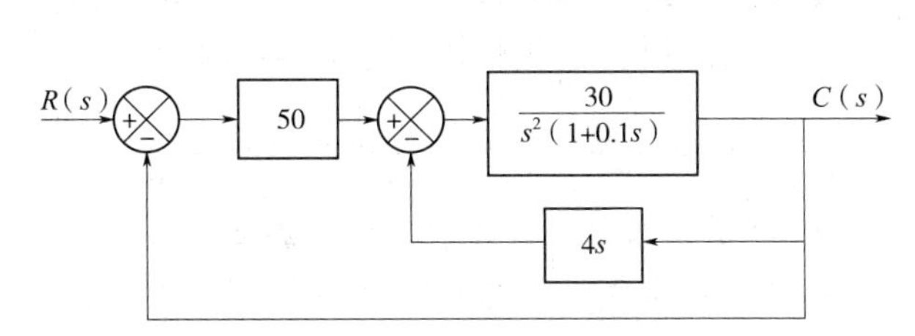

图4-67　题4-12的图

4-13　已知一单位反馈系统的开环对数幅频特性如图4-68所示（最小相位系统）。试求：（1）单位阶跃输入时的系统稳态误差；（2）系统的闭环传递函数。

4-14　一单位反馈控制系统的闭环对数幅频特性如图4-69所示（最小相位系统）。试求开环传递函数$G(s)$。

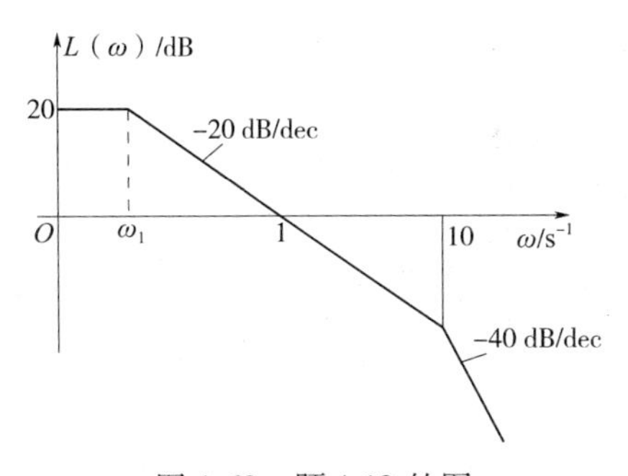

图4-68　题4-13的图

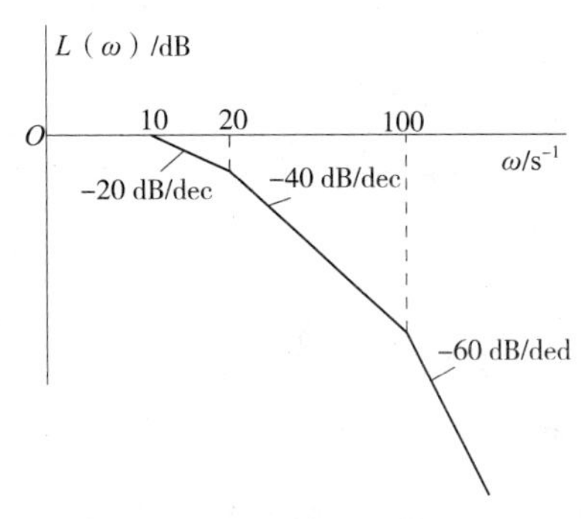

图4-69　题4-14的图

4-15　绘制下列开环传递函数对应的伯德图，若 $\omega_c=5\ \text{s}^{-1}$，求系统的增益 K。

$$G(s)=\frac{Ks^2}{(1+0.2s)(1+0.02s)}$$

4-16　无源校正网络如图 4-70 所示，试写出传递函数，并说明可以起到何种校正作用。

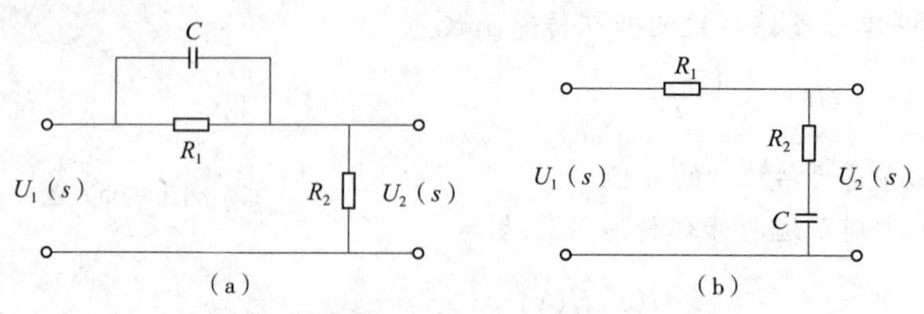

图 4-70　题 4-16 的图

4-17　已知一系统固有特性为 $G(s)=\frac{100(1+0.1s)}{s^2}$，校正装置的特性为

$$G_c(s)=\frac{0.25s+1}{(0.01s+1)(0.1s+1)};$$

（1）画出原系统和校正装置的对数幅频特性。

（2）当采用串联校正时，求校正后系统的开环传递函数，并计算其相角裕度和幅值裕度。

4-18　（1）已知一最小相位系统开环的对数幅频特性如图 4-71 所示，试写出系统开环传递函数 $G_0(s)$，计算相角裕度和幅值裕度。

（2）若系统原有的开环传递函数为 $G(s)=\frac{100(1+0.1s)}{s^2}$，而校正后的对数幅频特性如图 4-71 所示，求串联校正装置的传递函数。

4-19　某单位负反馈系统的开环传递函数为

$$G(s)=\frac{K}{s(s+1)}$$

要求系统在单位斜坡输入作用下稳态误差 $e_{ss}=0.1$，剪切频 $\omega_c\geqslant 4.4$ rad/s，相角裕度 $\gamma\geqslant 45°$，幅值裕度 $k_g\geqslant 10$，试设计串联校正装置。

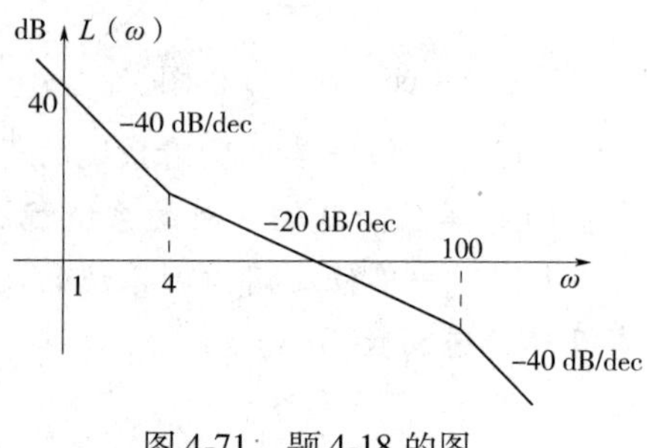

图 4-71　题 4-18 的图

4-20　单位负反馈系统的开环传递函数为

$$G(s)=\frac{K}{s(0.04s+1)}$$

要求系统响应信号 $r(t)=t$ 的稳态误差 $e_{ss}\leqslant 0.01$ 及相角裕度 $\gamma\geqslant 45°$，试设计串联校正装置。

4-21　系统的原有开环传递函数为 $G(s)=\frac{K}{s(s+1)(0.25s+1)}$，设计一校正网络，要求系统校正后，稳态速度误差系数 $K_v=10$，相角域度 $\gamma(\omega_c)\geqslant 30°$。

4-22　某单位负反馈系统的开环传递函数是 $G(s)=\frac{K}{s(0.1s+1)(0.01s+1)}$，试设计一

串联超前校正装置，要求系统的性能指标：（1）静态速度误差系数 $K_v \geqslant 250\ \mathrm{s}^{-1}$（2）截止频率 $\omega_c \geqslant 30\ \mathrm{rad/s}$（3）相角域度 $\gamma(\omega_c) \geqslant 45°$。

4-23　设单位反馈系统开环传递函数为 $G(s)=\dfrac{K}{s(2s+1)(0.2s+1)}$，用期望特性法设计串联校正装置，使其系统满足 $K \geqslant 15$，$\gamma \geqslant 40°$，$\omega_c \geqslant 1.5\ \mathrm{rad/s}$。

4-24　已知单位负反馈系统的开环传递函数如下所示，按照二阶最佳模型作系统校正，使得系统的调节时间 $t_s < 0.5\ \mathrm{s}$。

（1）$G(s)=\dfrac{12}{s(s+0.5)(s+4)}$；

（2）$G(s)=\dfrac{5(s+1)}{s^2}$。

4-25　设单位反馈系统开环传递函数为

$$G(s)=\frac{K}{s(2s+1)(0.2s+1)}$$

要求用速度负反馈校正，校正后的系统为临界阻尼系统（$\xi=1$），试求校正环节参数。

4-26　位置随动系统框图如图4-72所示，要求系统满足的性能指标：（1）开环放大倍数 $K=100\ \mathrm{s}^{-1}$（2）超调量 $\sigma\% \leqslant 23\%$（3）过渡过程时间 $t_s \leqslant 0.6\ \mathrm{s}$。试设计反馈校正装置。

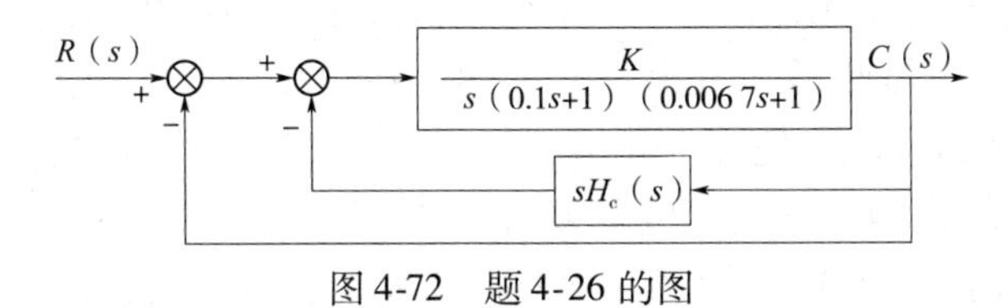

图4-72　题4-26的图

4-27　单位负反馈系统的开环传递函数为 $G(s)=\dfrac{K}{s(0.46s+1)}$，要求：

（1）开环放大倍数 $K=2\ 000\ \mathrm{s}^{-1}$；

（2）超调量 $\sigma\% \leqslant 20\%$；

（3）过渡过程时间 $t_s \leqslant 0.09\ \mathrm{s}$。

试设计校正装置。

附录A　自动控制系统的一般调试方法

（1）了解工作对象的工作要求，仔细检查机械部件和检测装置的安装情况，是否有阻力大或卡死的情况。因为机械部件安装得不好，起动后会产生事故，检测装置安装得不好（如偏心、有间隙，甚至卡死等）将会严重影响系统精度，形成振荡，甚至产生事故。

（2）系统调试是在个单元和部件全部合格的前提下进行的。因此，在系统调试前，要对各个单元进行测试，检查其工作是否正常，并做下记录。

（3）系统调试是按图样要求，接线无误的前提下进行的。因此，在系统调试前要检查各接线是否正常、牢靠。特别是接地线和继电保护线路更要仔细检查（对自制设备或经过长途运输后的设备，更应仔细检查、核对）。未经检查，贸然投入运行，会造成严重事故。

（4）写出调试大纲，明确调试顺序。系统调试是最容易产生遗漏、慌乱和出现事故的阶段，因此一定要明确调试步骤，写出调试大纲；并对参加调试的人员进行分工，对各种可能出现的事故（或故障），事先进行分析，并制定出产生事故后的应急措施。

（5）准备好必要的仪器、仪表，例如双踪示波器、高内阻万用表、代用负载电阻箱、数字记录型多线示波器、绝缘电阻表和其他监控仪表（如电压表、电流表、转速表等），以及作为调试输入信号的直流稳压电源和调试专用信号源等。

选用调试仪器时，要注意所选用仪器的功能（型号）、精度、量程是否符合要求，要尽量选用高输入阻抗的仪器（如数字万用表、示波器等），以减小测量时的负载效应。此外还要特别注意测量仪器的接地（以免高电压通过分布电容窜入控制电路）和测量时要把弱电的公共端线和强电的零线分开（例如，测量电力电子电路用的示波器的公共线，便不可接强电地线）。

（6）准备好记录用纸，并画好记录表格。

（7）清理和隔离调试现场，使调试人员处于进行活动最方便的位置，各就各位。对机械转动部分和电力线应加罩防护，以保证人身安全。调试现场还应配有可切断电力总电源的“紧停”开关和有关保护装置，还应配备灭火消防设备，以防万一。

附录 B　制订调试大纲的原则

（1）先单元，后系统。

（2）先控制回路，后主电路。

（3）先检验保护环节，后投入运行。

（4）通电调试时，先用电阻负载代替电动机，待电路正常后，再换接电动机负载。

（5）对调速系统和随动系统，调试的关键是电动机投入运转。投入运行时，一般应先加低的给定电压开环起动，然后再逐渐加大反馈量（和给定量）。

（6）对多环系统，一般为先调内环，后调外环。

（7）对加载实验，一般应先轻载后重载；先低速后高速。

（8）系统调试时，应首先是系统正常稳定运行。通常先将 PI 调节器的积分电容短接（改为比例调节器），待稳定后，再恢复 PI 调节器，继续进行调节（将积分电容短接，可降低系统的阶次，有利于系统的稳定运行，但会增加稳态误差）。

（9）先调整稳态精度，后调整动态指标。对系统的动态性能，可采用慢扫描示波器或采用数字记录型示波器记录下有关参量的波形（现在也可采用虚拟示波器来记录有关波形）。

（10）分析系统的动、稳态性能的数据和波形记录，找出系统参数配置中的问题，以做进一步的改进调试。

参 考 文 献

[1] 李琳．自动控制系统原理与应用［M］．北京：清华大学出版社，2009.

[2] 田思庆，等．自动控制理论［M］．北京：中国水利水电出版社，2008.

[3] 陈慧蓉．自动控制技术及应用［M］．北京：电子工业出版社，2014.

[4] 韩全立．自动控制原理与应用［M］．西安：西安电子科技大学出版社，2014.

[5] 黄坚．自动控制原理及其应用［M］．北京：高等教育出版社，2007.

[6] 郁建中．自动控制技术［M］．北京：北京邮电大学出版社，2008.

[7] 贺力克，等．自动控制技术项目教程［M］．北京：机械工业出版社，2013.

[8] 孔凡才．自动控制系统：工作原理、性能分析与系统调试［M］．北京：机械工业出版社，2011.

[9] 蒋大明，等．自动控制原理［M］．北京：清华大学出版社，2003.

[10] 徐薇莉，等．自动控制理论与设计［M］．上海：上海交通大学出版社，1991.

[11] 王建辉．自动控制原理［M］．北京：冶金工业出版社，2001.

[12] 董玉红．机械控制工程基础［M］．哈尔滨：哈尔滨工业大学出版社，2003.

[13] 卢京潮．自动控制原理［M］．西安：西北工业大学出版社，2003.

[14] 何光明．自动控制原理学练考［M］．北京：清华大学出版社，2004.

[15] 黄忠霖．控制系统 MATLAB 计算及访真［M］．北京：国防工业出版社，2004.

[16] 邹伯敏．自动控制理论［M］．北京：机械工业出版社，2004.

[17] 绪芳胜彦．现代控制工程［M］．卢伯英，等，译．北京：电子工业出版社，2000.